U0151767

酶工程技术及其
在粮食加工中应用

史永革　于殿宇　编著

中国轻工业出版社

图书在版编目（CIP）数据

酶工程技术及其在粮食加工中应用 / 史永革, 于殿宇编著. — 北京: 中国轻工业出版社，2023.5
ISBN 978-7-5184-4107-5

Ⅰ.①酶… Ⅱ.①史… ②于… Ⅲ.①酶工程—应用—粮食加工 Ⅳ.①TS210.4

中国版本图书馆CIP数据核字（2022）第154129号

责任编辑：马　妍　潘博闻
策划编辑：马　妍　　责任终审：白　洁　　封面设计：锋尚设计
版式设计：砚祥志远　　责任校对：朱燕春　　责任监印：张　可

出版发行：中国轻工业出版社（北京东长安街6号，邮编：100740）
印　　刷：三河市万龙印装有限公司
经　　销：各地新华书店
版　　次：2023年5月第1版第1次印刷
开　　本：710×1000　1/16　印张：19.75
字　　数：398千字
书　　号：ISBN 978-7-5184-4107-5　定价：128.00元
邮购电话：010-65241695
发行电话：010-85119835　传真：85113293
网　　址：http://www.chlip.com.cn
Email：club@chlip.com.cn
如发现图书残缺请与我社邮购联系调换
191221K1X101ZBW

前　言

近年来，生物技术发展迅速，已广泛应用于多个领域。行业的发展离不开创新，将传统的粮食加工产业同新型的生物技术结合是推动粮食行业发展的重要手段和技术。酶工程技术在油脂工业中的应用不断扩大，有效促进了油脂工业的发展，酶工程技术的应用前景有目共睹。对于传统的粮食加工领域，酶工程技术在制粉工业以及玉米工业中面制品的烘焙、玉米淀粉的加工以及麦芽糖浆的生产等方面也发挥着巨大的作用。

本书系统地论述酶制剂特性及其在粮食加工中的应用，主要以酶制剂在油脂工业、制粉工业、玉米工业中的应用为主。主要介绍酶的概况、分类与命名，酶反应动力学，酶的作用原理，酶的发酵生产，酶的提取与分离纯化，酶在油脂工业、制粉工业和玉米工业中的应用。

作者对酶在粮食加工领域的应用进行深入研究，并得到同行业的认可。书中介绍了作者多年潜心研究的科研成果。本书的编著旨在利用生物技术为粮食加工产业发展奠定一定的理论基础，推动油脂工业、制粉工业、玉米工业向绿色、高效、环保方向发展。同时，编著过程中得到有关院校专家的指点和支持，使得编著工作顺利进行，在此表示衷心感谢。

由于作者水平有限，书中不妥之处在所难免，恳请专家、读者批评指正，以便改进和完善。

编　者
2023.2

目 录

第一章　概论 1

第一节　酶的概况 2

第二节　酶的分类与命名 7

　　一、蛋白质类酶的分类与命名 9

　　二、核酸类酶的分类与命名 12

第二章　酶反应动力学 17

第一节　底物浓度对酶催化反应速率的影响 19

　　一、米氏方程的推导 19

　　二、关于米氏方程的讨论 22

　　三、双底物反应 29

第二节　酶抑制动力学 32

　　一、抑制剂的来源 33

　　二、抑制剂的作用 33

　　三、抑制剂的类型 34

　　四、可逆抑制动力学 35

　　五、不可逆抑制动力学 40

第三节　pH对酶催化反应速率的影响 42

　　一、酶反应的最适pH 42

　　二、pH对酶稳定性影响 44

　　三、pH对酶催化反应速率的影响 47

第四节　温度对酶催化反应速率的影响 51

　　一、酶反应的最适温度 51

　　二、酶的热稳定性 52

　　三、温度对酶催化反应速率的影响 54

第三章 酶的作用原理 59

第一节 酶活性部位的本质 60

　　一、活性中心中的催化部位 61

　　二、活性中心的结合部位 66

　　三、活性亚部位及活性中心的大小 69

第二节 酶作用的专一性机制 71

　　一、锁钥配合学说 73

　　二、"三点附着"学说 73

　　三、诱导契合学说 74

第三节 酶反应的催化机制 75

　　一、邻近和定向效应 75

　　二、广义酸碱催化 77

　　三、亲核催化与亲电催化（共价催化） 79

　　四、底物的形变，扭曲导致催化 80

　　五、金属离子的催化 80

　　六、多元催化与协同效应 81

　　七、微环境的影响 81

第四章 酶的发酵生产 83

第一节 酶发酵生产常用微生物 84

　　一、产酶细胞的基本条件 84

　　二、发酵产酶中常用的微生物 85

第二节 酶发酵工艺条件及控制 89

　　一、一般发酵产酶 89

　　二、固定化微生物细胞发酵产酶 104

　　三、固定化微生物原生质体发酵产酶 107

第三节 植物细胞培养产酶 109

　　一、植物细胞的特性 109

　　二、植物细胞培养的特点 110

　　　　三、植物细胞培养产酶的工艺条件及其控制....................112

第四节　动物细胞培养产酶...118

　　　　一、动物细胞的特性...119

　　　　二、动物细胞培养的特点...119

　　　　三、动物细胞培养方式...120

　　　　四、动物细胞培养产酶的工艺条件及其控制....................121

　　　　五、动物细胞的新兴应用...127

第五章　酶的提取与分离纯化..133

第一节　细胞破碎...134

　　　　一、机械破碎法...135

　　　　二、物理破碎法...137

　　　　三、化学破碎法...139

　　　　四、酶促破碎法...139

第二节　酶的提取...140

　　　　一、酶提取的方法...141

　　　　二、影响酶提取的主要因素...144

第三节　沉淀分离...145

　　　　一、盐析沉淀法...146

　　　　二、等电点沉淀法...149

　　　　三、有机溶剂沉淀法...149

　　　　四、复合沉淀法...151

　　　　五、选择性变性沉淀法...151

第四节　离心分离...152

　　　　一、离心机的选择...152

　　　　二、离心方法的选用...153

　　　　三、离心条件的确定...156

第六章　酶在油脂工业中的应用..159

　　第一节　油料水酶法预处理制油技术............................160

　　　　一、油料水酶法预处理的作用机制............................162

　　　　二、油料水酶法预处理的基本技术方案............................163

　　　　三、影响水酶法预处理制油工艺效果的主要因素............164

　　　　四、水酶法预处理提取油脂与蛋白质工艺应用............167

　　第二节　酶法油脂改性技术............................169

　　　　一、脂肪酶简介............................170

　　　　二、油脂酶法改性的方法............................170

　　　　三、油脂酶法改性的产品............................175

　　　　四、改性产品的分离纯化............................177

　　　　五、油脂酶法改性的应用............................179

　　第三节　磷脂酶及固定化脱胶技术............................184

　　　　一、油脂酶法脱胶............................184

　　　　二、大豆磷脂............................185

　　　　三、磷脂酶............................186

　　　　四、磷脂酶脱胶............................189

　　　　五、固定化酶法脱胶工艺............................190

　　第四节　酶法大豆蛋白肽制取技术............................192

　　　　一、以大豆分离蛋白为原料的高纯度大豆肽酶法加工
　　　　　　技术............................193

　　　　二、降血压大豆肽酶法加工技术............................194

　　　　三、大豆肽酶法加工技术............................195

　　　　四、酶法改性............................196

　　　　五、酶法提取米糠蛋白的依据............................197

　　第五节　微生物油脂............................200

　　　　一、微生物油脂概述............................200

　　　　二、微生物合成油脂的生物化学机制............................204

　　　　三、微生物生产油脂的培养过程............................210

　　　　四、产油脂微生物及其脂质特征....................................212
　　　　五、微生物生产的其他脂质....................................226
　　第六节　酶法制取生物柴油....................................229
　　　　一、酯交换法制取生物柴油原理....................................230
　　　　二、油脚或皂脚为原料制备生物柴油....................................235
　　　　三、细胞生物催化剂在生物柴油生产中的应用..............235
　　　　四、生物柴油的应用特点....................................236

第七章　酶在制粉工业中的应用....................................239
　　第一节　酶在食品工业中所起的作用....................................240
　　　　一、酶制剂面粉的研究价值与意义....................................240
　　　　二、酶的应用....................................241
　　第二节　酶制剂在制粉工业中的应用....................................246
　　　　一、酶制剂....................................247
　　　　二、酶制剂在制粉工业中的应用背景 248
　　　　三、酶制剂在制粉工业中的应用价值....................................249
　　　　四、酶制剂的应用特征....................................249
　　　　五、酶制剂在当前我国制粉工业中的应用....................................249
　　　　六、复合酶制剂的展望 258
　　第三节　应用前景....................................259
　　　　一、酶制剂在食品加工保鲜与检测中的应用....................................259
　　　　二、酶制剂在面粉品质改良中的应用....................................261
　　　　三、酶制剂在乳及乳制品中的应用....................................261
　　　　四、酶制剂在肉制品中的应用....................................262
　　　　五、酶制剂在食品安全中的应用....................................263
　　　　六、酶制剂在食品工业中的发展潜力....................................266

第八章　酶在玉米工业中的应用....................................267
　　第一节　酶法生产玉米淀粉....................................269

一、玉米的预处理......271

二、玉米淀粉的生产......273

三、淀粉用途......281

第二节　酶法生产麦芽糖浆......284

一、麦芽糖浆的特性及其用途......285

二、酶法制备麦芽糖浆的方法......287

三、制备高麦芽糖浆的相关酶制剂......294

四、高麦芽糖浆的研究进展......297

参考文献......299

第一章

概论

第一节　酶的概况

第二节　酶的分类与命名

　　在许多化学反应中都会有催化剂的参与，这些具有催化活性的物质可以降低发生化学反应的能垒以调控反应发生。在生命过程中，也存在多种的催化剂催化复杂的生物化学反应。区别于一般的金属或其他化学催化剂，这些本身具有生物活性并具有生化反应催化活性的物质称为酶。酶在人类生产生活过程中起着重要作用。

　　酶是指具有生物催化功能的生物大分子，具有高效专一的催化特性。酶分为两大类，分别是蛋白质类酶和核酸类酶。酶的理化特性和催化特性的理论研究推动了酶的应用研究。随着酶在生产生活中应用发展不断深入，更促进了对酶反应机制的系统研究。日新月异的科学技术使人类不仅能生产酶，更使人类具有定向改造酶的能力。酶的研究处于生物学和化学的衔接点，是一门内容广泛、发展迅速的科学。它的分支遍及许多领域，并与许多学科紧密联系，同生物化学、物理化学、微生物学、遗传学、植物学、农学、药理学、毒理学、生理学、医学以及生物工程的关系十分密切。由于酶独特的催化功能，近年来已在轻工、化工、医药、环保、能源和科学研究等各个领域得以广泛应用。

第一节
酶的概况

　　酶是具有生物催化功能的生物大分子，按照其组成的不同，可以分为蛋白质类酶（P-酶）和核酸类酶（R-酶）两大类别。P-酶主要由蛋白质组成，R-酶主要由核糖核酸（RNA）组成。这些酶大部分位于细胞体内，部分分泌到体外。

　　各种细胞在适宜的条件下都可以合成各种各样的酶，因此，可以通过各种方法选育得到优良的微生物、动物或植物细胞，在人工控制条件的生物反应器中进行生产，而获得各种所需的酶。

生物生命活动的最主要特征是新陈代谢，一切生命活动都是由代谢的正常运转来维持的，而生物代谢中的各种化学反应都在各种酶的作用下进行。酶是促进代谢反应的物质，如果没有酶，就没有新陈代谢，也就没有生命现象。酶反应一旦失控，就会引起代谢紊乱，导致机体患病甚至死亡。

要准确地说出酶是什么时候、由谁先发现的，那是件很困难的事。人们很早就感觉到它的存在，但是真正认识它、利用它还只是近百年的事。我国从有记载的资料得知，4000多年前，人们就已经在酿酒、制饴、制酱等过程中不自觉地利用了酶的催化作用。在我国古书《尚书》中有"若作酒醴，尔惟曲蘖"的记载，其意为：若要酿酒，就必须使用曲和蘖。曲是指长了微生物的谷物，蘖是指发了芽的谷物，它们都含有丰富的酶。这些说明酶的应用首先从食品生产开始。夏禹时代酿酒已盛行。酒是酵母发酵的产物，是细胞内酶作用的结果。公元10世纪左右，我国已能用豆类做酱。豆酱是在霉菌蛋白酶作用下，豆类蛋白质水解所得的产品。约3000年前，利用麦曲含有的淀粉酶将淀粉降解为麦芽糖，制造了饴糖。用曲治疗消化障碍症也是我国人民的最早发现。曲富含酶和维生素，至今仍是常用的健胃药。春秋战国时代，漆已被广为利用，那时所用的漆是漆树的树脂被漆酶作用的氧化产物。

西方各国在17世纪也有关于酶的记载。国外知道酶的存在是与发酵和消化现象联系在一起的。1833年法国的佩恩（Payen）和帕索兹（Persoz）从麦芽的水抽提物中用乙醇沉淀得到了某种对热不稳定的活性物质，它可促进淀粉水解成可溶性糖；他们把这种物质称为淀粉酶制剂（diastase），其意为"分离"，表示可从淀粉中分离出可溶性糖。虽然现在已知他们当时得到的是一种很粗的淀粉酶制剂，但是由于他们采用了最简单的抽提、沉淀等提纯方法，得到了一种无细胞制剂，并指出了它的催化特性和不稳定性，至少开始触及了酶的一些本质问题，所以有人认为佩恩和帕索兹首先发现了酶。

19世纪中叶，法国的巴斯德（Pasteur）等对酵母的酒精发酵进行了大量研究，指出在活酵母细胞内有一种物质可以将糖发酵生成乙醇。而"酶"（enzyme）的概念，是由德国科学家库尼（Kunne）在1878年首先提出，用以表示未统一名称的已知的各种酶。enzyme本身的意思是"在酵母中"，起源于希腊语，其中en表示"在之内"，zyme表示酵母或酵素。1896年，德国学者巴克纳（Buchner）兄弟在研究酵母时发现，酵母的无细胞抽提液也能将糖发酵成乙醇。这就表明酶不仅在细胞内，而且在细胞外也可以在一定条件下进行催化作用。其后，对酶的催化特性和催化作用理论进行了广泛研究。

1896年巴克纳兄弟发现了用石英砂磨碎的酵母细胞或无细胞滤液能和酵母细胞一样将1分子葡萄糖转化成2分子乙醇和2分子CO_2，他把这种能发酵的蛋白质成分称为酒化酶（eymase），表明了酶能以溶解状态、有活性状态从破碎细胞中分离出来而非细胞本身，从而说明了上述化学变化是由溶解于细胞液中的酶引起的。此项发现促进了酶的分离和对其理化性的探讨，也促进了对有关各种生命过程中酶系统的研究。一般认为酶学研究始于1896年巴克纳兄弟的发现。

20世纪初，酶学得到了迅速发展。一方面发现了更多的酶，并注意到某些酶的作用需要有小分子物质（辅酶）参加；另一方面在物理、化学技术发展的影响下，1902年，亨利（Henri）根据蔗糖酶催化蔗糖水解的实验结果，提出中间产物学说。他认为在底物转化成产物之前，必须首先与酶形成中间复合物，然后再转变为产物，并重新释放出游离的酶。1913年，米彻利斯（Michaelis）和曼吞（Menten）总结了前人工作，根据中间产物学说，推导出酶催化反应的基本动力学方程——米氏方程。这一学说的提出，对酶反应机理的研究是一个重要突破。在这近一百年中，人们认为"酶是生物体内具有生物催化功能的物质"。然而，酶的化学本质究竟是什么却还不清楚。1926年，萨姆纳（Summer）首次从刀豆提取液中分离纯化得到脲酶结晶（这是第一个酶结晶），并证实这种结晶催化尿素水解，产生CO_2和氨，提出酶的化学本质就是一种蛋白质的观点。但这个观点直到获得了胃蛋白酶、胰凝乳蛋白酶、胰蛋白酶的结晶后才被普遍接受，在此后的50多年中，人们普遍接受"酶是具有生物催化功能的蛋白质"这一概念。现已发现生物体内存在的酶有近8000种，而且每年都有新酶发现。迄今，数百种酶已纯化达到了均一纯度，大约有200多种酶得到了结晶。由于蛋白质分析分离技术的飞速发展，特别是在运用X射线衍射分析等方法后，人们相继理清了溶菌酶（129个氨基酸残基）、胰凝乳蛋白酶（245个氢基酸残基）、羧肽酶（307个氨基酸残基）、多元淀粉酶A（460个氨基酸残基）等的结构和作用机理。现在对于细胞基本代谢过程中的各种酶，很多已有比较清楚的认识，但有关遗传过程中的酶还有待深入研究。

20世纪50年代开始，由于分子生物学和生物化学的发展，对生物细胞核中存在的脱氧核糖核酸（DNA）的结构与功能有了比较清晰的阐述。20世纪50—60年代，发现酶有相当的柔性，因而科什兰（Koshland）提出了"诱导契合"理论，以解释酶的催化理论和专一性，同时也搞清了某些酶的催化活性与生理条件变化有关。1960年，法国科学家雅各（Jacob）和莫诺德（Monod）提出操纵子学说，阐明了酶生物合成的调节机制。1961年，莫诺德及其同事提出了"变构模型"，用以定量解释有些酶的活性可以通过结合小分子（效应物）进行调节，从而提供了认识细胞中许多酶调控作用的基础。1963年，牛胰核糖核酸酶A的一级结构被确定；1965年，蛋清溶菌酶的空间结构被阐明。20世纪70年代初实现了DNA重组技术或称克隆技术，极大地推动着食品科学与工程的发展，也促使酶学研究进入新的发展阶段。

1969年首次报道由氨基酸单体化学合成牛胰核糖核酸酶，虽然这是一个很大的进展，但其纯度和活性很低。化学合成只是定性证明了酶和非生物催化剂没有区别。这一系列的成果推动了酶学的迅速发展。

1982年，美国科学家切赫（Thomas Cech）等发现四膜虫（Tetrahynena）细胞的26S rRNA具有自我剪接（self-splicing）功能，表明RNA也具有催化活性，并将这种具有催化活性的RNA称为核酸类酶。

1983年，加拿大科学家奥特曼（Sidney Altman）等发现核糖核酸酶P（RNase P）的RNA部分M1RNA具有核糖核酸酶P的催化活性，而该酶的蛋白质部分（C_5蛋白）却没有酶活性。RNA具有生物催化活性这一发现，改变了有关酶的概念，被认为是最近20年来生物科学领域最令人鼓舞的发现之一。因此，切赫和奥特曼共同获得1989年度的诺贝尔化学奖。

20多年来的研究表明，核酸类酶具有完整的空间结构和活性中心，有其独特的催化机制，具有很高的底物专一性，其反应动力学也符合米氏方程的规律。可见，核酸类酶具有生物催化剂的所有特性，是一类由RNA组成的酶。由此引出酶的新概念，即"具有生物催化功能的生物大分子"。蛋白质类酶分子中起催化作用的生物是蛋白质，核酸类酶分子中起催化作用的主要组分是核糖核酸（RNA）。1986年，舒尔茨（Schultz）和勒纳（Learner）两个小组同时报道了，用事先设计好的过渡态类似物作半抗原，按标准单克隆抗体制备得了具有催化活性的抗体，即抗体酶（abzyme）。这一重要突破为酶的结构功能研究和抗体与酶的应用开辟了新的研究领域。

近年来，DNA重组技术用于酶学研究得到高度重视。用定点突变法在指定位点突变，可以改变酶的催化活性与专一性。这有助于认识酶的作用机制，并为设计特定需要的酶奠定了基础，如乳酸脱氢酶的专一性可以通过在活性部位引入3个特定的氨基酸侧链突变成为苹果酸脱氢酶。

考察酶研究的历程可知，对酶的研究一直是沿着两个方向发展的：理论研究方向和应用研究方向。理论研究包括酶理化性质及催化性质的研究。如酶作用的锁钥学说及诱导契合学说的提出，使人们对酶有更深入的了解；按照中间产物理论，酶催化底物发生反应之前，底物首先要与酶形成中间复合物，然后才转化为产物并使酶重新游离出来。酶具有活性中心，活性中心是酶分子的凹槽或空穴部位，是酶与底物结合并进行催化反应的部位。其形状与底物分子或底物分子的一部分基团的形状互补。在催化过程中，底物分子或底物分子的一部分就像钥匙一样，只有契合到特定的活性中心部位的某一适当位置，才能与酶分子形成中间复合物，才能顺利地进行催化反应。这就是锁钥学说（lock and key theory）或称为一把钥匙一把锁的理论，也称为刚性模板理论（template theory）。只有可以进入活性中心并与酶分子形成中间产物的底物分子才可被酶作用；不能进入活性中心，或者虽然可进入活性中心但不能与酶分子形成中间复合物的物质，均不能被催化。米氏方程的建立开拓了对酶由定性到定量，以及作用机制的探讨，奠定了酶学发展的里程碑；脲酶结晶的获得，不仅弄清了酶的蛋白质本质，而且奠定了现代酶学、蛋白质化学的基础。

20世纪50年代起酶学理论方面的研究也十分活跃，在蛋白质（或酶）的生物合成理论方面获得了许多突破性进展。1955年，英国生物化学家桑格（Sanger）等报道了胰岛素中氨基酸排列的次序以及激素的相对分子质量为6000，这是在测定蛋白质一级结构上的第一次突破。1957年美国科学家科恩伯格（Kornberg）等发现DNA聚合酶并进行DNA复制的系列研究。有力地推动了酶学的发展，也为酶的分子生物学建立奠定了基础。当今，酶学研究的任务是要从分子水平更深入地揭示酶和生命活动的关系；阐明酶的催化机制和调节机制，探索作为生物大分子的酶蛋白的结构与性质、功能间关系；有手段有目的的实施酶的定向改造，以获得更多有益于人类生活生产的酶。

第二节
酶的分类与命名

现在已知的酶近8000种，为了准确地识别某一种酶，以免发生混乱或误解，在酶学和酶工程领域，要求对每一种酶都有准确的名称和明确的分类。

按其组成不同，酶可以分为两大类别：主要由蛋白质组成的酶称为蛋白质类酶（P-酶）；而主要由核糖核酸组成的酶称为核酸类酶（R-酶）。

两大类别的酶有各自的分类和命名原则。

现把酶的分类归纳如图1-1所示。

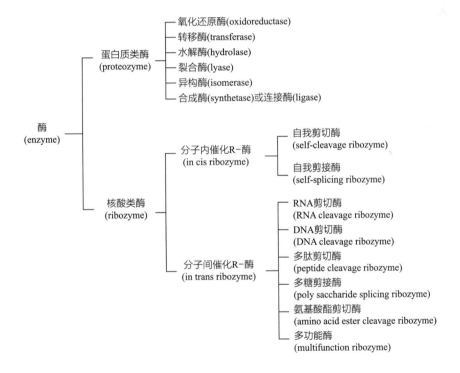

图1-1 酶的分类

国际酶学委员会（International Commission of Enzymes，ICE）成立于1956年，受国际生物化学与分子生物学联盟（International Union of Biochemistry and Molecular Biology，IUBMB）以及国际理论化学与应用化学联合会（International Union of

Pure and Applied Chemistry，IUPAC）领导。该委员会一成立，第一件事就是着手研究当时混乱的酶的名称问题。在当时，酶的命名没有一个普遍遵循的准则，而是由酶的发现者或其他研究者根据个人的意见给酶定名，这就不可避免地产生混乱。有时，相同的一种酶有两个或多个不同的名称。例如，催化淀粉水解生成糊精的酶，就有液化型淀粉酶（liquefacient amylase）、糊精淀粉酶（dexctrine amylase）、α-淀粉酶（α-amylase）等多个名字。相反，有时一个名称却用以表示两种或多种不同的酶。例如，琥珀酸氧化酶（succinate oxidase）这一名字，曾经用于琥珀酸脱氢酶（succinate dehydrogenase）、琥珀酸半醛脱氢酶（succinate-semialdehyde dehydrogenase）和NAD（P）$^+$琥珀酸半醛脱氢酶（succinate-semialdehyde dehydrogenase［NAD（P）$^+$］）等多种不同的酶。有些酶的名称则令人费解。例如，触酶（catalase）、黄酶（yellow enzyrne）、间酶（zwischen ferment）等。而高峰淀粉酶（taka-diastase）则来自日本学者高峰让吉的姓氏，他于1994年首次从米曲霉中制备得到一种淀粉酶制剂，用作消化剂并命名为高峰淀粉酶。由此可见，确立酶的分类和命名原则，在当时是急需解决的问题。国际酶学委员会于1961年在"酶学委员会的报告"中提出了酶的分类与命名方案，获得了国际生物化学与分子生物学联盟的批准，此后经过多次修订，不断得到补充和完善。

根据国际酶学委员会的建议，每一种具体的酶都有其推荐名和系统名。

（1）推荐命名法　推荐名是在惯用名的基础上，加以选择和修改而成的。惯用名不需要非常精确，要求比较简短，使用方便，一般根据酶所作用的底物名称、催化的反应性质、酶的来源或其他特点来进行命名。许多酶的惯用名是沿用系统命名之前就使用的名称。酶的推荐名一般由两部分组成：第一部分为底物名称，第二部分为催化反应的类型，后面加一个"酶"字（-ase）。不管酶催化的反应是正反应还是逆反应，都用同一个名称。

例如，葡萄糖氧化酶（glucose oxiciase），表明该酶的作用底物是葡萄糖，催化的反应类型属于氧化反应。

对于水解酶类，其催化的为水解反应，在命名时可以省去说明反应类型的"水解"字样，只在底物名称之后加上"酶"字即可，如淀粉酶、蛋白酶、乙酰胆碱酶等。有时还可以再加上酶的来源或其特性，如木瓜蛋白酶、酸性磷酸酶等。

（2）国际系统命名法　酶的系统命名则更详细、更准确地反映出该酶所催化的反应。系统名（systematic name）包括了酶的作用底物、酶作用的基团及催化反应的类型。例如，上述葡萄糖氧化酶的系统命名为"β-D-葡萄糖：氧1-氧化还原酶"（β-D-glucose：oxygen 1-oxidoreductase），表明该酶所催化的反应以β-D-葡萄糖为脱氢的供体，氧为氢受体，催化作用在第一个碳原子基团上进行，所催化的反应属于氧化还原反应，是一种氧化还原酶。国际系统命名法规定，每一种酶有一个系统名称（systematic name），其命名原则大致如下。

①名称由两部分构成，前面为底物名，如有两个底物则都写上，并用"："分开，若底物之一是水时，可将水略去不写；后面为所催化的反应名称。例如，"ATP：己糖磷酸基转移酶"。

②不管酶催化正反应还是逆反应，都用同一名称。当只有一个方向的反应能够被证实，或只有一个方向的反应有生化重要性时，就以此方向来命名。有时也带有一定的习惯性，例如在包含有NAD$^+$和NADH相互转化的所有反应中（DH$_2$+ NAD$^+$ $\rightleftharpoons$ D+ NADH+H$^+$），命名为"DH$_2$：NAD$^+$氧化还原酶"，而不采用其反方向命名。

现就其分类与命名方法进行总结。

一、蛋白质类酶的分类与命名

对于蛋白质类酶（P-酶）的分类和命名，国际酶学委员会做了大量的工作。

蛋白质类酶（P-酶）的分类原则：

（1）按照酶催化作用的类型，将蛋白质类酶分为6大类，即第1大类，氧化还原酶；第2大类，转移酶；第3大类，水解酶；第4大类，裂合酶；第5大类，异构酶；第6大类，合成酶（或称连接酶）。

（2）在每个大类中，按照酶作用的底物、化学键或基团的不同，分为若干类。

（3）每一亚类中再分为若干小类。

（4）每一小类中包含若干个具体的酶。

根据系统命名法，每一种具体的酶除了有一个系统名称以外，还有一个系统编号。系统编号采用四码编号方法。第1个号码表示该酶属于6大类酶中的某一大类，第2个号码表示该酶属于该大类中的某一亚类，第3个号码表示属于亚类中的某一小类，第4个号码表示这一具体的酶在该小类中的序号。每个号码之间用圆点分开。

例如，上述葡萄糖氧化酶的系统编号为 EC 1.1.3.4，其中，EC表示国际酶学委员会（Enzyme Commission）；第1个号码"1"表示该酶属于氧化还原酶（第1大类）；第2个号码"1"表示属于氧化还原酶的第1亚类，该亚类所催化的反应系在供体的CH—OH基团上进行的；第3个号码"3"表示该酶属于第1亚类的第3小类，该小类的酶所催化的反应是以氧为氢受体的；第4个号码"4"表示该酶在小类中的特定序号。

现将六大类酶简介如下。

1. 氧化还原酶（oxidoreductases）

催化氧化还原反应的酶称为氧化还原酶。其催化反应通式：

$$AH_2+B=A+BH_2$$

被氧化的底物（AH_2）为氢或电子供体，被还原的底物（B）为氢或电子受体。系统命名时，将供体写在前面，受体写在后面，然后再加上"氧化还原酶"字样，如醇：NAD^+氧化还原酶，表明其氢供体是醇，氢受体是NAD^+。其推荐名采用某供体脱氢酶，如醇脱氢酶（alcoholdehydrogenase）（醇+NAD^+=醛或酮+$NADH+H^+$）；或某受体还原酶，如延胡索酸还原酶（fumarate reductase）（琥珀酸+NAD^+=延胡索酸+ $NADH+H^+$）；以氧作氢受体时则用某受体氧化酶的名称，如葡萄糖氧化酶（葡萄糖+O_2=葡萄糖酸+H_2O_2）等。

根据所作用的基团不同，该大类酶分为20个亚类。

2. 转移酶（transferases）

催化某基团从供体化合物转移到受体化合物上的酶称为转移酶。其反应通式为：

$$AB+C= A+BC$$

其系统命名是"供体：受体某基团转移酶"。如L-丙氨酸：2-酮戊二酸氨基转移酶，表明该酶催化氢基从L-丙氨酸转移到2-酮戊二酸。推荐名为"受体（或供体）某基团转移酶"。如丙氨酸氨基转移酶（L-丙氨酸+α-酮戊二酸=α-丙酮酸+L-谷氨酸）等。该大类酶根据其转移的基团不同，分为8个亚类。

3. 水解酶（hydrolases）

催化各种化合物进行水解反应的酶称为水解酶。其反应通式：

$$AB+H_2O=AOH+BH$$

该大类酶的系统命名是先写底物名称，再写发生水解作用的化学键位置，后面加上"水解酶"。如核苷酸磷酸水解酶，表明该酶催化反应的底物是核苷酸，水解反应发生在磷酸酯键上。其推荐名则在底物名称的后面加上一个酶字，如核苷酸酶（核苷酸+H_2O=核苷+H_3PO_4）等。该大类酶根据被水解的化学键的不同分为11个亚类。

4. 裂合酶（lyases）

催化一个化合物裂解成为两个较小的化合物及其逆反应的酶成为裂合酶。其反应通式为：

$$AB=A+B$$

一般裂合酶在裂解反应方向只有一个底物，而在缩合反应方向却有两个底物。催化底物裂解为产物后产生一个双键。

该大类酶的系统命名为"底物-裂解的基团-裂合酶"，如L-谷氨酸-1-羧基裂合酶，表明该酶催化L-谷氨酸在1-羧基位置发生裂解反应。其推荐名是在裂解底物名称后面加上"脱羧酶"（decarboxylase）、"醛缩酶"（aldolase）、"脱水酶"（dehydratase）等，在缩合反应方向更为重要时，则用"合酶"（synthase）这一名称。如谷氨酸脱羧酶（L-谷氨酸=γ-氢基丁酸+CO_2）、苏氨酸醛缩酶（L-苏氨酸=甘氨酸+乙醛）、柠檬酸脱水酶（柠檬酸=顺乌头酸+水）、乙酰乳酸合酶（2-乙酰乳酸+CO_2=2-丙酮酸）。该大类酶分为7个亚类。

5. 异构酶（isomerasea）

催化分子内部基团位置或构象的转换的酶称为异构酶，其反应通式为：

$$A=B$$

异构酶按照异构化的类型不同，分为6个亚类。命名时分别在底物名称的后面加上"异构酶"（isomerase）、"消旋酶"（racemase）、"变位酶"（mutase）、"表异构酶"（epimerase）、"顺反异构酶"（cis-trans-isomerase）等。如木糖异构酶（D-木糖=D-木酮糖）、丙氨酸消旋酶（L-丙氨酸=D-丙氨酸）、磷酸甘油酸磷酸变位酶（2-磷酸-D-甘油酸=2-磷酸-L-甘油酸）、醛糖1-表异构酶（α-D-葡萄糖=β-D-葡萄糖）、顺丁烯二酸顺反异构酶（顺丁烯二酸=反丁烯二酸）等。

6. 连接酶（ligases）或合成酶（synthetase）

连接酶是伴随着ATP等核苷三磷酸的水解，催化两个分子进行连接反应的酶。

其反应通式：

$$A+B+ATP=AB+ADP+Pi（或AB+AMP+PPi）$$

该大类酶的系统命名是在两个底物的名称后面加上"连接酶"，如谷氨酸：氨连接酶（L-谷氨酸+氨+ATP=L-谷氨酰胺+ADP+Pi）。而推荐名则是在合成名称之后加上"合成酶"。如天冬酰胺合成酶（L-天冬氨酸+氨+ATP=L-天冬酰胺+AMP+Pi）。

二、核酸类酶的分类与命名

自1982年以来，被发现的核酸类酶（R-酶）越来越多，对它的研究也越来越深入和广泛。但是由于历史不长，对于其分类和命名还没有统一的原则和规定。

根据催化反应的类型，可以将R-酶分为3类：剪切酶、剪接酶和多功能酶。

根据催化的底物是其本身RNA分子还是其他分子，可以将R-酶分为分子内催化（in cis，或称为自我催化）和分子间催化（in trans）两类。

根据R酶的结构特点不同，可分为锤头型R-酶、发夹型R-酶、含Ⅰ型IVS R-酶、含Ⅱ型IVS R-酶等（IVS为间隔序列）。

根据核酸类酶的作用底物、催化反应类型、结构和催化特性等的不同，对R-酶采用下列分类原则：

（1）根据酶作用的底物是其本身RNA分子还是其他分子，将核酸类酶分为分子内催化R-酶和分子间催化R-酶两大类。

（2）在每个大类中，根据酶的催化类型不同，将R-酶分为若干亚类，如剪切酶、剪接酶和多功能酶等。据此，可将分子内催化的R-酶分为自我剪切酶（self-cleavage）、自我剪接酶（self-splicing）两个亚类；分子间催化的R-酶可以分为作用于其他RNA分子的R-酶、作用于DNA分子的R-酶、作用于多糖分子的R-酶和作用于氨基酸酯的R-酶等亚类。

（3）在每个亚类中，根据酶的结构特点和催化特性的不同，分为若干小类。如自我剪接酶中，可分为含有Ⅰ型IVS的自我剪接酶和含Ⅱ型IVS的自我剪接酶两个小类等。

（4）在每个小类中，包括若干个具体的R-酶。

（5）在可能与蛋白质类酶（P-酶）混淆的情况下，标明R-酶，以示区别。

现根据现有资料，将R-酶的初步分类简介如下。

（一）分子内催化R-酶

分子内催化R-酶是指催化本身RNA分子进行反应的一类核酸类酶。这类酶是最早发现的R-酶。该大类酶均为RNA前体。由于这类酶是催化本身RNA分子反应，所以冠以"自我"（self）字样。

根据酶所催化的反应类型，可以将该大类酶分为自我剪切和自我剪接两个亚类。

1. 自我剪切酶（self-cleavage ribozyme）

自我剪切酶是指催化本身RNA进行剪切反应的R-酶。具有自我剪切功能的R-酶是RNA的前体。它可以在一定条件下催化本身RNA进行剪切反应，使RNA前体生成成熟的RNA分子和另一个RNA片段。

例如，1984年，阿比利安（Apirion）发现T_4噬菌体RNA前体可以进行自我剪切，将含有215个核苷酸的前体剪切成为含139个核苷酸的成熟RNA和另一个76核苷酸的片段。

2. 自我剪接酶（self-splicing ribozyme）

自我剪接酶是在一定条件下催化本身RNA分子同时进行剪切和连接反应的R-酶。

自我剪接酶都是RNA前体。它可以同时催化RNA前体本身的剪切和连接两种类型的反应。根据其结构特点和催化特性的不同，自我剪接酶可分为含Ⅰ型IVS的R-酶和含Ⅱ型IVS的R-酶等。

Ⅰ型IVS均与四膜虫rRNA前体的IVS的结构相似，在催化rRNA前体的自我剪接时，需要鸟苷（或5′-鸟苷酸）及镁离子（Mg^{2+}）参与。

Ⅱ型IVS则与细胞核mRNA前体的IVS相似，在催化mRNA前体的自我剪接时，需要镁离子参与，但不需要鸟苷或5′-鸟苷酸。

每一个小类中分别包括若干种具体的R-酶，举例如表1-1所示。

表1-1   一些自我剪接酶的结构特点和催化特性

R-酶	鸟苷或5′-鸟苷酸	Mg^{2+}	环状结构	套环结构
四膜虫26S rRNA前体	+	+	+	
红色面包霉菌细胞色素b mRNA前体	+	+	+	
酵母细胞色素b mRNA前体	+	+	+	
大肠杆菌T₄噬菌体dTMP合成酶mRNA前体	+	+	+	
酵母核糖体大亚rRNA前体	+	+	+	
酵母托普基细胞色素b mRNA前体		+		+
酵母细胞色素氧化酶mRNA前体		+		+
酵母细胞色素C氧化酶mRNA前体		+		+
细胞核mRNA前体		+		+

注:"+"表示需要的辅助因子或具有的结构。

(二)分子间催化R-酶

分子间催化R-酶是催化其他分子进行反应的核酸类酶。

根据所作用的底物分子的不同,可以分为若干亚类。根据现有资料介绍如下。

1. 作用于其他RNA分子的R-酶

该亚类的酶可催化其他RNA分子进行反应。根据反应的类型不同,可以分为若干小类,如RNA剪切酶、多功能R-酶等。

(1)RNA剪切酶   RNA剪切酶是催化其他RNA分子进行剪切反应的核酸类酶。

例如,1983年,奥特曼发现大肠杆菌核糖核酸酶P(RNase P)的核酸组分M1 RNA在高浓度镁离子存在的条件下,具有该酶的催化活性,而该酶的蛋白质部分C₅蛋白并无催化活性:M1 RNA可催化tRNA前体的剪切反应,除去部分RNA片段,而成为成熟的tRNA分子。后来的研究证明,许多原核生物的核糖核酸酶P中的RNA(RNase P-RNA)也具有剪切tRNA前体生成成熟tRNA的功能。

(2)多功能R-酶   多功能R-酶是指能够催化其他RNA分子进行多种反应的核酸类酶。例如,1986年,切赫等发现四膜虫26S rRNA前体通过自我剪接作用,切下的间隔序列（IVS）经过自身环化作用，最后得到一个在其5′-末端失去19个核苷酸的线状RNA分子，称为L-19 IVS。它是一种多功能R-酶，能够催化其他RNA分子进行下列多种类型的反应。

RNA剪接作用：$2C_pC_pC_pC_pC = C_pC_pC_pC_pC_pC + C_pC_pC_pC$

末端剪切作用：$C_pC_pC_pC_pC = C_pC_pC_pC + C_p$

限制性内切作用：— —$C_pU_pC_pU_pG_pN$— — = — —$C_pU_pC_pU_p + G_pN$— —

转磷酸作用：$C_pC_pC_pC_pC_pC_p + U_pC_pU = C_pC_pC_pC_pC_pC + U_pC_pU_p$

去磷酸作用：$C_pC_pC_pC_pC_pC = C_pC_pC_pC_pC + P_I$

2. 作用于DNA的R-酶

该亚类的酶是催化DNA分子进行反应的R-酶。

1990年，发现核酸类酶除了以RNA为底物外，有些R-酶还能以DNA为底物，在一定条件下催化DNA分子进行剪切反应。据目前所知的资料，该亚类R-酶只有DNA剪切酶一个小类。

3. 作用于多糖的R-酶

该亚类的酶是能够催化多糖分子进行反应的核酸类酶。

兔肌1,4-A-D-葡聚糖分支酶（EC 2.4.1.18）是一种催化直链葡聚糖转化为支链葡聚糖的糖链转移酶，分子中含有蛋白质和RNA。其RNA组分由31个核苷酸组成，单独具有分支酶的催化功能，即该RNA可以催化糖链的剪切和连接反应，属于多糖剪接酶。

4. 作用于氨基酸酯的R-酶

1992年，发现了以催化氨基酸酯为底物的核酸类酶。该酶同时具有氨基酸酯的剪切作用、氨酰基-tRNA的连接作用和多肽的剪接作用等功能，由于蛋白质类酶和核酸类酶的组成和结构不同，命名和分类原则有所区别。为了便于区分两大类别的酶，有时催化的反应相同，在蛋白质类酶和核酸类酶中的命名却有所不同。例如，催化大分子水解生成较小分子的酶，在核酸类酶中的称为剪切酶，在蛋白质类酶中则称为水解酶；在核酸类酶中的剪接酶，与蛋白质类酶中的转移酶也催化相似的反应等。

第二章

酶反应动力学

第一节　底物浓度对酶催化反应速率的影响

第二节　酶抑制动力学

第三节　pH对酶催化反应速率的影响

第四节　温度对酶催化反应速率的影响

酶反应动力学和化学反应动力学一样，是研究酶反应速率规律以及各种因素对酶反应速率影响的科学，不同的是，酶反应动力学主要研究酶催化的反应速率以及影响反应速率的各种因素。在探讨各种因素对酶反应速率的影响时，通常测定其初始速率来代表酶反应速率。酶反应动力学是研究酶反应速率及其影响因素的科学。

研究酶反应动力学规律对于生产实践、基础理论都有着很重要的意义，与一般化学反应相比，酶反应要复杂得多，因为在酶反应体系中不仅包含有反应物，而且还有酶这样一种决定性的因素，以及影响酶的其他各种因素，因此在实际生产中，想要充分发挥酶的催化作用，以较低的成本生产出较高质量的产品，就必须准确把握酶反应的条件。酶反应动力学不仅要研究底物浓度、酶浓度对反应速率的影响，而且要研究酶抑制剂、激活剂、温度、pH、离子强度等各种因素对酶反应速率的影响。

在酶的结构和功能关系以及酶的催化反应机制的研究中，都需要动力学研究来提供实验证据。为了最大限度地发挥酶的催化反应效率。寻找最有利的反应条件，同时为了了解酶在代谢中的作用以及某些药物的作用机制等，都需要掌握酶催化反应速率变化的规律。此外，一些生物化学和临床上的酶法分析也都基于酶动力学的研究。

米氏常数和催化反应速率常数是酶的两个重要的参数，测定米氏常数和催化反应速率常数时，需将不同浓度的底物溶液与相同浓度的酶溶液混合，反应并测定初始反应速率，根据双倒数图计算米氏常数和催化反应速率常数。通过改变底物、缓冲溶液相对流速，同时维持核糖核酸酶A的流速不变，生成了含相同浓度酶、不同浓度底物的液滴，底物和酶在液滴中快速融合、反应，利用荧光显微镜成像采集荧光信号，测定出核糖核酸酶A与荧光底物反应的催化转换常数。

此外，酶反应溶液的pH可影响酶分子特别是活性中心必需基团的解离程度、底物和辅酶的解离程度以及酶与底物的结合，以致影响酶的反应速率。在其他条件恒定的情况下，能使酶反应速率达最大值时的pH，称为酶的最适pH。

应该指出的是，从酶反应动力学得到的与实验结果相一致的反应机制，往往是对该反应的一种解释，而不是唯一的解释；但对于那些和实验结果不一致的反应历程，动力学却可以否定它们。这样就清楚表明，单用动力学的方法证明一种反应机制是不够的，必须要有其他方面的机制来支持它。但是从酶反应动力学得到的反应历程，常常启发我们对酶的作用机制做有效和深入的探讨。

　　本章将论述一些基本的酶反应动力学理论，这是在一般酶学研究中经常碰到和应该了解的。对于一些适用于专门研究工作的烦琐数学推导及处理可以参阅有关专著。

第一节
底物浓度对酶催化反应速率的影响

　　首先，我们需要了解，底物对酶反应的饱和现象：当酶浓度不变时，不同的底物浓度与反应速率的关系为一矩形双曲线，即当底物浓度较低时，反应速率的增加与底物浓度的增加成正比（一级反应）；此后，随底物浓度的增加，反应速率的增加量逐渐减少（混合级反应）；最后，当底物浓度增加到一定量时，反应速率达到一最大值，不再随底物浓度的增加而增加（零级反应）。米氏方程（米凯利斯-门顿方程，Michaelis-Menten equation），正确地反映了底物浓度对酶反应起始速率的影响，或反映了底物浓度对酶反应速率的影响。

一、米氏方程的推导

　　为了建立反应动力学方程式，一般先要确定反应的机制，即反应方式和反应历程。对于酶反应来说，提出了酶的活性中间产物学说，即认为酶反应都要通过酶与底物结合形成酶-底物复合物，然后酶催化底物转变为产物，同时释放出酶。这一学说得到较多的实验支持：①酶-底物复合物已被电子显微镜和X射线晶体结构分析直接观察到；②许多酶和底物的光谱性质在形成酶-底物复合物后发生变化；③酶的物理性质，如溶解度或热稳定性，经常在形成酶-底物复合物后发生变化；④已分离得到某些酶与底物相互作用生成酶-底物复合物的结晶；⑤超离心沉降过程中，可观察到酶和底物共沉降现象。如用X射线结晶学方法研究核糖核酸酶、胰凝乳蛋白酶、溶菌酶和羧肽酶A时，取得了酶催化反应中存在酶-底物复合物的直接证据，同时中间产物学说成为推导米氏方程的依据，催化反应模型如下。

$$[E] + [S] \underset{k_{-1}}{\overset{k_1}{\rightleftharpoons}} [ES] \underset{k_{-2}}{\overset{k_2}{\rightleftharpoons}} [E] + [P] \qquad (2-1)$$

其中 $[E]$、$[S]$、$[P]$ 和 $[ES]$ 分别代表酶、底物、产物和酶-底物复合物。k_1、k_{-1}、k_2 及 k_{-2} 分别代表各步反应的速率常数。米氏方程成立需要满足三个条件：①反应速率为初始速率，因为此时反应速率与酶浓度呈正比关系，避免了反应产物以及其他因素的干扰；②酶-底物复合物处于稳态即 $[ES]$ 浓度不发生变化；③符合质量作用定律。因此在以后讨论的酶催化反应动力学均采用的是反应初始速率。

（一）快速平衡法

利用快速平衡法推导米氏方程，对于式（2-1）有如下假设：

（1）$[E]$、$[S]$ 与 $[ES]$ 之间迅速建立平衡，且比 $[ES]$ 分解为 $[E]+[P]$ 的速度要快得多，即 $[ES]$ 分解为产物这一步对平衡影响可略去，在任何时间内，反应均取决于限速的这一步。因此反应的初始速率 $V=k_2 [ES]$；

（2）在酶催化反应体系，$[S] \gg [E]$，$[S] \gg [ES]$；

（3）酶只以两种状态存在，即 $[E]_t = [E] + [ES]$（$[E]_t$ 为总酶量）；

（4）根据平衡的原理正、逆反应速率相等。于是（$[S]_{游}$ 为游离酶量）：

$$k_1[E][S]_{游} = k_{-1}[ES]$$

根据前述假设，$[E] = [E]_t - [ES]$ ；

若 $[S] \gg [ES]$，则 $[S]_{游} = [S] - [ES] \approx [S]$

代入： $k_1([E]_t - [ES])[S] = k_{-1}[ES]$

可得： $$\frac{([E]_t - [ES])[S]}{[ES]} = \frac{k_{-1}}{k_1} = K \qquad (2-2)$$

整理得： $$[ES] = \frac{[E]_t[S]}{K + [S]} \qquad (2-3)$$

由于 $V = k_2[ES]$，将式（2-3）代入，得

$$V = \frac{k_2[E]_t[S]}{K + [S]} \tag{2-4}$$

式（2-4）中 V 是瞬时速率，其大小取决于 $[ES]$ 的浓度。当底物浓度很高时，酶被底物所饱和，即所有的酶都以 $[ES]$ 形式存在，所以 $[ES] = [E]_t$，这时速率达到最高值，用最大反应速率 V_m 表示。显然 $V_m = k_2[E]_t$，故式（2-4）可以改写成：

$$V = \frac{V_m[S]}{K + [S]} \tag{2-5}$$

式（2-5）就是著名的米氏方程，式中 $K = \dfrac{k_{-1}}{k_1}$，是 $[ES]$ 的解离常数，当初人们为纪念米凯利斯，用 K_m 代替 K，并称 K_m 为米氏常数，由于米氏方程引入了假设条件，且反应模型过于简单，故不能反映实际的反应历程细节。尽管如此，经几十年实践证明，该方程确有其实用价值。

（二）稳态法

在快速平衡法中，曾假定（$[E] + [S] \rightarrow [ES]$）是一个快速平衡反应，其速率远大于 $[ES]$ 分解为 $[E] + [P]$ 的速率。但是，这一点与许多实际上具有很高速率常数的反应不符。对许多酶的研究结果表明，当 $[ES]$ 形成后，立刻转化为 $[E]$ 和 $[P]$。即 $k_2 \gg k_{-1}$，$[ES]$ 分配于 $[E] + [P]$ 方向远大于 $[E] + [S]$ 方向。基于这种事实，提出了稳态理论，即酶和底物的反应进行一段时间，反应体系中所形成的 $[ES]$ 中间物的浓度由零逐渐增大。到一定数值时，虽然底物 $[S]$ 和产物 $[P]$ 的浓度仍在不断变化，但中间产物 $[ES]$ 的生成速率与解离成 $[E] + [S]$ 以及分解为 $[E] + [P]$ 的合速接近相等。即 $[ES]$ 浓度在一段时间内维持恒定，此时的反应状态称为稳态。

从稳态理论出发，假定 $[ES] \xrightarrow{k_2} [E] + [P]$ 中不考虑逆反应，则反应达到稳态时 $[ES]$ 浓度不变，即 $\dfrac{d[ES]}{dt} = 0$，因此可得：

$$\frac{d[ES]}{dt} = k_1[E][S]_{游} - (k_{-1} + k_2)[ES] = 0 \tag{2-6}$$

在稳态法中其假设均同于快速平衡法，故有：$[E]=[E]_t-[ES]$，$[S]_游=[S]-[ES]\approx[S]$，代入式（2-6）得：

$$k_1([E]_t-[ES])[S]=(k_{-1}+k_2)[ES]$$

整理得：
$$[ES]=\frac{k_1[E]_t[S]}{k_{-1}+k_2+k_1[S]}=\frac{[E]_t[S]}{\dfrac{k_{-1}+k_2}{k_1}+[S]} \tag{2-7}$$

由于 $V=k_2[ES]$，且 $V_m=k_2[E]_t$ 代入式（2-7）整理得：

$$V=\frac{V_m[S]}{\dfrac{k_{-1}+k_2}{k_1}+[S]} \tag{2-8}$$

令 $K_m=\dfrac{k_{-1}+k_2}{k_1}$ 代入式（2-8），得：

$$V=\frac{V_m[S]}{K_m+[S]} \tag{2-9}$$

由于把 $[ES]\rightarrow[E]+[P]$ 考虑进去，因此，稳态法推导出的米氏方程［式（2-9）］形式虽与平衡法的式（2-5）相同，但分母中常数 $K_m=\dfrac{k_{-1}+k_2}{k_1}$，而不再是 k_{-1}/k_1。如果 $k_2\ll k_{-1}$，平衡法假设就成为稳态法的一种极限状况，即 $K_m=\dfrac{k_{-1}+k_2}{k_1}=\dfrac{k_{-1}}{k_1}=K_S$。$K_S$ 为中间产物［ES］的解离常数。

快速平衡法及稳态法在反应机理方面基本相同，所推导出的动力学方程是一致的。但在对中间产物［ES］的物理含义以及反应特点的理解方面则稍有差别。事实上，稳态法只是对米氏方程一种特殊情况的处理，但它使米氏方程稍为严密且具有更广的普遍性。故稳态法推导的米氏方程得到更广泛的应用。

二、关于米氏方程的讨论

米氏方程 $V=\dfrac{V_m[S]}{K_m+[S]}$ 属于 $Y=\dfrac{ax}{b+x}$ 形式的等轴双曲线方程，即酶反应速率之间的关系为一双曲线。该方程提供了两个重要的酶反应动力学常数，即 K_m 和 k_2，并通过它们表达了反应性质、反应条件与反应速率之间的关系。

（一）米氏方程的意义

在单底物的酶催化反应中，当酶的浓度不变时，反应的初始速率必然因底物浓度上升而提高，但在底物浓度上升达到某一境界后，反应速率将渐近于相应的最高值。米氏方程所表达的 V 与 $[S]$ 的关系可用图2-1表示。$V\sim[S]$ 曲线的现实意义为：在酶浓度不变条件下，底物分子与酶分子碰撞概率，也

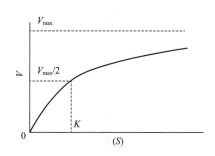

图2-1　酶催化反应速率 V 与底物浓度 $[S]$ 的关系

就是酶分子有效作用的概率，必然与底物浓度呈类似一级反应的关系；但是，在底物浓度达到相当高时，$[S]\gg[E]$，酶分子随时都受底物分子饱和，反应速率必然渐近于最高值。

底物浓度与酶反应速率的几种特殊情况讨论如下：

（1）当 $[S]\gg K_m$ 时，$V=V_m$。它意味着酶被底物充分饱和时所能达到的最大反应速率，此时对于 $[S]$ 来说是零级反应。

（2）当 $[S]=K_m$ 时，$V=\dfrac{1}{2}V_m$。这是 K_m 的方便求法，也反映出米氏常数 K_m 的物理意义，即当反应速率达到最大反应速率一半时的底物浓度。

（3）当 $[S]\ll K_m$ 时，$V=\dfrac{V_m}{K_m}[S]$。表示在底物浓度很低时，V 与 $[S]$ 成正比，对于 $[S]$ 来说是一级反应。

由此可见酶反应的反应速率和底物浓度直接相关；底物浓度决定着系统反应级别；衡量这种关系的尺度是 K_m。米氏方程概括的这些规律和绝大多数实验结果是一致的，但少数情况下也可能有异常，会出现某些偏离。

另外，从米氏方程可以看出酶反应速率与酶浓度的关系。即酶反应速率与酶浓度成比例。将 $V_m=k_2[E]_t$ 代回式（2-9），则有 $V=\dfrac{k_2[E]_t[S]}{K_m+[S]}$。当 $[S]\gg K_m$，$V=k_2[E]_t$；$[S]\approx K_m$，$V=\dfrac{k_2[S]}{K_m+[S]}[E]_t$；$[S]\ll K_m$，$V=\dfrac{k_2[S]}{K_m}[E]_t$。

只有当 $[S]\gg K_m$ 时，酶反应速率和酶浓度能保持线性关系（图2-2）。当 $[S]<K_m$ 时，反应速率与酶浓度间不是简单的线性函数，它受底物浓度变化的影

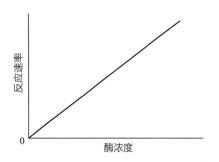

图2-2　酶浓度和反应速率的关系
（底物浓度远大于K_m，其他条件，例如底物
浓度、pH、温度和缓冲液保持不变）

响而变得十分复杂。为了排除底物这一因素的影响，在以动力学方法进行酶活性测定时，应使用足够高的底物浓度，使每个酶分子都能正常地参加反应，即使反应速率达到最大，这种情况下，酶反应速率仅取决于酶的浓度和酶催化性质。

　　在实际工作中，反应系统使用适当的底物浓度是一个重要的问题。在酶分析中，以动力学方法进行活力测定时，如测底物对反应速率影响，应使系统处于一级反应状态，使反应速率比例于底物浓度；如测底物以外的其他因素对酶反应速率的影响，最好使用足够高的底物浓度，使反应呈零级反应状态，避免底物因素夹杂的影响。

（二）米氏常数的意义

　　K_m是酶的一个极重要的动力学特征常数。K_m的表达式 $K_m = \dfrac{k_{-1} + k_2}{k_1}$ 可知，K_m是反应速率常数k_1、k_{-1}、k_2的函数，为中间产物［ES］的消失速率常数（$k_{-1}+k_2$）与形成速率常数（k_1）之比；当酶反应处于$V=\dfrac{1}{2}V_m$的特殊情况时：

$$\frac{V_m}{2} = \frac{V_m[S]}{K_m + [S]}$$

$$\frac{1}{2} = \frac{[S]}{K_m + [S]}$$

所以：

$$[S] = K_m$$

由此可以看出 K_m 的物理意义，即 K_m 是当酶反应速率达到最大反应速率一半时的底物浓度，或相当于酶活性部位的一半被底物占据时所需的底物浓度。它的单位是mol/L，与底物单位一致。当反应系统中各种因素如pH、离子强度、溶液性质等保持不变时，即对于特定的反应和特定的反应条件来说，K_m是一个特征常数。因此有时也可通过它来鉴别不同来源或相同来源但在不同发育阶段、不同生理状况下催化相同反应的酶是否属于同一种酶。在实际工作中，人们常通过 K_m 来确定酶反应应该使用的底物浓度。

K_m 的大小对不同的酶、不同的酶反应来说，可以很不相同，但一般数量级多为 $10^{-5} \sim 10^{-2}$ mol/L。表2-1列举了一些常见酶的 K_m。

表2-1 一些常见酶的 K_m

酶	底物	K_m /（mmol/L）
过氧化氢酶	过氧化氢	25
脲酶	尿素	25
蔗糖酶	蔗糖	28
	棉子糖	350
胰凝乳蛋白酶	N- 苯甲酰酪氨酰胺	2.5
	N- 甲酰酪胺酰胺	12.0
	N- 乙酰酪胺酰胺	32.0
	甘氨酰酪胺酰胺	108.0
谷氨酸脱氢酶	谷氨酸	0.12
	α- 酮戊二酸	2.0
	NAD$_{氧化型}$	0.025
	NAD$_{还原型}$	0.018
乳酸脱氢酶	丙酮酸	0.017
己糖激酶	ATP	0.4
	D- 葡萄糖	0.05
	D- 果糖	1.5
β- 半乳糖苷酶	D- 乳糖	4.0
溶菌酶	6-N- 乙酰 - 葡萄糖胺	0.006

酶的 K_m 是由酶的作用中心同底物分子的结合速率而定的特征值，因此其数值大小可因酶分子或底物分子的性质和结构而改变。

米氏常数在酶学研究中的重要作用表现在以下几个方面：

（1）K_m 是酶的特征常数之一，给出了一个酶能够应答底物浓度变化范围的有用指标。K_m 一般只与酶的性质有关，而与酶的浓度无关。不同的酶，K_m 一般不同。例如，脲酶为25mmol/L。各种酶的 K_m 为 $10^{-6} \sim 10^{-1}$ mol/L或者在更高一些的区间。

（2）K_m 也会因外界条件如pH、温度以及离子强度等因素的影响而不同。因此 K_m 作为常数只是对应某一特定的酶反应、特定底物、特定的反应条件而言。测定酶的 K_m 可以作为鉴别酶的手段，但是必须在指定的实验条件下进行。

（3）同一种相对专一性的酶，一般有多个底物，因此对于每一种底物来说各有一个特定的 K_m。其中最小 K_m 对应的那种底物一般称为酶的最适底物或者天然底物，例如，蔗糖是蔗糖酶的天然底物，N-苯甲酰酪氨酰胺是胰凝乳蛋白酶的最适底物。

（4）$\dfrac{1}{K_m}$ 也可近似地表示酶对底物亲和力的大小，$\dfrac{1}{K_m}$ 越大，则 K_m 越小，即达到最大酶反应速率一半所需要的底物浓度越小，由此表明酶与底物的亲和力越大。

不同底物的不同 K_m 有助于判断酶的专一性以及研究酶的活性中心。比较不同来源的酶对同一底物的 K_m 也可以帮助我们了解它们之间是否存在差别。另外，了解 K_m，可以大致认识细胞内有关底物的浓度，并推断该酶在细胞内部是否受到底物浓度的调节。

（5）K_m 和 K_S 不同，K_m 是 $[ES]$ 分解速率和形成速率的比值，K_S 表示形成 $[ES]$ 趋势的大小。过去很多文献常把 K_m 和 K_S 混用，这是不严谨的。

（6）表观米氏常数 K_m'　在没有抑制剂（或者只有非竞争性抑制剂）存在的情况下，$[ES]$ 分解速率和形成速率的比值符合米氏方程，此时称为 K_m。而在另外一些情况下，它发生变化，不符合米氏方程，此时的比值称为表观米氏常数 K_m'，在抑制动力学等研究中经常要用到这个概念。

（7）K_m 和米氏方程的实际用途　可以由所要求的反应速率（应该达到 V_m 的百分数）求出应当加入底物的合理浓度；反过来也可以根据已知的底物浓度求出该条件下的酶反应速率。

（三）米氏方程中的 K_m 和 V_m 求法

米氏方程是一个双曲线函数，直接从 $V\sim[S]$ 求它的两个动力学常数 K_m 和 V_m 是不容易的，且误差不易察觉，为了克服这个困难，往往将米氏方程转化成各种形式，并作出相应的图形后来求取这些参数，其中常见有以下几种。

1. Lineweaver-Burk作图法（双倒数作图法）

将式（2-9）两边同时取倒数就可得到如下方程：

$$\frac{1}{V}=\frac{K_m}{V_m}\cdot\frac{1}{[S]}+\frac{1}{V_m}\tag{2-10}$$

如果以 $\frac{1}{V}$ 对 $\frac{1}{[S]}$ 作图，可以得到一条直线。直线的斜率为 K_m/V_m，直线在 x、y 轴上截距分别为 $-\frac{1}{K_m}$ 和 $\frac{1}{V_m}$（图2-3）。

如果对某一酶双倒数作图有线性偏离，就说明米氏方程的假设对该酶不适用。应用双倒数作图法处理实验数据求 V_m 和 K_m 等动力学常数比较方便，也是最广泛应用的一种方法。但是要获得较准确的结果，实验时必须注意底物浓度范围，一般所选底物浓度需在 K_m 附近。

如果所选底物浓度比 K_m 大得多，则所得双倒数图的直线基本上是水平的，这种情况

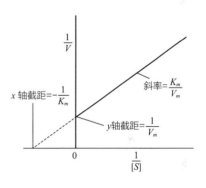

图2-3　Lineweaver-Burk
作图法所得图像

下虽然可以测得 $\frac{1}{V_m}$，但是由于直线斜率接近零，则 $-\frac{1}{K_m}$ 难以测得。如果 $[S]$ 比 K_m 小得多，则所作双倒数图的直线与两个坐标轴的交点都接近原点，使得 $-\frac{1}{K_m}$ 和 $\frac{1}{V_m}$ 都难以测准。

用双倒数作图，当底物浓度很低时，V_m 的数值很小，倒数以后，这些数据点有时会偏离直线很远，这样大大影响了这两个动力学常数的准确测定。即使用最简单的最小二乘法线性回归分析也不能消除，为此可以用适当的加权最小二乘法线性

回归分析，使得速率大的数据在作图中起较大的作用，这样结果才比较可靠。较好的计算动力学常数的方法是用计算机配合非线性回归法，反复地计算，并使用一种线性作图法提供的 V_m 和 K_m 初值，一直到统计标准通过为止。

2. Eadie-Hofstee作图法

将式（2-9）交叉相乘，整理可得Eadie-Hofstee方程：

$$\frac{V}{[S]} = \frac{V_m}{K_m} - \frac{V}{K_m} \tag{2-11}$$

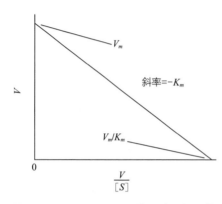

如果以 $\frac{V}{[S]}$ 对 V 作图，可以得到一条直线。直线斜率为 $-K_m$，在 x、y 轴上截距分别为 V_m 和 $\frac{V_m}{K_m}$（图2-4）。这种作图法有分布不均匀的缺点，但没有误差放大，可信度高，更大的优点是各种因素的影响可在图形上表现出来。

图2-4   Eadie-Hofstee作图法所得图像

3. Hanes作图

将式（2-9）重排后得Hanes方程：

$$\frac{[S]}{V} = \frac{[S]}{V_m} + \frac{K_m}{V_m} \tag{2-12}$$

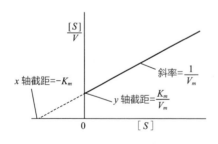

图2-5   Hanes作图法所得图像

如果以 $\frac{[S]}{V} \sim [S]$ 作图，得一直线，直线的斜率 $\frac{1}{V_m}$，直线在 x、y 轴上截距分别为 $-K_m$ 和 $\frac{K_m}{V_m}$（图2-5）。这种方程作图的优点是点的分布均匀，缺点是误差放大（因为取 $\frac{1}{V}$ 的缘故），但是比较一致，一般适于测定常数用。

根据上述三个方程来处理酶动力学数据各有优缺点，在决定选择哪一个方程来处理一组特定的数据时，必须考虑到下面这些因素：①数据点较均匀地沿着直线分布；②数据点尽可能地落在一条直线上；③在Eadie-Hofstee方程中，精确度最小的实验参数 V 同时出现在 x 和 y 项，因此，根据这个方程来确定 K_m 和 V_m 时，整个精确度会减小，使用最普遍的是Lineweaver-Burk方程。当然随着计算机的普及，可采用计算机程序直接计算与米氏方程的原始形式能最佳配合的参数 K_m 和 V_m，采用图形法计算 K_m 和 V_m 的方法也将随之淘汰。

（四）米氏常数在酶学中的重要特征数据

（1）同一种酶如果有几种底物，就有几个 K_m，其中尾值最小的底物一般称为该酶的最适底物或天然底物。不同的底物有不同的 K_m，这说明同一种酶对不同底物的亲和力不同。一般用 $1/K_m$ 近似地表示酶对底物亲和力的大小，$1/K_m$ 越大，表示酶对该底物的亲和力越大，酶促反应易于进行。

（2）已知某个酶的 K_m，可计算出在某一底物浓度时，反应速率相当于 V_m 的百分率。

（3）在测定酶活性时，如果要使得测得的初速率基本上接近 V_m，而过量的底物又不至于抑制酶活性时，一般 $[S]$ 值需为 K_m 的10倍以上。

（4）催化可逆反应的酶，对正逆两向底物的 K_m 往往是不同的。测定这些 K_m 的差别以及细胞内正逆两向底物的浓度，可以大致推测该酶催化正逆两向反应的效率，这对了解酶在细胞内的主要催化方向及生理功能有重要意义。

三、双底物反应

前面推导的米氏方程，是在一底物反应的情况下导出的。对于水解酶（如将水看作是过量的）、异构酶和大多数裂解酶，酶在催化反应中仅作用一个底物，用米氏方程可以满意地处理酶动力学数据。然而许多酶催化反应包括两个或两个以上的底物，同时生成多种产物。许多在食品科学领域中有价值的酶都需要两个或两个以上的底物。在大多数情况下，对于酶催化反应中的辅助因子，可以将它看作反应的一个底物或产物。用下式表示双底物酶催化的总反应式：

$$A + B \longleftrightarrow P + Q$$

其中A和B为反应的底物，P和Q为反应的产物，并设E和F为反应中酶的不同形式。

对于双底物反应，研究的较多的是BiBi类型。头一个Bi表示两个底物有序参加反应，后一个Bi表示有两个产物的有序生成。双底物反应依反应方式和历程，即按酶与底物间是否形成三元络合物，而将酶促反应分成两大类，现分述如下。

（一）反应过程中形成三元络合物

1. 序列有序机制

两种底物按照一定顺序与酶结合，只有当第一个底物与酶结合后，第二个底物才结合上去，产物P和Q的释放也按照一定顺序进行。

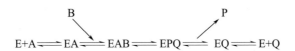

图示说明如下：

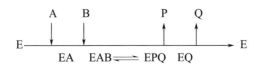

需要NAD^+或者$NADP^+$的脱氢酶反应就属于这种类型。在这种情况下，辅酶像底物一样起作用（作为底物A），产生出EA，EA再与代谢物（底物B）作用，生成三元复合物EAB，EAB再进一步发生脱氢作用，生成脱去氢的代谢物（产物P）以及接受了氢的辅酶（NADH、NADPH，产物Q），这两种产物依次释放出来，先P后Q，如下所示。

$$NAD^+ + CH_3CH_2OH \rightleftharpoons CH_3CHO + NADH + H^+$$
$$(A) \quad (B) \qquad\qquad (P) \qquad (Q)$$

一般NAD^+或者$NADP^+$往往为领先底物，而NADH或者NADPH则常常是最后释放的产物。

关于序列有序机制还有几点说明：

（1）中心过渡态中间物EAB可以转变为EPQ，也可以直接分解成产物，或者该中间物有一系列存在形式如EAB、WXY、EPQ，这几种情况下推导出的动力学方程都是一样的。

（2）如果酶本身会发生异构化EAB $\rightleftharpoons$ FPQ，即酶有E和F两种形式，E只能和A结合，F只能和Q结合，此反应成为异型序列BiBi（如下所示），推导出的动力学方程与（1）有所不同。

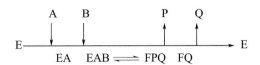

（3）有些反应中，其中心过渡态中间物EAB形成速度很慢，而分解速度很快，其浓度在动力学上可以忽略。该反应机制又称为Theorell-Chance机制（如下所示），是一种特殊的序列有序机制。

2. 序列随机机制

两种底物不按照一定的顺序与酶结合，可以先A后B，也可以先B后A。加入底物A以及B以后，底物P和Q也是以随机的方式释放出来。

$$
\begin{array}{ccc}
E+A \rightleftharpoons EA & & EP \rightleftharpoons E+P \\
\Big\updownarrow +B & & \Big\updownarrow -Q \\
EAB & \rightleftharpoons & EPQ \\
\Big\updownarrow +A & & \Big\updownarrow -P \\
E+B \rightleftharpoons EB & & EQ \rightleftharpoons E+Q
\end{array}
$$

少量脱氢酶和一些转移磷酸基团的激酶属于这类随机机制。例如，肌酸激酶催化的反应，先和酶结合的可以是肌酸，也可以是ATP，在形成产物以后，可以先释放出磷酸肌酸，也可以先释放出ADP。

$$
\begin{array}{cccc}
肌酸 & + & ATP & \rightleftharpoons & 磷酸肌酸 & + & ADP \\
（A） & & （B） & & （P） & & （Q）
\end{array}
$$

图示说明如下：

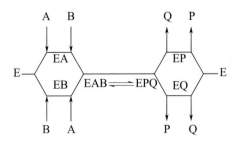

（二）反应过程中不形成三元络合物

该机制又称为乒乓机制，其特征就是酶首先与一个底物结合，释放一个产物，再与另一个底物结合，再释放产物，即酶E与底物A结合生成复合体，产物P的脱离在另一底物B的加入之前。由于底物和产物交替地与酶结合或从酶释放。好像打乒乓一样一来一去。反应过程中无三元络合物形成。

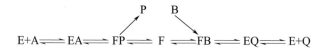

图示说明如下：

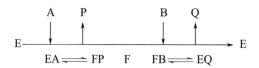

属于乒乓机制的酶大多数具有辅酶，转氨酶是乒乓机制的典型，一些糖基转移酶也属于乒乓机制。

第二节
酶抑制动力学

对于蛋白质类酶，当一些物理因素或者化学试剂破坏了酶蛋白的次级键后，也就部分或者全部地改变了酶的三维结构，使得酶蛋白发生了变性作用，由此而引起酶活性降低或者丧失的现象称为失活作用（钝化作用）。而某些化学试剂，它们并不引起酶蛋白变性，但能使得酶蛋白分子上的某些必需基团（主要是指酶活性中心上的一些基团）的化学性质发生变化，由此而引起酶活性降低或者丧失，这种现象则称为抑制作用。能引起这种抑制作用的物质称为酶的抑制剂。

酶的抑制剂可以是一种能够抑制生物体内与某种疾病有关的专一酶活性，从而获得疗效的物质。迄今已发现的抑制剂多达100种以上，有的已在临床上使用。蛋白酶抑制剂有抑胃酶剂、抑糜酶剂等多种，不同类型的蛋白酶都有相应的抑制剂。抑制剂对酶反应速率有重要影响，抑制剂在毒理、药理和食品科学领域中具有重要的实际意义。抑制剂在解释酶催化机制上也有很大的价值。

一、抑制剂的来源

目前，酶的抑制剂主要来源于植物、微生物和化学合成。微生物产生的抑制剂来源于微生物的初级代谢产物和次级代谢产物，研究最多的是放线菌，也是产生微生物药物最多的类群，其中最重要的是链霉菌属；细菌、真菌也是抑制剂的重要药源微生物。除了传统的药源菌筛选分离外，研究人员的注意力更集中到了各种新的微生物类群中，如海洋微生物、极端微生物。自然界植物种类丰富，但仅有不到10%被测定过某种生物活性，从植物中筛选抑制剂存在巨大的潜力，在未来相当长时间内仍是抑制剂新药的主要来源。植物源抑制剂筛选的难点就在于植物粗提物中"假阳性"结果太多，干扰真正有效成分的筛选。目前，国外对此采取了一系列措施，筛选前先通过纯化，采用提取物通过高效液相色谱（HPLC）或固相萃取后结合质谱得到化合物指纹图谱库，与已有的经验数据库进行比较，有新成分的粗提物再进一步进行药理活性筛选。再者，他们还可以先将粗提物通过HPLC来鉴别出是否存在吸收光谱有特征的化合物，这样可以减少筛选的盲目性。新药筛选的化合物库中有70%左右为有机化学产物，因此，合成药是新药的主要来源，将高通量筛选技术与组合化学和组合生物合成技术的结合，实现了抑制剂大规模筛选，是世界许多大制药公司筛选抑制剂新药的主要渠道。

二、抑制剂的作用

抑制剂是作用于或影响酶的活性中心或必需基团导致酶活性下降或丧失而降低酶反应速率的物质，可分为可逆抑制剂和不可逆抑制剂。对酶有一定的选择性，只能对某一类或几类酶起抑制作用。一价阴离子（X^-、NCO^-、NCS^-、CN^-、CH_3COO^-等）、磺胺、草酸盐、苯胺、咪唑、喹啉羧酸、吡啶羧酸盐等都是天然碳酸酐酶抑制剂。抑制剂进入酶活性部位并且改变金属离子的配位层。利用抑制剂作为酶的修饰剂，可获得有关活性部位结构及反应机制等信息。

三、抑制剂的类型

抑制剂与酶的作用过程一般是：抑制剂先与酶的活性有关部位形成可逆的非共价结合，然后根据抑制剂的特点，有的继续保持这种可逆结合；而有的则进一步转变为不可逆的共价键。因此抑制剂可分为两种类型。

（一）不可逆抑制

抑制剂与酶形成稳定的共价键结合，引起酶活力的丧失，并且不能用透析、超滤等物理方法除去这种抑制，故称不可逆抑制。但在某些情况下，可用化学处理方法打破酶与抑制剂间的结合使酶游离出来。

可以采用适合于不可逆过程的动力学方程来处理不可逆抑制剂对酶反应速率的影响。这种抑制的动力学特征是：抑制程度成比例于共价键形成速度，并随抑制剂与酶的接触时间而逐渐增大。最终抑制水平仅由抑制到酶的相对量决定，与抑制剂浓度无关。不可逆抑制在确定酶的活性部位和靠近酶活性部位的反应基团时是有价值的。

（二）可逆抑制

抑制剂与酶以非共价键结合而引起酶活力的降低。可以用透析等物理方法除去抑制剂而使酶活性恢复，这种作用称为可逆抑制。可逆抑制动力学要复杂得多，它由酶与抑制剂间的解离常数和抑制剂浓度所决定，但与时间无关，后面还将对抑制剂动力学做详细讨论。

（三）可逆与不可逆抑制的判定

对于不同浓度抑制剂，分别做一条初速度和酶浓度的关系曲线，结果表明，可逆抑制各浓度都可得到通过零点的 V-E 直线，但随抑制剂浓度升高，斜率下降［图2-6（1）］；在不可逆抑制过程中，每条 V-E 直线都依抑制剂浓度的增加而向右平行移动［图2-6（2）］。

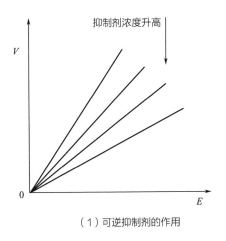
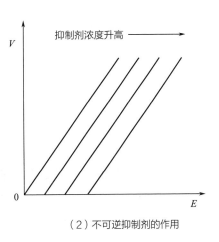

（1）可逆抑制剂的作用　　　　　　　　　（2）不可逆抑制剂的作用

图2-6　抑制剂浓度升高的$V\text{-}E$关系

还可以用抑制剂与酶浓度同步增加的方法或抑制剂恒定，增加酶量的方法，测定$V\text{-}E$关系曲线，用以判断抑制类型，结果分别如图2-7，图2-8所示。

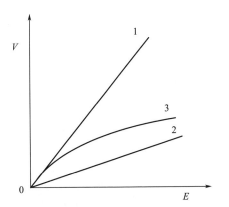
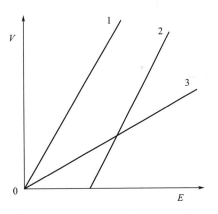

图2-7　酶与抑制剂同步增长的$V\text{-}E$曲线
1—无抑制剂　2—有不可逆抑制剂
3—有可逆抑制剂

图2-8　酶量增大，抑制剂定量的$V\text{-}E$曲线
1—无抑制剂　2—有不可逆抑制剂
3—有可逆抑制剂

四、可逆抑制动力学

可逆抑制剂的作用方式如下：

$$[E] + [S] \overset{K_S}{\rightleftharpoons} [ES] \overset{k_2}{\rightleftharpoons} [E] + [P]$$

$$[E] + [I] \overset{K_1}{\rightleftharpoons} [EI]$$

$$[EI] + [S] \overset{K_S'}{\rightleftharpoons} [EIS] \overset{k_2'}{\longrightarrow} [EI] + [P]$$

$$[ES] + [I] \overset{K_1'}{\rightleftharpoons} [EIS] \overset{k_2'}{\longrightarrow} [EI] + [P]$$

在一般简单的情况下，$k_2' = 0$，即酶-底物-抑制剂三元络合物不能转变成产物，此时总的反应速率仍取决于k_2和$[ES]$，由于抑制剂的存在，$[ES]$受多种因素的控制，用代数法或图解法解除$[ES]$，就可以建立起抑制剂存在下的总的动力学方程：

$$V = \frac{V_m}{1 + \frac{K_S}{[S]} + \frac{[I]}{K_i'} + \frac{K_S \cdot [I]}{[S] \cdot K_i}} \tag{2-13}$$

其中K_S、K_i和K_i'代表不同反应的解离常数；$[S]$和$[I]$分别代表底物和抑制剂浓度。

式（2-13）的倒数形式为：

$$\frac{1}{V} = \frac{1}{V_m}\left(1 + \frac{[I]}{K_i'}\right) + \frac{K_S}{V_m}\left(1 + \frac{[I]}{K_i}\right)\frac{1}{[S]} \tag{2-14}$$

根据可逆抑制剂、底物和酶三种关系，可逆抑制又可分为三种类型。

（一）竞争性抑制

竞争性抑制是指当抑制物与底物的结构类似时，它们将竞争酶的同一可结合部位——活性位，阻碍底物与酶相结合，导致酶反应速率降低。这种抑制作用称为竞争性抑制。一个竞争性抑制剂通常与正常的底物或配体竞争同一个蛋白质的结合部位。若在反应体中存在与底物类似的物质，该物质也能在酶的活性部位上结合，从而阻碍酶与底物的结合，使酶催化底物反应速率下降。竞争性抑制的特点：抑制剂与底物竞争酶的活性部位，当抑制剂与酶的活性部位结合后，底物就不能再与酶结合，反之亦然。竞争性抑制的机制：①抑制剂与底物在结构上有类似之处；②可能结合在底物所结合的位点（如结合基团）上，从而阻断了底物和酶的结合；③降低酶和底物的亲和力。

在这种类型中，抑制剂通常与底物在结构上有某种程度的类似性，抑制剂和底物竞争酶的结合部位，酶不能同时和底物及抑制剂结合，即不能形成三元络合物，或者说 K_i' 和 K_S' 为 ∞，因此它的动力学方程为：

$$V = \frac{V_m}{1 + \frac{K_s}{[S]} \cdot \left(1 + \frac{[I]}{K_i}\right)} \tag{2-15}$$

其倒数形式为：

$$\frac{1}{V} = \frac{1}{V_m} + \frac{K_s}{V_m \cdot [S]}\left(1 + \frac{[I]}{K_i}\right) \tag{2-16}$$

和米氏方程相比，$K_m(K_S)$ 增大了 $\left(1 + \frac{[I]}{K_i}\right)$ 倍，这意味着抑制剂与酶结合后，酶和底物的亲合力降低了，$[I]$ 越大，K_i 越小，表明酶和抑制剂结合越多，结合力越强，K_m 的增大以及酶和底物亲合力的降低也越显著。另一方面，抑制程度取决于 $[I]$、$[S]$、K_S 和 K_i 的相对大小。如以有、无抑制剂时反应速率倒数之差表示抑制程度，即以式（2-16）减去式（2-10），剩余项为：

$$\frac{1}{V_m} \cdot \frac{K_S}{[S]} \cdot \frac{[I]}{K_i}$$

它表明增大底物浓度，可以降低抑制程度，有利于酶和底物的结合，当底物的浓度增加到足够高的水平时，抑制剂对酶反应速率的影响能被克服；反之，增加抑制剂的浓度，将增加抑制作用；同样，底物和抑制剂的 K_S 和 K_i 也表现类似的竞争性关系。

竞争性抑制对反应速度的影响还可通过图形表现出来（图2-9）。

由图可知，竞争性抑制改变的只是直线的斜率，而在 y 轴的截距不变，即抑制影响反应体系的 K_m，但是最大反应速率不变，且斜率随抑制剂浓度增加而增加。

（二）非竞争性抑制

在非竞争性抑制中，底物和抑制剂与酶的结合互不相关，二者可同时独立地与酶结合形成 $[EIS]$，此时 $K_i = K_i'$，$K_S = K_S'$，但是 $[EIS]$ 不能进一步转变为产物，即

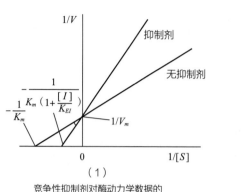

（1）
竞争性抑制剂对酶动力学数据的
$1/V$-$1/[S]$图的影响

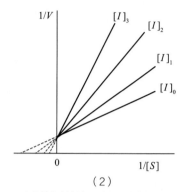

（2）
竞争性抑制剂在三种不同浓度下对
$1/V$-$1/[S]$图的影响（$[I]_3$>$[I]_2$>$[I]_1$）

图2-9　竞争性抑制剂的影响

k'_2=0，此时动力学方程：

$$V = \frac{V_m \cdot [S]}{(K_S + [S]) \cdot \left(1 + \dfrac{[I]}{K_i}\right)} \tag{2-17}$$

其倒数为：

$$\frac{1}{V} = \frac{1}{V_m} \cdot \left(1 + \frac{[I]}{K_i}\right) + \frac{K_S}{V_m} \cdot \left(1 + \frac{[I]}{K_i}\right) \cdot \frac{1}{[S]} \tag{2-18}$$

和米氏方程相比，K_m 不受影响，而 V_m 降低了（$1+\dfrac{[I]}{K_i}$），$[I]$ 越大，K_i 越小，不能转变为产物的 $[EI]$ 和 $[EIS]$ 也越多，V_m 降低的程度也越显著，由于 V_m 降低，酶的反应速率也相应减小；另一方面，如以无抑制剂与有抑制剂两种状态的反应速率之比表示抑制程度，［式（2-9）比式（2-17）］可以得出速率之比。

$$1 + \frac{[I]}{K_i}$$

此式说明 $[I]$ 越大，K_i 越小，抑制越强，但与 $[S]$ 无关，底物浓度的增加，不能克服抑制剂对酶反应速度的影响，底物与抑制剂间没有竞争关系。

非竞争性抑制剂对 $\dfrac{1}{V} - \dfrac{1}{[S]}$ 图的影响见图2-10。

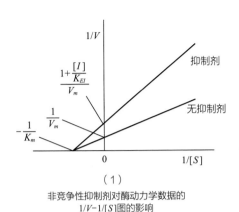

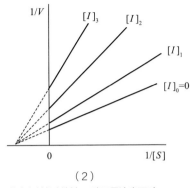

（1）   （2）
非竞争性抑制剂对酶动力学数据的   非竞争性抑制剂在三种不同浓度下对
1/V-1/[S]图的影响   1/V-1/[S]图的影响（$[I]_3 > [I]_2 > [I]_1$）

图2-10　非竞争性抑制剂的影响

由图可知，非竞争性抑制使直线的斜率和在 y 轴的截距均发生变化，但在 x 轴的截距不变，即降低了反应的最大反应速率，但 K_m 不变。

（三）反竞争性抑制

反竞争性抑制是指抑制剂不直接与游离酶相结合，而仅与酶-底物复合物结合形成底物-酶-抑制剂复合物（该复合物不能生成产物），从而影响酶反应的现象。当反应体系存在抑制剂时，反应平衡向酶-底物复合物生成的方向移动，但是抑制剂与酶-底物复合物进一步生成酶-底物-抑制剂三元复合物，而该三元复合物无法转变为游离酶和产物，故这一过程对酶反应有抑制作用。

抑制剂必须在酶与底物结合后才能与之结合形成 $[EIS]$，即 $K_s' = \infty$，但不能与游离酶结合，生成的 $[EIS]$ 是无活性的；不能释放出产物，此时动力学方程为：

$$V = \frac{V_m \cdot [S]}{K_S + \left(1 + \frac{[I]}{K_i'}\right) \cdot [S]} \tag{2-19}$$

其倒数方程为：

$$\frac{1}{V} = \frac{1}{V_m} \cdot \left(1 + \frac{[I]}{K_i'}\right) + \frac{K_S}{V_m} \cdot \frac{1}{[S]} \tag{2-20}$$

反竞争性抑制在一底物反应中较少见，但在多底物反应中这类抑制的例子较多，抑制剂对 $\dfrac{1}{V} - \dfrac{1}{[S]}$ 图的影响见图2-11。

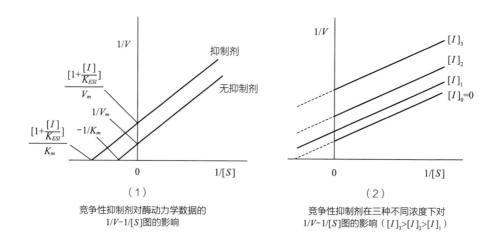

（1）
竞争性抑制剂对酶动力学数据的
1/V-1/[S]图的影响

（2）
竞争性抑制剂在三种不同浓度下对
1/V-1/[S]图的影响（[I]₃>[I]₂>[I]₁）

图2-11　竞争性抑制剂的影响

如图所示，反竞争性抑制仅改变直线的截距，但不影响斜率，从而得到一组平行线，结果使体系的最大反应速率和 K_m 均发生改变。

五、不可逆抑制动力学

酶抑制作用（enzyme inhibition）是指酶的功能基团受到某种物质的影响，而导致酶活性降低或丧失的作用。抑制剂对酶有选择性，是研究酶作用机理的重要工具。很多药物，毒物和用于化学战争的毒剂都是抑制剂。此外，还有一些具有一定功能的存在于动植物体内的生物大分子也是抑制剂。酶受抑制时其蛋白质部分并未变性。由于酶蛋白变性造成的酶失活作用，以及除去活化剂（如酶活性所必需的金属离子）而造成酶活性的降低或丧失，不属于酶抑制作用的范畴。

抑制作用分为可逆和不可逆两大类。

可逆抑制作用：抑制剂与酶以非共价键可逆结合而引起酶活性的降低或丧失，用物理方法除去抑制剂后可使酶活性恢复的作用称为可逆抑制作用，这种抑制剂叫做可逆抑制剂。

可逆抑制剂与酶结合而抑制酶活性的方式有两种：一种是同位抑制作用，抑制剂与酶分子的结合部位基本上和底物与酶分子的结合部位相同或相近。这类抑制剂称为同位抑制剂。另一种是别位抑制作用，抑制剂与酶分子活性中心以外的部位相结合，即通过酶分子空间构象的改变，来影响底物与酶的结合或酶的催化效率。这种抑制剂称为别位抑制剂。

非专一性的不可逆抑制作用：抑制剂作用于酶蛋白分子中一类或几类基团，对酶不表现专一性。这类抑制剂叫做非专一性的不可逆抑制剂，实际上是氨基酸侧链基团的修饰剂。已合成很多这类修饰剂。虽然这类修饰剂主要作用于某类特定的侧链基因，如氨基、羟基、胍基、巯基、酚基等，但对其所修饰基团的选择性常常是不强的。因此在进行化学修饰时，应注意控制反应条件及保护可能引起副反应的基团等，以增强对所修饰基团的选择性。

专一性的不可逆抑制作用：抑制剂只对某类或某一个酶起作用，这类抑制剂称作专一性的不可逆抑制剂，包括亲和标记剂和自杀底物两大类。

（1）亲和标记剂　具有和底物类似的结构，是通过对酶的亲和力来对酶进行修饰的。它们能与特定的酶结合，它们的结构中还带有一个活泼的化学基团可以与酶分子中的必需基团起反应使酶活性受到抑制。因而亲和标记剂只对底物结构与其相似的酶有抑制作用，显示其有专一性。例如，L-苯甲磺酰赖氨酰氯甲酮是胰蛋白酶的亲和标记剂，而L-苯甲磺酰苯丙氨酰氯甲酮则是胰凝乳蛋白酶的亲和标记剂。

（2）自杀底物　有些酶的专一性较低，它们的天然底物的某些类似物或衍生物都能和它们发生作用。这些类似物或衍生物中的一类，在它们的结构中潜在着一种化学活性基团，当酶把它们作为一种底物来结合并在这一酶促催化作用进行到一定阶段以后，潜在的化学基团能被活化，成为有活性的化学基团并和酶蛋白活性中心发生共价结合，使酶失活。这种过程称为酶的"自杀"或酶的自杀失活作用，而这类底物则称为"自杀底物"。自杀底物所作用的酶，称为自杀底物的靶酶。酶的自杀底物实际上是专一性很高的不可逆抑制剂，因此，设计出某些病原菌或异常组织中所特有的酶的自杀底物对于制服病原菌或制止组织的异常生长是有用的。例如，由于广泛使用青霉素，很多菌株对青霉素产生了耐药性，其原因多半是细菌体内被诱导产生出一种能分解青霉素结构中具有杀菌能力的β-内酰胺环的酶。近年来，合成了多种这个酶的自杀底物，如青霉素亚砜等，在杀死对青霉素有耐药作用的病原菌上很有效。

从酶抑制动力学的研究历史看，早些时候以对可逆抑制的研究为主。这与实验技术的进步程度和理论的发展水平有关。1965年，邹氏不可逆抑制动力学创建以来，不可逆抑制动力学的研究才逐步受到重视。这个方法把酶、抑制剂和底物的系统视为一个有机的整体，对这个整体进行分析，得出各种性质（包括产物浓度）与时间的关系，实验时通过记录并分析有抑制剂存在时酶所催化的产物的生成同时间的关系，即可得出抑制剂与酶作用的有关信息。

第三节
pH对酶催化反应速率的影响

一、酶反应的最适pH

酶在最适pH范围内表现出活性，大于或小于最适pH，都会降低酶活性。主要表现在两个方面：①改变底物分子和酶分子的带电状态，从而影响酶和底物的结合；②过高或过低的pH都会影响酶的稳定性，进而使酶遭受不可逆破坏。每种酶对于某一特定的底物，在一定的pH下，具有最大反应速率，或者有一个最高的酶活性。这一特定的pH，就是该种酶的最适pH。pH与酶反应速率的关系曲线如图2-12所示。

最适pH不是酶的一个物理特征常数，它随着反应温度、时间、底物的性质和浓度、缓冲液的性质及浓度、介质的离子强度和酶制剂的纯度等而变化。不同的酶，分子构成不同，解离的pH范围不同，其最适pH也各有不同。表2-2给出了某些酶作用的最适pH与等电点。多数酶有较严格的最适pH，少数则有一较宽的最适pH；多数酶的最适pH偏离等电点，若偏酸性一方，

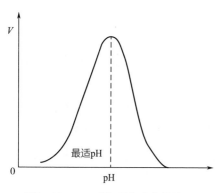

图2-12 pH对酶反应速率的关系

这类酶表现活性时带正电荷（表中a类），若偏碱性一方，则表现活性时带负电荷（表中b类），少数的最适pH接近等电点（表中i类），酶表现活性时可能为电中性形式。酶的最适pH应该看作一个操作参数，因此，在测定时必须规定非常严格的条件。研究还发现，经过部分修饰的酶，其最适pH通常不变；而某些酶活性中心结构已知的酶的最适pH主要和活性中心侧链基团的解离直接相关。这些事实表明，pH对酶活性的影响，很可能不是由于酸碱作用了整个酶分子，而是由于它们改变了酶的活性中心或与之有关的基团的解离状态。酶要表现活性，它的活性部位有关基团都必须具有一定的解离形式，其中任何一种基团的解离形式发生变化都将使酶转化为无活性状态；反之活性部位以外其他基团则无关紧要，而酶的最适pH就是具有某一特定解离状态，使酶具有最高活性的pH。

表2-2　某些酶作用的最适pH及等电点

酶	底物	最适 pH	等电点 p/	工作点
β-淀粉酶（麦芽）	淀粉	5.2	6.0	a
蔗糖酶	蔗糖	4.5	5.0	a
α-淀粉酶（猪胰）	淀粉	6.9	5.2~5.6	b
乙酰胆碱酯酶	乙酰胆碱	8.4	5.0	b
核糖核酸酶	核糖核酸	7.8	7.0	b
胃蛋白酶	各种蛋白质	1.5~2.5	3.8	a
胰蛋白酶	各种蛋白质	8~9	8.1~8.6	i
木瓜蛋白酶	各种蛋白质	5.0~5.5	9.0	a
菠萝蛋白酶	各种蛋白质	6.0~6.5	9.5~10.0	a
中华猕猴桃蛋白酶	各种蛋白质	3.8~4.0	3.8~3.9	i
胰凝乳蛋白酶	各种蛋白质	8~9	8.1~8.6	b
羧基肽酶	苄氧羰酰基苯甘氨酸	7.3	6.0	b
脲酶	脲素	6.4~7.6	5.0~5.1	b
脱羧酶（酵母）	丙酮酸	6.0	5.1	b
乳酸脱氢酶（心肌）	乳酸	7.4	4.5~4.8	b
触酶	H_2O_2	6.7	5.6	b
醛缩酶（兔肌）	果糖二磷酸	7.6~8.6	6.0	b
黄嘌呤氧化酶（牛乳）	黄嘌呤	8.5~9.0	6.2	b

二、pH对酶稳定性影响

（一）酶的pH稳定性

氢离子浓度变化与酶活性的关系不仅有酶反应的最适pH，而且也存在着pH对酶的稳定性效应问题。酶的pH稳定性与最适pH是截然不同的概念。

各种酶因其分子结构不同，特别是因其作用中心构象和微环境的特殊性，酶分子只在一定的pH条件下保持稳定，超过界限，酶分子会变性；有的酶只在稳定的pH界限内的某一个pH区域才有活性，超过了这个区域，酶分子虽仍保持蛋白质的天然性质，但却不表现应有的活性，或活性大大降低，这里应包含这样几层含义。

（1）酶的稳定pH指的是使酶蛋白分子结构（包括立体构象）维持天然状态而不曾变性的pH。当酶受酸碱处理后，酶分子将变性，不可逆转。一般的酶类在过酸或过碱的环境中放置时间过长，将受到不可逆的破坏。

（2）酶分子结构保持天然状态，但由于pH变化而引起作用中心及微环境出现构象上的可逆调整以致酶活性不能表现出来，这称为酶的可逆性失活，酶变性必然使酶失活，但可逆性失活不等于酶变性。二者pH界限也不相同，区别这两点在酶学工作中相当重要。

（3）酶的作用pH区限，指酶表现活性所要求的pH环境，最低pH和最高pH是它的两端区限。

（4）酶的最适pH指酶表现出最大活性的pH。

（二）酶的pH稳定性的实验测定

为了了解酶在酸碱中的稳定性情况，通常都要制备一条酶稳定性-pH曲线。方法是将酶溶液分成若干份，然后分别置于不同pH的同种缓冲液中，保温一定时间，最后再调整至某一共同的pH和温度测定酶活性。

根据上述实验数据，可以作酶的百分残余活力的对数-保温时间图（图2-13）。

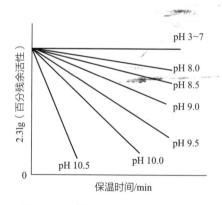

图2-13　酶在不同pH下的失活速率

如果pH仅影响酶的变性，那么这个关系表现为线性，直线的斜率是酶失活的一级速率常数，由图中可知，该酶在pH 3~7范围内十分稳定，然而并非所有酶的失活都遵循一级反应动力学，这是由于除了变性以外，还有其他因素影响酶活性的损失。

如果仅测定不同pH的一个保温时间后残余酶活性，那么可以作百分残余活性-pH图，一般的酶稳定性-pH曲线即以这种形式表示，图2-14及图2-15也属于这一类。

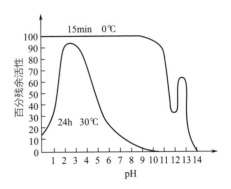

图2-14　在两组条件下，胰蛋白酶的pH稳定性

（三）影响酶的pH稳定性的因素

许多因素影响酶的pH稳定性，在测定酶的稳定性pH曲线时，尤其应注意介质的组成和温度条件，因为它们可以和pH同时对酶的稳定性产生影响，此外其他因素如缓冲剂的种类和浓度、底物是否存在、介质的离子强度和介电常数以及pH对酶的辅助因子或活化剂稳定性的影响，都将对酶的pH稳定性产生影响。

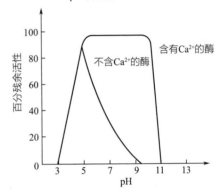

图2-15　猪胰α-淀粉酶（含Ca^{2+}和不含Ca^{2+}）的pH稳定性

（酶在25℃不同pH保温20h，然后在最适pH和含Ca^{2+}条件下测定活性）

图2-14所示为在不同条件下，pH对胰蛋白酶稳定性的影响，pH稳定曲线是保温条件的函数。在30℃保温24h，酶在pH 2.5时具有最高稳定性，而在pH小于l和pH大于8时残存的酶活性很低。但是当酶在不同的pH，于0℃保持15min时，直到pH 10还能保留全部活性，pH超过10，酶的稳定性下降，在pH 12时酶的稳定性最低，在pH 13附近酶的稳定性提高，然而在pH超过13时酶的稳定性又显著下降。

胰蛋白酶pH稳定性是两个过程的结果，pH低于2.5（24h，30℃）时的不稳定性是蛋白质不可逆变性的结果，在pH 2.5~8.5时，酶活性的丧失是由于自动消化，即胰蛋白酶自我水解。它可以这样解释：天然的酶分子和可逆变性的酶分子处于平衡，而前者能利用后者作为底物。当pH提高到13时，大多数酶是处在可逆变性形式（15min，0℃），很少或没有天然酶去执行自动消化，因而酶在pH 13时较pH 12时要稳定。pH超过13时，酶的不可逆变性变得很快，因而在0℃下保持15min，全部酶的活性丧失。

酶的辅因子的存在与否，对酶pH稳定性有较大影响。图2-15给出了猪胰α-淀粉酶的pH稳定曲线。每分子的α-淀粉酶含有一个Ca^{2+}，Ca^{2+}并没有参与底物同酶的结合或底物转变成产物的过程，它起着稳定酶蛋白结构的作用。不含Ca^{2+}的酶和含有Ca^{2+}的酶相比较其稳定性较低，特别是在pH 7~11的范围内。在测定酶的pH稳定性时，温度是极为重要的参数，在一个温度下测定酶的pH稳定性所得到的结果，不能随意外延到较高的温度。另外，酸碱对酶的破坏作用是随时间略加的，因此应注意在相应条件下的保温时间。

（四）pH对酶活性的影响

不同的酶，氨基的组成不同，则酶分子中可解离的基团性质不同，这些基团随着pH的变化可以处于不同的解离状态，侧链基团的不同解离状态既可以影响底物的结合和进一步的酶催化反应，也能影响酶的空间构象，从而影响到酶的催化活性。pH对酶活性的影响主要有以下几个方面：①过酸或者过碱都可以使酶的空间结构破坏，而引起酶的变性，导致酶活性的下降。这种酸碱的失活作用一般有两种情况，可逆的失活和不可逆的失活。当适当改变溶液的pH，酶活性可以恢复时为可逆的失活，否则，为不可逆的失活。②酸或碱影响酶活性中心结合基团的解离状态，使得底物不能和酶结合。③酸或碱影响酶活性中心催化基团的解离状态，使得底物不能被酶催化成产物。④酸或碱影响底物的解离状态，或者使底物不能与酶结合或者结合后不能生成产物。由于上述种种原因，每种酶对于某一特定的底物，在一定的pH下，均具有最大的反应速率，或者说具有一个最高的酶活性，这一特定的pH，就是该种酶的最适pH。不同的酶，表面构象各有特点，其发挥作用的pH范围有差异，其最适pH的范围也不相同。有的酶要求偏酸环境，例如哺乳动物胃蛋白酶和捕蝇草的蛋白酶作用的pH在1.2~2.5，最适pH为1.8，相当于0.1mol/L HCl的酸强度。有的酶要求偏碱性的环境，例如碱性磷酸酶作用的pH在9~11，最适pH为10.1。总之，各种酶有各自固有的作用pH范围，有各自的最适pH。同工酶的最适pH也可以有很大的差别，如同一物种所产生的磷酸酯酶，酸性酶的最适pH为4.5，与碱性酶的最适pH相差将近6。同物种的同性质酶最适pH也可以有差别，胰蛋白酶、胰凝乳蛋白酶的最适pH与胃蛋白酶的最适pH相差也达5~6。

三、pH对酶催化反应速率的影响

综前所述，pH之所以影响酶的活性，是由于酶活性部位上含有可解离基团，其中一些基团的解离状态随pH的变化而变化，因而它们对底物的结合及催化活性也随着改变，假定在讨论的pH范围内，酶分子保持稳定，且以 $[EH^{\pm}]$ 表示酶的活性解离状态，而以 $[EH_2^+]$ 和 $[E^-]$ 分别代表无活性的酸性和碱性解离形式；以 $[EH^{\pm}S]$、$[EH_2^+S]$ 和 $[E^-S]$ 代表三种酶-底物复合物的解离形式；其中只有 $[EH_2^+S]$ 能够形成产物 $[P]$，因此，在各个pH条件下，酶与底物及 $[H^+]$ 之间的反应关系式如下：

$$[EH^{\pm}] + [H^+] \xrightleftharpoons{K_a} [EH_2^+]$$

$$[EH^{\pm}] \xrightleftharpoons{K_b} [E^-] + [H^+]$$

$$[EH^{\pm}] + [S] \xrightleftharpoons{K_S} [EH^{\pm}S] \xrightarrow{k_0} [EH^{\pm}] + [P]$$

$$[EH^{\pm}S] + [H^+] \xrightleftharpoons{K_a'} [EH_2^+S]$$

$$[EH^+S] \xrightleftharpoons{K_b'} [E^-S] + [H^+]$$

$$[EH_2^+] + [S] \xrightleftharpoons{K_S^+} [EH_2^+S]$$

$$[E^-] + [S] \xrightleftharpoons{K_S^-} [E^-S]$$

酸碱对酶活性的影响实际上非常类似抑制剂的作用，因此pH对酶反应影响的动力学关系可简化为抑制剂影响的讨论。和抑制剂的影响相似，pH对酶反应的影响也可归纳为几种类型。

（一）酸碱表现竞争性抑制

此时式中 K_S^+、K_S^-、K_a'、K_b' 均为 ∞。

H^+的影响：
$$V_{H^+} = \frac{V_m \cdot [S]}{[S] + K_m\left(1 + \dfrac{[H^+]}{K_a}\right)} \tag{2-21a}$$

OH$^-$ 的影响：
$$V_{OH^-} = \frac{V_m \cdot [S]}{[S] + K_m\left(1 + \dfrac{K_b}{[H^+]}\right)}$$
(2-21b)

pH 总的影响：
$$V_{pH} = \frac{V_m \cdot [S]}{[S] + K_m\left(1 + \dfrac{[H^+]}{K_a} + \dfrac{K_b}{[H^+]}\right)}$$
(2-21c)

和竞争性抑制一样 pH 使反应的 K_m 发生改变，因而也使酶活力发生变化。如果以 K_{aq}（aq 表示溶液）代表改变了的 K_m，并取得-lg 形式，则：

由式（2-21a）得，当 $[H^+] \ll K_a$ 时，$pK_{aq}^+ = pK_m$；

当 $[H^+] \gg K_a$ 时，$pK_{aq}^+ = pK_m + pH - pK_a$。

由式（2-21b）得，当 $[H^+] \gg K_b$ 时，$pK_{aq}^- = pK_m$；

当 $[H^+] \ll K_b$ 时，$pK_{aq}^- = pK_m - pH + pK_b$。

显然，对于式（2-21），只有当 $K_a \gg [H^+] \gg K_b$ 时，才能使 $pK_{aq} = pK_m$，即只有当 $K_a \gg [H^+] \gg K_b$ 时，K_{aq} 最小，酶活性最大，否则 K_{aq} 均较 K_m 增大$\left(1 + \dfrac{[H^+]}{K_a} + \dfrac{K_b}{[H^+]}\right)$ 倍。此时的 pH 就是酶的最适 pH（pH_0）。且 $pH_0 = \dfrac{1}{2}(pK_a + pK_b)$。

现在将 pK_{aq} 对 pH 作图，一般可得到图 2-16 所示的曲线，这条曲线实际上包括斜率为+1、0、-1 的三个阶段，它们的交点所在 pH 指示相应的 pK_a 和 pK_b。

（二）酸碱表现非竞争性抑制

在这种情况下，K_S^+ 和 K_S^- 等于 K_S，K_a' 和 K_b' 分别等于 K_a 和 K_b，这时 pH 影响下的总动力学方程为：

$$V_H = \frac{V_m \cdot [S]}{(K_m + [S]) \cdot \left(1 + \dfrac{K_b}{[H^+]} + \dfrac{[H^+]}{K_a}\right)}$$
(2-22)

显然，此时 pH 影响的是 V_m，如果以 V_{aq} 表示改变了的 V_m，则 V_{aq} 较 V_m 增加了 $1/\left(1 + \dfrac{K_b}{[H^+]} + \dfrac{[H^+]}{K_a}\right)$，因此，只有当 $K_a \gg [H^+] \gg K_b$ 时，$V_{aq} = V_m$，反应才取得最大酶反应速率，这时的 pH 也就是酶作用的最适 pH（pH_0），和酸碱表现竞争

抑制一样, $pH_0 = \dfrac{1}{2}(pK_a + pK_b)$。

将 $\lg V_{aq}$ 对 pH 作图, 可得到图 2-17, 由这条曲线同样可测得相应的 pK_a 和 pK_b。

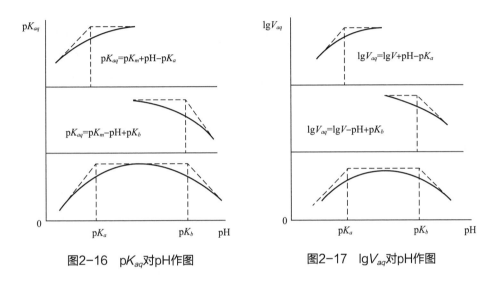

图2-16　pK_{aq}对pH作图　　　　图2-17　$\lg V_{aq}$对pH作图

这种影响下, K_a' 和 K_b' 不等于 ∞, 也不等于 K_a 和 K_b; 同样, K_S^+ 和 K_S^- 也不等于 K_S 和 ∞, 它的动力学方程式为:

$$V_H = \cfrac{\cfrac{V_m}{(1 + [H^+]/K_a' + K_b'/[H^+])} \cdot [S]}{[S] + K_m \cdot \cfrac{1 + [H^+]/K_a + K_b/[H^+]}{1 + [H^+]/K_a' + K_b'/[H^+]}} \tag{2-23}$$

其中

$$V_{ap} = \frac{V_m}{(1 + [H^+]/K_a' + K_b'/[H^+])}$$

$$K_{ap} = K_m \cdot \left(\frac{1 + [H^+]/K_a + K_b/[H^+]}{1 + [H^+]/K_a' + K_b'/[H^+]} \right)$$

$$\frac{V_{ap}}{K_{ap}} = \frac{V}{K_m} \cdot \frac{1}{1 + [H^+]/K_a + K_b/[H^+]}$$

这种情况下, V_m 和 K_m 都发生了改变, 通过 pK_m 对pH作图可求得 pK_a、pK_b、K_a'、

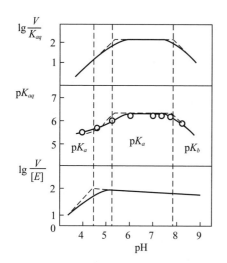

图2-18　pK_{aq}，$\lg V/K_{aq}$，$\lg V/[E]$对pH作图

K'_b（图2-18）。

研究pH对酶反应的影响有两方面的意义：一是酶反应都是在一定pH条件下进行的，研究它是酶学的基本工作；二是了解酶结构与功能关系，探讨酶作用机理的重要手段。在后一方面，它有两种作用，一方面用于测定酶分子中参与结合和催化的基团，另一方面是测定酶反应可能经历的历程。

根据活性中间产物学说，$K_m(K_S)$表现酶与底物的结合特征，$V_m(k_0)$表现酶对底物的催化特征。如果底物不发生酸碱解离，那么从pK_m或V_m对pH的关系测得pK_a、pK_b或K'_a、K'_b，将相应地代表结合基团或催化基团的性质，与游离氨基酸的解离常数比较，就能大致判断出结合基团或催化基团。但是，在下结论时还应谨慎。因为一方面某些氨基的pK是相互重叠的，如酪氨酸与赖氨酸、天冬氨酸与谷氨酸等；另一方面自由酶分子的解离基团，受微环境的影响，其pK_m的数值可有很大变化。一般地说，在疏水环境中，使羧基偏向于不解离，因而升高其pK，同时压抑NH_3^+离子化，降低其pH。但在极化条件下，则完全相反。例如，在疏水环境下，ε-氨基由正常情况的9~10.5降为5~6，而羧基由正常的3~4升高至6~7。相反，在胃蛋白酶中的天冬氨酸侧链的pK则降低了约2个pH单位为1.0左右。因此只依据pK来判断解离基团的性质并不完全可靠，最好同时研究温度对pK的影响，测定基团解离的标准热焓来进行核对；而且这种pK最好取根据V/K_m测得的数值，因为它表示真正自由酶的pK，比较有意义。

以上我们讨论了pH对酶反应影响的一些简单情况，pH除了对酶的解离状态直接产生影响外，也可能影响到底物的解离和反应系统中其他组成成分的解离，但它们相当复杂。

第四节
温度对酶催化反应速率的影响

一、酶反应的最适温度

如果在不同温度条件下进行某种酶反应，然后再将测得的反应速率相对温度作图，那么可得到如图2-19所示的曲线，在较低的温度范围内，酶反应速率随温度升高而增大，当温度升高至某一值时，反应速率达到最大值，一旦超过这个温度，反应速率反而下降，此温度通常称为酶反应的最适温度。

最适温度并非酶的特征常数，因为当温度升高时，除反应速率随之提高外，酶蛋白变性，导致活性的丧失也加快。所谓最适温度，实际是这两种影响的综合结果（图2-19虚线部分）。温度的这种综合影响与时间有密切关系，根本原因是由于温度促使酶蛋白变性是随时间累加的。在反应的最初阶段，酶蛋白变性尚未表现出来，因此反应的初始速率随温度升高而增加；但是，反应时间延长时，酶蛋白变性逐渐突出，反应速率随温度升高的效应将逐渐为酶蛋白变性效应所抵消。因此，在不同反应时间内测得的最适温度也就不同，它随反应时间延长而降低。如图2-20所示。从图中可见，在 $t = t_1$ 时，酶反应速率以在70℃为最大，应是最适温度，但是在 $t = t_2$ 时，酶反应速率则是50℃最大。用酶作为催化剂的工业生产流程，总要相对于该流程各步反应时间的长短来选定调控的温度，最适温度的研究具有相当重要的实际意义，特别是生物反应器的运转，更应给予足够的重视。

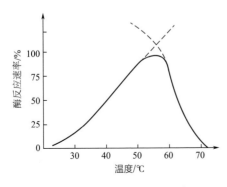

图2-19　酶反应的最适温度

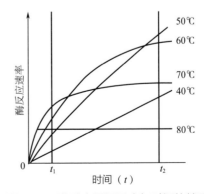

图2-20　酶反应最适温度与时间的关系

二、酶的热稳定性

在酶催化反应中，一般反应物转变为产物的活化能为25~63kJ/mol，而酶变性活化能为210~630kJ/mol。这意味着酶在较低温度时比较稳定，在较高温度时，由于较多数目的分子具有足够的能量以达到变性状态。因此，酶变性速率会变得很快，这一点可用表2-3中数据加以说明，表中活化能E_a对于反应物转变成产物和酶变性分别为25kJ/mol和250kJ/mol。反应物转变成产物的速率在60℃是-10℃时的11.4倍，而酶变性速率在60℃时是-10℃时的3.16×10^{10}倍。这是根据阿伦尼乌斯（Arrhenius）方程式 $k = A \cdot e^{-K_a/RT}$ 计算得到的。

表2-3 温度对反应物转变的速率和变性速率的相对影响

温度	相对速率		温度	相对速率	
	E_a=25kJ/mol	E_a=250kJ/mol		E_a=25kJ/mol	E_a=250kJ/mol
-10	1.0	1.0	40	6.31	1.0×10^8
0	1.55	7.94×10	60	11.4	3.16×10^{10}
20	3.24	1.26×10^5			

在一定温度范围内升温时，酶失活是可逆的。因为酶分子表面构象的改变以致活性中心几何位置相对错开是可恢复的。温度降低后，酶活性就恢复正常，此为酶的可逆变性。当温度上升超过了界限，分子动能增大同时基团的振动能扩大，以至超过氢键及其他正常键能水平，酶的立体构象不能维持正常，于是氢键大量破坏，酶蛋白的α-螺旋体无规则地散开，有序的分子结构变成无序。酶分子以被破坏了三维结构的蛋白质形态存在，这就是不可逆变性。可逆变性的概念对于食品科学家来说并不是一个陌生的概念。水果和蔬菜中的过氧化物酶和乳中碱性磷酸酶，在食品材料热处理后放置的过程中可以部分地再生，就属于酶的可逆变性。但是如果温度足够高，所有的酶转变成不可逆变性形式，再将酶液保藏在较低温度时，酶就不会再生。

为测定温度对酶稳定性的影响，先将酶液在各个不同的温度下保温，而其他条件保持相同。在不同的时间间隔，依次取出一定量的酶液在相同的pH和温度下测定酶的活性。根据上述所得实验数据作图可得图2-21及图2-22。大多数酶在20~35℃下是完全稳定的，而在40℃以上酶活性趋于下降，且温度越高，活性丧失的速率越快。一般情况下，酶在60~70℃呈现可逆性失活，而在70~80℃出现不可逆失活。但是个别酶的热稳定性与之存在较大差异，如牛肝的过氧化氢酶在35℃时即不稳定，而核糖核酸酶在100℃下保持几分钟仍有活性。

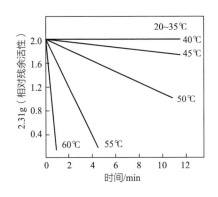

图2-21　不同温度时酶失活的速率

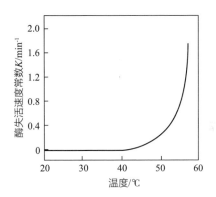

图2-22　温度对酶稳定性的影响

　　酶的稳定性不仅是温度的函数，而且和溶液的性质密切相关。如pH、缓冲液的离子强度和性质、体系中蛋白质浓度、保温时间，以及是否存在底物、活化剂和抑制剂都有显著的影响。酶的温度稳定性数据仅仅是当所有其他因素已被控制和明确的指出时，才具有意义。另外酶分子的大小和结构复杂性同它们对热的敏感性之间存在着一些关系。一般地说，如果酶是由相对分子质量为12000~50000的单条肽链构成，并且含二硫键，它们就很能忍受热处理。反之，酶的分子越大和结构越复杂，它对高温就越敏感。酶的存在状态对其热稳定性也有影响。存在于完整组织或匀浆中的酶，由于它的结构被其他胶体物质所保护，因此比起它以纯化的形式存在时更为耐热。而有些酶的粗制剂的稳定条件可能完全不同于纯化形式。如胰蛋白的粗制剂溶液在pH 5时最稳定。当温度超过70℃，它不可逆地失去全部活性；另一方面，结晶的胰蛋白酶制剂溶液在pH 2~3时最稳定，并且在此pH下加热煮沸，酶活性也不会永久性地损失。近年来的研究报道，少数对于冷不稳定的酶，在0~10℃时，比在20~30℃时更不稳定，这类酶通常具有多个亚基成分，如谷氨酸脱羧酶。在低温下，酶活性的丧失，可能是由于亚基的解聚或亚基错位引起的。这种酶只在聚合态时，才表现出活性。

三、温度对酶催化反应速率的影响

温度对酶催化反应速率影响机制的讨论以绝对反应速率理论（也称过渡态理论）为基础，根据这一理论，在反应系统中，并不是所有的分子都能进行反应，它们需要获得一定的能量转入瞬时的活化状态，这种从基态到活化态所需的能量称为活化能，见图2-23，其中ΔG为自由能，$\Delta G^{\neq}$为自由能变化。

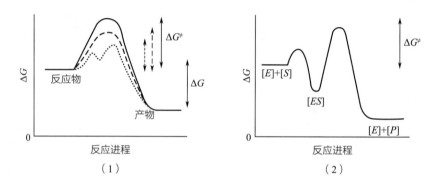

图2-23   酶反应和非酶反应的自由能变化

（1）实线表示非催化反应，虚线表示催化反应，点线表示形成中间复合物的催化反应

（2）酶反应

根据绝对反应速率理论，反应速率常数k和温度T有如下的关系：

$$k = \frac{k_B \cdot T}{h} \cdot e^{-\Delta G/RT} \qquad (2-24)$$

其中k_B为波兹曼常数，h为普朗克常数，ΔG为自由能变化。

在这以前，为了定量地描写温度与反应速率的关系，阿伦尼乌斯提出了一个经验方程式：

$$k = A \cdot e^{-E_a/RT} \qquad (2-25)$$

其中A称频率系数或阿伦尼乌斯因子，是与分子碰撞次数相关的常数，E_a为特定反应系统的活化能，方程两边取对数则可变为：

$$\lg k = \lg A - \frac{E_a}{2.303 \cdot RT} \qquad (2-26)$$

比较式（2-24）与式（2-25），可见二者十分相似，只是式（2-24）中频率系

数项 $\dfrac{k_B \cdot T}{h}$ 包含温度项，而阿伦尼乌斯方程式中并不包含温度项，其中：

$$\Delta H^{\neq} = E_a - RT \tag{2-27}$$

$$\Delta G^{\neq} = \Delta H^{\neq} - T\Delta S^{\neq} \tag{2-28}$$

$\Delta H^{\neq}$ 为化学反应焓变变化。阿伦尼乌斯方程式原来是用于描写温度对化学反应速率的影响。但是在一定温度范围以内（一般在45℃一下），也适用于酶反应，只是超过45℃时通常还伴随酶变性问题。

根据式（2-26），$\lg k \sim \dfrac{1}{T}$ 作图，可得一直线，直线的斜率为 $-\dfrac{E_a}{2.303 \cdot R}$（图2-24）。因而可求得 E_a。表2-4列举了某些反应的活化能。酶能显著降低反应的活化能，因而较其他催化剂效率更高。

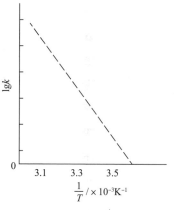

图2-24　$\lg k - \dfrac{1}{T}$ 作图

表2-4　某些反应的活化能

反应	催化剂	活化能（cal/mol）
H_2O_2 分解	无	18000
	胶体铂	11700
	Fe^{3+}	9800
	过氧化氢酶	2000
乙酸丁酯水解	H^+	16000
	OH^-	10200
	胰脂肪酶	4500
酪蛋白水解	H^+	20000
	胰蛋白酶	12000
蔗糖水解	H^+	25000
	酵母蔗糖酶	8000

注：1cal=4.186J。

　　衡量温度对反应速率影响的另一物理量为温度系数（Q_{10}），即温度提高10℃时反应速率和原来速率之比值。如果以 k_1 和 k_2 分别代表温度为 T_1 和 T_2 时的速率常数，式（2-26）可变为：

$$\lg \frac{k_2}{k_1} = \frac{E_a}{2.303R} \cdot \left(\frac{1}{T_1} - \frac{1}{T_2} \right) \tag{2-29}$$

　　由上式可知Q_{10}（k_2/k_1）取决于温度和活化能。因此，知道反应的活化能 E_a 以后，还可以计算反应的温度系数。一般酶催化反应的Q_{10}范围为2~3。

　　研究温度对酶反应速率的影响有两方面的意义：①它是酶学工作的基本内容；②它是深入认识酶作用原理的重要手段。根据绝对反应速率理论，通过动力学参数求得反应各个环节的热力学参数 $\Delta G^{\neq}$、$\Delta H^{\neq}$ 和 $\Delta S^{\neq}$。

　　化学反应的速率随温度增高而加快，但酶是蛋白质，可随温度的升高而变性。在温度较低时，前一影响较大，反应速率随温度升高而加快。但温度超过一定范围后，酶受热变性的因素占优势，反应速率反而随温度上升而减慢。常将酶反应速率最大的某一温度范围，称为酶的最适温度。人体内酶的最适温度接近体温，一般为37~40℃，若将酶加热到60℃即开始变性，超过80℃，酶的变性不可逆。

　　温度对酶反应速率的影响在临床实践中具有指导意义。低温条件下，酶的活性下降，但低温一般不破坏酶，温度回升后，酶又恢复活性。所以在管理技术操作中对酶制剂和酶检测标本（如血清等）应放在冰箱中低温保存，需要时从冰箱取出，在室温条件下等温度回升后再使用或检测。温度超过80℃后，多数酶变性失活，临床应用这一原理进行高温灭菌。

　　酶的最适温度与反应所需时间有关，酶可以在短时间内耐受较高的温度，相反，延长反应时间，最适温度便降低。据此，在生化检验中，可以采取适当提高温度，缩短时间的方法，进行酶的快速检测。不同的温度对活性的影响不同，但都有一个最适温度。在最适温度的两侧，反应速度都比较低。

　　温度对酶反应的影响包括两方面：一方面，当温度升高时，反应速率也加快，这与一般化学反应相同。另一方面，随温度升高而使酶逐步变性，即通过减少有活性的酶而降低酶的反应速率。在低于最适温度时，前一种效应为主，在高于最适温度时，则后一种效应为主，因而酶活性丧失，反应速率下降。

　　在制备培养基的过程中，可采用高温对培养基进行灭菌，主要是破坏了微生物体内的酶的活性。采用高温灭菌在医学和生活实践中都有较广泛的应用。在低温的条件下，酶的活性降低，但酶分子的结构一般还会发生改变。所以，人们可以选择在低温下保存酶，在生活实践中人们也经常选择在低温下较长时间保存食品。

第三章
酶的作用原理

第一节　酶活性部位的本质

第二节　酶作用的专一性机制

第三节　酶反应的催化机制

酶的结构与作用机制之间关系密切。酶的活性中心是酶作用专一性的基础，对酶的催化作用具有决定性作用。以酶的活性中心为着眼点研究酶反应的催化机制，阐明影响酶反应速率的各种因素。建立酶的结构与作用机制之间的关系，弄清酶发挥催化功能的过程，为实现酶的定向改造奠定理论基础。

第一节
酶活性部位的本质

科学实验证明，酶的催化作用直接牵涉到的只是其分子上的小部分区域。就是说，酶蛋白分子上只有少数一些特定的氨基酸残基侧链基团对酶的催化活性具有决定性作用，这些特定的残基侧链基团通常位于一个紧密的区域，如果该酶有辅基或辅酶，则也以特定的方式连结在这个区域中，这个与酶活性存在依存关系的区域，称为活性部位或活性中心。根据大多数实例，参与活性部位的功能基团，往往是分散在多肽链相距较远的氨基酸顺序位置，例如溶菌酶的活性部位，是由氨基酸的第35Glu、52Arg、62Trp、63Trp及101Arg等位置的氨基酸残基所构成。

酶分子一般都为球状结构，在其表面一般都有一凹穴（或称裂隙），这往往是酶的活性部位，在这个部位，存在着可以和底物结合及使底物起催化反应的活性基团，因此酶的活性部位又可分为结合部位（结合基团的总和）及催化部位（催化基团的总和），这两个部位并非截然分开，仅是为便于阐明酶的催化机制而定名，在酶的活性部位中有一些基团是酶表现活性所必需的，它们被修饰，被改变或者其相互间的联系被破坏，活性中心就会瓦解，酶就会失效。因此，对于酶的活性而言，所有这些氨基酸残基都是必需的，称为必需基，因此活性中心的有关基团都是必需基。但是活性中心的这种活性结构也要求活性中心以外的氨基酸残基共同维系，它们可以不和底物直接作用，但却是不可取代的，这便称为活性中心以外的必需基团。它们的定位对维持整个酶分子的空间构象有密切的关系，其作用在于使活性中心内的各个有关功能团处于最适的空间配位，从而使酶催化活性处于最佳的状态。

酶作为生物催化剂的特性有：

（1）催化效率高　以分子比表示，酶催化反应的反应速率比非催化反应高$10^8 \sim 10^{20}$倍，比其他催化反应高$10^7 \sim 10^{13}$倍。

（2）具有高度的专一性　一种酶只能作用于一类或一种特定的物质，这就是酶作用的专一性（specificity）。通常把被酶作用的物质称为底物（substrate）。所以也可以说一种酶只能作用于一种或一类底物。不同的酶有不同的专一性。

（3）易失活　酶是蛋白质，凡是使蛋白质变性的因素（高温、高压、强酸、强碱等）都能使酶的结构破坏，因而失去活性，所以酶的催化作用是在温和的条件（常温、常压和适合的pH等）下实现的。

（4）酶活性的调节控制　酶活性可以调节控制。它的调控方式很多，包括抑制剂调节、共价修饰调节、反馈调节、酶原激活和激素控制等，详细内容将在后面讨论。

（5）酶的催化活性与辅酶、辅基及金属离子有关　有些酶是复合蛋白质，其中的小分子物质（辅酶、辅基及金属离子）与酶的催化活性密切相关。若将它们除去，酶就会失去活性。酶的高效性、专一性及温和的作用条件在生物体内的新陈代谢中发挥着强有力的作用，酶活性的调控使生命活动中的反应得以有条不紊地进行。

一、活性中心中的催化部位

实验证明，酶的催化作用只局限在它的大分子的一定区域。某些酶蛋白分子经水解切去相当一部分肽链后，其残余的部分仍保留一定的活性，似乎除去的那部分肽链是与活性关系不大的次要结构。最初，把酶分子中与底物接触的或非常接近底物的部分称为酶的活性部位，而直接与酶催化有关的部位称为活性中心。这种活性中心的概念不够严格。后来，经过大量工作，特别是X射线衍射法的发展，再结合化学方法所得到的结果，使人们进一步明确了活性中心（active site）的概念：对于单酶来说，活性中心就是酶分子在三维结构上比较靠近的少数几个氨基酸残基或是这些残基上的某些基团，它们在一级结构上可能相距甚远，甚至位于不同的肽链上，通过肽链的盘绕、折叠而在空间构象上相互靠近；对于全酶来说，辅助因子或辅助因子上的某一部分结构往往是活性中心的组成部分。活性中心有两个功能部位：一个是结合部位（binding site），一定的底物通过此部位结合到酶分子上，它决定酶的专一性；另一个是催化部位（catalytic site），它决定酶的催化能力，底物的键在此处被打断或形成新的键，从而发生一定的化学变化。

酶的活性中心具有一定的三维空间结构，由几个特定的氨基酸残基构成，处于酶分子表面的一个凹穴内，酶的活性中心结构取决于酶蛋白的空间结构，因此，酶分子中的其他部位的作用对于酶的催化作用来说，可能是次要的，但绝不是毫无意义的，它们至少为酶活性中心的形成提供了结构基础。当外界的物理化学因素破坏了酶的结构时，就可能影响酶活性中心的特定结构，因而必然影响酶的活力。

构成酶的催化部位的基团是由氨基酸残基的侧链提供的，例如丝氨酸（Ser）的羟基、半胱氨酸（Cys）的巯基、组氨酸（His）的咪唑基、天冬氨酸（Asp）和谷氨酸（Glu）的羧基及赖氨酸（Lys）的 ε-氨基有些酶对辅因子具有特别的要求，辅助因子可以参与酶与底物的结合，也可以参与将底物转变成产物，或者同时具有上述两方面的作用。酶催化部位的各氨基酸残基可以用不同的方法测得。

（一）共价标记法

通过此法能了解到催化部位的氨基酸组成，及其附近肽段的组成，具体方法可分为：

1. 用限量的氨基酸标记

在不引起酶蛋白变性的条件下，用某种专一性的氨基酸试剂修饰酶，然后测定酶活力的变化，这样常可判断被修饰的氨基酸是否属于催化中心。例如，木瓜蛋白酶由212个氨基酸残基组成，每个酶分子包含一个半胱氨酸，如果用碘乙酸将其巯基烃基化，酶活性丧失，而高级结构不变，说明巯基与催化有关。

2. 底物、抑制剂或类底物的亲和标记

底物可看作是酶极为专一的试剂，可以与酶结合形成酶-底物复合物，故利用这种标记法的前提是反应不是一次取代，且形成的复合物十分稳定。通常满足条件的酶并不多，故可采用加入抑制剂降低反应速率，以测得活性中心的片段；也可用抑制剂或类底物代替底物，它们结构与底物类似，能和催化基团形成稳定的共价结

合，从而抑制催化，如二异丙基氟磷酸（DFP）是某些酯酶和蛋白酶的抑制剂，这种抑制修饰的结果，标记了酶分子中的Ser。通常Ser等的伯醇基相当稳定，不能和DFP等反应，但它们一旦参与酶的活性中心，由于特定结构的影响，就变得非常活泼，表现出超反应性，如胰凝乳蛋白酶有28个Ser，但仅Ser195被修饰，该残基被修饰后，酶的活性完全丧失；与此相反，胰凝乳蛋白酶的酶原中相应的基团却不能与DFP等反应，这说明Ser195确是该酶的催化基团。

　　TPCK（甲苯磺酰苯丙氨酸氯甲酮）也是胰凝乳蛋白酶的不可逆抑制剂。它的特点是在结构上既具有符合该酶专一性结合的苯丙氨酸（Phe），又具有可和酶反应的基团。它能和酶反应，标记的位置为His57。标记后的酶完全失效，而且不能再和DFP反应；反之，预先用DFP标记的酶或用脲变性的酶也不能再和TPCK反应，这说明Ser195和His57共同构成胰凝乳蛋白酶的催化中心，对于胰蛋白酶、凝血酶、血纤蛋白溶酶、木瓜蛋白酶和无花果蛋白酶等不能用TPCK，但可用甲苯磺酰赖氨酸氯甲酮（TLCK）。

（二）动力学参数测定法

　　活性中心的解离状态和酶的活性直接有关，因此通过动力学方法求得有关参数后，就可以对酶的活性中心的化学性质做出判断（详见第二章）。通过 pK_m 和 $\lg V$ 对pH的关系，可得到参与反应有关的解离基团的 pK，但应注意氨基酸pK有重叠，同时微环境也可能影响和改变残基的pK，通过在不同温度条件下测定V或K_m与pH的关系，可求得有关基团的解离热 ΔH。ΔH的测定有助于补充pK对活性中心的判断，但是它同样不能排除微环境的影响，在适当的有机溶剂存在条件下，测定介电常数对pK的影响，根据pK的偏离可进一步补证上述判断。

（三）比较生化分析

　　许多酶一级结构的分析结果表明，具有相同催化功能的酶，即使来源不同，在它们的活性中心中往往可找到相同或相似的肽段，如表3-1所示。胰蛋白酶、胰凝乳蛋白酶、弹性蛋白酶以及凝血酶可能来源于共同的祖先，在进化过程中为适应各种底物，一级结构产生了某些突变，因而表现不同的专一性，但它们结构中和催化有关的片段序列仍表现高度的相似性，已知Ser和His是凝乳蛋白酶的催化基团，显然在具有相似肽段的蛋白酶或酯酶中，Ser和His同样应是酶的活性中心。

表3-1　蛋白酶中与催化活性有关片段序列

酶	氨基酸顺序		
	必需的 Ser	必需的 His	必需的 Asp
牛胰蛋白酶	Gly、Asp、Ser、Gly、Gly	Ala、Ala、His、Cys、Tyr	Asn、Asn、Asp、Ile、Met
牛胰凝乳蛋白酶	Gly、Asp、Ser、Gly、Gly	Ala、Ala、His、Cys、Gly	Asp、Asn、Asp、Ile、Thr
猪弹性蛋白酶	Gly、Asp、Ser、Gly、Gly	Ala、Ala、His、Cys、Val	Gly、Tyr、Asp、Ile、Ala
牛凝血酶	Gly、Asp、Ser、Gly、Gly	Ala、Ala、His、Cys、Leu	Asp、Arg、Asp、Ile、Ala
枯草杆菌蛋白酶	Gly、Thr、Ser、Met、Ala	Asn、Ser、His、Gly、Thr	Val、Ile、Asp、Ser、Gly

（四）X衍射分析

用上述各种方法可推断出构成催化中心的氨基酸残基，而X衍射分析还能帮助人们了解这些基团所处的相对位置与实际状态，以及与催化中心有关的其他基团。以溶菌酶为例，通过X衍射分析可以看出酶活性中心（凹穴）部位有关氨基酸残基的排列位置及其肽链走向（图3-1）。还可从酶-底物复合物中分析底物周围氨基酸的排列状况，并根据被水解的糖苷键邻近氨基酸残基的分析，还可确定溶菌酶的催化基团为Glu35和Asp52。其中Glu35处于疏水氨基酸残基包围之中。pK因此升高，以不解离形式存在。而Asp位居极性区。pK因此降低，处于解离状态，这样两个羧基在催化过程中就有了明显的分工。

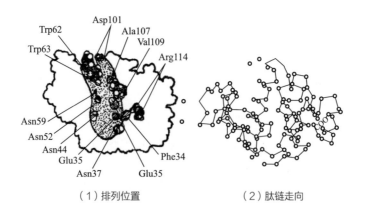

（1）排列位置　　　　（2）肽链走向

图3-1　溶菌酶的肽链走向

表3-2所示为通过上述方法测得的某些酶的催化基团。一般地说，作为催化基团的都是一些极性氨基酸残基，特别是Ser、His、Asp、Glu等；但在极性的氨基酸残基中，目前尚未发现有哪一种酶的催化基团是Thr（苏氨酸）或Arg（精氨酸），在水解酶中通常包含2~3个不同的催化基团。

表3-2　某些酶的催化基团

类别	酶（例）	催化基团（括号内为研究方法）	金属等因子
水解酶类			
酯酶	胆碱酯酶	Ser（DFP 标记）	无
	磷酸酯酶	Ser（底物标记）	Mg，Mn
糖苷酶	溶菌酶（鸡蛋清）	Glu-35，Asp-52（X 衍射分析）	无
	葡萄糖淀粉酶	—COOH，—COO—（动力学方法）	无
蛋白酶	α-胰凝乳蛋白酶（牛）	His-57（PTCK），Asp-102（X 衍射），Ser-195（DFP，硝基苯乙酸）	无
	胰蛋白酶（牛）	His-46（TLCK），Asp-90（X衍射），Ser-183（DFP）	无
	枯草杆菌蛋白酶	His（比较生化），Ser（DFP）	无
		Asp-32（X衍射），His-64（X衍射）Ser-221（DFP）	无
	羧肽酶 A（牛）	Tyr-248，Glu-270（X 衍射）	Zn
	木瓜蛋白酶	Cys-25，His-58（碘乙酸）	无
	胃蛋白酶（猪）	Asp	无
转移酶类	磷酸变位酶	Ser（底物）	Mg
	RNase A（牛）	His-12（碘乙酸），His-119（碘乙酸）	无
	RNase T	Glu-58（碘乙酸）	无
裂解酶类	醛缩酶	Lys（底物）	无
	乙酰醋酸脱羧酶	Lys（底物）	无
氧化还原酶类	3-磷酸甘油醛脱氢酶	Cys（碘乙酸）	NAD（烟酰胺腺嘌呤二核苷酸）

二、活性中心的结合部位

在酶活性中心的结合部位，主要通过氢键、疏水键等次级键，使酶与底物之间相结合。因此位于结合部位的氨基酸残基的种类要比催化基团的种类多，部分结合部位的氨基酸残基及其作用见表3-3。

表3-3　结合部位的氨基酸残基及其作用

酶的侧链基	底物侧链	键性质	溶菌酶（例）	其他例
肽主链—CO—NH	极性基	氢键	Ala-107 的—CO—（α）和底物的乙酰氨基（—NH—）	—
酸性，碱性氨基酸残基：Asp，Glu，Lys，Arg，His，α-氨基（N末端），α-羧基（C末端）	解离基极性基	离子键氢键	Asp-101 的 β-羧基和底物的糖羟基	胆碱脂酶和底物的季胺基；胰蛋白酶和底物的碱性氨基酸残基
极性（非解离）残基：Ser，Thr，Tyr，Trp，Cys，Met，Asn，Gln	极性基或解离基	氢键	Trp-63 的吲哚氨基和底物的糖羟基	—
非极性残基：Gly，Ala，Pro，Val，Leu，Ile，Phe，Trp，Met（CH₃）	非极性基	疏水基	Trp-63 的吲哚和底物的六碳糖 B 环；Trp-108 的吲哚和底物的 D 环的乙酰氨基的 CH₃	胰凝乳蛋白酶的 Trp 和芳香族氨基酸底物的侧链
金属 Mg，Mn，Zn	解离基	配位键	—	氨基肽酶（Mn）和底物的二个氨基

（一）共价标记法

由于酶与底物之间的次级键的结合，使结合基团一般没有高的反应性能，应用弱的试剂往往达不到标记效果，而过强的反应却又会使同种类型的氨基酸残基普遍标记，因而难以做出确切的判断。以下为两个成功的例子：

1. 胰凝乳蛋白酶的Met（甲硫氨酸）氧化

用过碘酸氧化胰凝乳蛋白酶，结果Met192被标记，同时酶的活性下降但不完全丧失，说明Met192不是催化基团；进一步分析发现，氧化后的酶在作用非专一性底物如乙酰Val（缬氨酸）乙酯、乙酰对硝基苯酯时活性不变，仅在作用专一性底物如乙酰Trp酰胺或乙酯时活性显著下降，而且这种降低是由于K_m增大造成的，因此推断Met192是该酶的结合基团之一。

2. 胰蛋白酶的保护性保留标记

胰蛋白酶和胰凝乳蛋白酶在一级结构上有40%左右的共同处，由于前者专一于碱性氨基酸如Arg、Lys等组成的肽键，而后者专一于芳香族或疏水性氨基酸组成的肽键，因此可以推测在胰蛋白酶的活性中心中必然有一个和碱性氨基酸对应的酸性结合基团。苯咪是胰蛋白酶的竞争性抑制剂，具有碱性基团，显然它的抑制点应是该酶的酸性结合部位，所以如果在苯咪存在下先用某种氨基酸试剂使酶分子上的酸性氨基酸侧链基团加以普遍修饰，然后再在除去苯咪后用拆记的同种氨基酸试剂对酶进行修饰，那么后来修饰的部位应是酶的结合基团，应用这种方法发现，标记的是该酶的Asp177，和胰凝乳蛋白酶比较，后者的对应位置不是这种酸性氨基酸而是疏水氨基酸。

（二）X衍射分析

与研究催化部位一样，这种方法具有决定性意义。许多酶如羧肽酶A、溶菌酶、α-胰凝乳蛋白酶以及枯草杆菌蛋白酶的X衍射分析说明，每一个酶分子上都有一个凹穴，底物就在这个部位与酶结合。仍以溶菌酶为例，X衍射分析表明：N-乙酰氨基葡萄糖的六聚糖恰能填满该酶的活性中心凹穴；分布在其周围的Asp101、Trp62、Trp63、AIa107、Ile58、Asn44、Asn37、Phe34及Arg114等能分别与六聚糖的糖环侧链形成氢键，促成酶与底物的结合。

（三）化学修饰法

此方法是研究最早，应用最广泛的方法。原则上讲，酶分子侧链上的各种基团，如羧基、羟基、巯基和咪唑基等均可由特定的化学试剂进行共价修饰。当它被某一化学试剂修饰后，若酶活性显著下降或丧失，则可初步推断该基团为酶的必需基团。酶的活性中心频率最高的氨基酸残基是：丝氨酸、组氨酸、天冬氨酸、色氨酸、赖氨酸和半胱氨酸。修饰类型分为非特异性共价修饰和特异性共价修饰。

1. 非特异性共价修饰

修饰剂可以与酶的活性部位的特异基团结合，这种方法适用于修饰的基团只存在于活性部位。酶活性的丧失程度与修饰剂的浓度成正比，底物或竞争性一直剂保护下可防止修饰剂的抑制作用。

2. 特异性共价修饰

修饰剂专一的作用于酶活性部位的特定基团。如二异丙基氟磷酸（DFP）可专一性结合丝氨酸蛋白酶活性部位的丝氨酸—OH而使酶失活。

（四）动力学分析方法

酶蛋白是含有许多解离基团的两性电解质，pH改变必然影响到解离基团的解离状态，处于活性中心基团的解离状态的改变必然影响到酶的活性。因此，通过研究酶活性与pH关系，可以推测到与催化直接相关的某些基团的pK，进而推测这些基团的作用。另外，改变反应温度求出V_m和K_m与pH关系，从而求出有关基因解离的DH，DH的求得有助于补充pK对活性中心的判断。在有机溶剂存在条件下，测定酶pK与介电常数的关系，也有助于对活性部位的判断。

（五）蛋白质工程

蛋白质工程是近年来发展的研究酶必需基团和活性中心的最先进的方法。蛋白质工程实质是按照人们的设想，通过改变基因来改变蛋白质的结构，制造新的蛋白质。利用基因定点突变技术将酶相应的互补DNA（cDNA）基因定点突变，突变的cDNA表达出被一个或几个氨基酸置换的酶蛋白，再测定其活性就可以知道被置换的氨基酸是否为酶活性所必需。此方法可改变酶蛋白中任一氨基酸而不影响其他同类残基和不引起底物和活性中心结合的立体障碍，以及可人工地造成一个或几个氨基酸的缺失或插入，了解肽链的缩短或延长对酶活性的影响和定点改变酶蛋白的糖基化位点或磷酸化位点，从而了解糖基化或磷酸化对酶结构和功能的影响。

三、活性亚部位及活性中心的大小

（一）活性亚部位

酶的活性中心是具有柔曲性的，其中各个基团的空间配位并不是绝对不变的刚性结构。例如对D-氨基酸的流体力学性质研究，指出酶的催化反应过程中，活性中心的特定构象会发生变化。现在已知，酶的结合部位中含有多种亚位点。它们的功能是分别与底物特定的其他部位或其他方向契合，有利于酶发挥更大作用。例如，羧肽酶A催化水解肽链C末端氨基酸的肽键，当末端氨基酸为疏水性的L-苯丙氨酸或者是支链氨基酸（如缬氨酸、亮氨酸、异亮氨酸），则酶催化反应的速率高，若这些氨基酸在底物肽链中的顺序不同，则酶的反应速率都降低，倘若苯丙氨酸的苯环在底物肽链所处的方位不能与亚位点3-6相契合，则酶与底物的亲合力就会明显降低，酶的反应速率将相应降低，这可能意味着酶具有能识别底物肽链上特定的五种氨基酸残基顺序的结构，如图3-2所示。

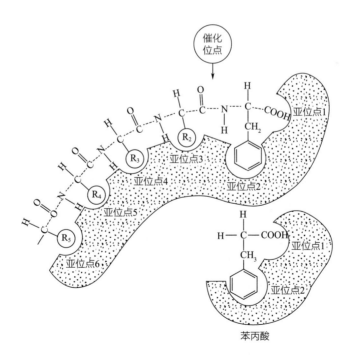

图3-2　羧肽酶A活性部位及亚部位

羧肽酶A的竞争性抑制剂苯丙氨酸，能够占据酶分子上苯丙氨酸的亚位点1和2，从而抑制酶的催化活性。酶催化具有专一性的结构基础，使酶有这种高度识别能力，对于蛋白酶的研究也指出：除了催化位点外，至少要有70~80个结合亚位点来识别特定方位的氨基酸残基。由X衍射研究提出羧肽酶的活性部位是长条形的，其长度约为1.8nm。而木瓜蛋白酶为2.5nm。显然，随着技术的更新和方法的不断开拓，预期在不久的将来，将会获得更多有关酶在催化反应中亚位点的新信息。

（二）活性中心的大小

活性部位的大小的定义是随意的。当底物和酶结合时，相互作用部位的数目往往是底物大小的函数，对于大分子底物，例如淀粉、蛋白质或核酸分子，它们同酶分子之间可能存在大数目的相互作用部位。即使如此，酶肽链的大部分仍然不能直接和底物接触，那么酶蛋白的其余部分怎样发挥它的功能呢？

活性中心中的基团在蛋白质的一级结构中通常并不处在相互接近的位置。例如，在羧肽酶A中，His69、Glu72、His196（它们的功能是结合Zn^{2+}）以及Zn^{2+}、Arg71、Arg145、Tyr198、Tyr248和Phe279是构成活性中心的基团，这些基团在酶蛋白的一级结构中是分得很开的，当形成三级结构时，它们就处在相互接近的位置。因此，余下的肽链部位起着维持活性部位构象，即将所有这些基团保持在活性中心中适当位置的作用。当这些基团中某一个相对位置发生小到几十分之一纳米的变化时，都有可能导致酶活性的损失。然而有理由相信，对许多酶来说，它们的蛋白质链的某一部分对酶活性并非必需，如果用适当的方法除去这一部分肽链，并不会导致酶活性的损失。

在每个酶分子中，活性中心的数目是很小的，一般地说，每一条多肽链只有一个活性中心。许多酶是由一条多肽链构成的，显然它们仅含有一个活性中心。在由几条多肽链构成的酶中，活性中心的数目可能和多肽链的数目相同。如果在构成酶的多肽链中，有的执行着调节或其他功能，则活性中心的数目小于多肽链的数目。

通过以上对酶活性中心本质的讨论，大体可进行如下的概括：①酶的蛋白质本质为酶的催化活性提供了多种功能残基；②酶的一级结构一方面为酶准备了功能片段，另一方面又为酶形成特定的构象奠定了基础；③酶的高级结构一方面将相应的功能基团组织在酶分子的特定区域，形成活性中心，另一方面也为某些酶的活性调节创造了结构上的条件；④活性中心是指直接参与催化过程的各有关氨基酸残基按特定构象分布组成的立体结构，它既能适合底物的特点与之结合，也能按照反应的性质进行催化，因此活性中心实际上包括两个部分，即结合部位和催化部位。在结合部位中还含有多种活性亚位点，以利于酶发挥更大的作用，在酶的活性中心中所有基团都是酶表现活力所必需的，称为必需基团。活性中心的这种活性结构也要求活性中心以外的氨基酸残基共同维系，它们不和底物直接作用，但却是不可取代的基团，这便是活性中心以外的必需基团。因此活性中心和必需基团的关系和区别是：活性中心的有关基团都是必需基团，但是必需基团不一定都属于活性中心组成。

第二节
酶作用的专一性机制

酶的底物专一性即特异性（substrate specificity），是指酶对底物及其催化反应的严格针对性。通常酶只能催化一种化学反应或一类相似的反应，不同的酶具有不同程度的专一性，酶的专一性可分为结构专一性和立体异构专一性。

结构专一性包括绝对专一性和相对专一性。有些酶对底物的要求非常严格。只作用于一个底物，而不作用于任何其他物质，这种专一性称为绝对专一性（absolute specificity）。例如延胡索酸水化酶只作用于延胡索酸（反丁烯二酸）或苹果酸（逆反应的底物），而不作用于结构类似的其他化合物。有些类似的化合物只能成为这个酶的竞争性抑制剂或对酶全无影响。此外，如麦芽糖酶只作用于麦芽糖，而不作用于其他双糖。淀粉酶只作用于淀粉，而不作用于纤维素。碳酸酐酶只作用于碳酸。

有些酶对底物的要求比上述绝对专一性略低一些，它的作用对象不只是一种底物，这种专一性称为相对专一性。具有相对专一性的酶作用于底物时，对键两端的基团要求的程度不同，对其中一个基团要求严格，对另一个则要求不严格，这种专一性又称为族专一性或基团专一性。例如α-D-葡萄糖苷酶不仅要求α-糖苷键，并且要求α-糖苷键的一端必须有葡萄糖残基，即α-葡萄糖苷，而对键的另一端R基团则要求不严，因此它可催化含有α-葡萄糖苷的蔗糖或麦芽糖水解，但不能使含有β-葡萄糖苷的纤维二糖（葡萄糖-β-1,4-葡萄糖苷）水解。β-D-葡萄糖苷酶则可以水解纤维二糖和其他许多含有β-D-葡萄糖苷的糖，而对这个糖苷则要求不严，可以是直链，也可以是支链，甚至还可以含有芳香族基团，只是水解速率有些不同。

有一些酶，只要求作用于一定的键，而对键两端的基团并无严格的要求，这种专一性是另一种相对专一性，又称为"键专一性"。这类酶对底物结构的要求最低。例如酯酶催化酯键的水解，而对底物中的R及R′基团都没有严格的要求，既能催化水解甘油酯类、简单酯类，也能催化丙酰、丁酰胆碱或乙酰胆碱等，只是对于不同的酯类，水解速率有所不同。又如磷酸酯酶可以水解许多不同的磷酸酯。其他还有水解糖苷键的糖苷酶，水解肽键的某些蛋白水解酶等。

立体异构专一性包括旋光异构专一性和几何异构专一性。

当底物具有旋光异构体时，酶只能作用于其中的一种。这种对于旋光异构体底物的高度专一性是立体异构专一性中的一种，称为旋光异构专一性，它是酶反应中相当普遍的现象。例如L-氨基酸氧化酶只能催化L-氨基酸氧化，而对D-氨基酸无作用。又如胰蛋白酶只作用于与L-氨基酸有关的肽键及酯键，而乳酸脱氢酶对L-乳酸是专一的，谷氨酸脱氢酶对于L-谷氨酸是专一的，β-葡萄糖氧化酶能将β-D-葡萄糖转变为葡萄糖酸，而对α-D-葡萄糖不起作用。

有的酶具有几何异构专一性，例如前面提到过的延胡索酸水化酶，只能催化延胡索酸即反-丁烯二酸水合成苹果酸，或催化逆反应生成反-丁烯二酸，而不能催化顺-丁烯二酸的水合作用，也不能催化逆反应生成顺-丁烯二酸。又如丁二酸脱氢酶只能催化丁二酸（琥珀酸）脱氢生成反-丁烯二酸或催化逆反应，使反-丁烯二酸加氢生成琥珀酸，但不催化顺-丁烯二酸的生成及加氢。酶的立体异构专一性还表现在能够区分从有机化学观点来看属于对称分子中的两个等同的基团，只催化其中的一个，而不催化另一个。

关于酶的作用专一性机制有各种学说，这些学说也有一些共同点，即认为：酶的活性中心是酶作用专一性的基础，不仅要求结合基团与催化基团的存在，而且要求它们有特定的构象分布；酶要表现其作用专一性必须通过和底物结合。

一、锁钥配合学说

关于酶如何对特定结构的底物分子起催化作用，而对立体异构物不能起作用的问题，很早就引起科学家注意，德国有机化学家费歇尔（E.Fischer）曾提出了酶专一性的锁和钥匙学说，其中心思想认为：酶与底物的作用，好像是锁与钥匙的关系，酶与底物的相互作用在结构上必须是具有一种严密的互补关系，只有符合这种特征要求的物质才是底物，才能和酶结合，并被酶催化，酶和底物的这种专一关系就好像一把钥匙开一把锁。锁钥学说的前提是酶分子具有确定的结构和构象，且分子是刚性的，如果酶分子构象发生微小的变化就会破坏和底物的契合关系。

这一学说得到了一定的实验支持，如乙酰胆碱酯酶催化乙酰胆碱生成乙酸和胆碱，并要求底物中胆碱部分的氮带正电，根据这种特点，可推测在该酶分子中至少有一个阴离子部位与酯解部位（图3-3）。

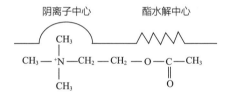

图3-3 乙酰胆碱酯酶与底物离子键相互作用

事实也的确如此，这两个部位间有严格的距离，胆碱和酰基间多一个或少一个—CH₂—的衍生物都不适于作底物或竞争性抑制剂，而符合这种键长、键角要求的化合物都能和酶发生作用或者被酶催化水解，或者抑制酶。但是，随着对酶作用机制的进一步研究，表明锁钥配合学说存在着很多缺点，与许多实验事实不相符，不能解释催化反应前后的分子行为差异。

二、"三点附着"学说

立体对映的一对底物虽然基团相同，但空间排列不同，这就可能出现这些基团与酶分子活性中心的结合基团能否互补匹配的问题，只有三点都互补匹配时，酶才作用于这个底物，如果因排列不同，则不能三点匹配，酶不能作用于它，这可能是酶只对L型（或D型）底物作用的立体构型专一性的机制。甘油激酶对甘油的作用，即可用此学说来分析：甘油的三个基团以一定的顺序附着到甘油激酶分子"表面"的特定结合部位上，由于酶的专一性，这三个部位中只有一个是催化部位，能催化底物磷酸化反应，这就解释了为什么甘油在甘油激酶的催化下只有一个—CHOH基能被磷酸化的现象。

三、诱导契合学说

酶究竟是刚体还是有一定的柔顺性。X衍射分析、各种光谱分析以及核磁共振分析等都表明，游离酶和酶-底物络合物在结构上往往不同，即伴随底物与酶的结合，酶的构象可能是发生某些变化。科什兰（Koshland）在解释酶的作用专一性机制时提出了诱导契合学说，他认为酶分子本身不是固定的，一成不变的刚性，而是具有一定的柔顺性。当酶与底物在接触以前，二者并不是完全契合的，只有在底物和酶的结合部位结合以后，产生相互诱导，酶的构象发生了微妙变化，导致催化基团的正确定向，而转入有效的作用位置，酶与底物才完全契合，酶才能高速地催化反应。

如图3-4所示，按这个学说，可见只有一定结构形象的底物才能诱导催化基团A、B正确排布，催化反应才能进行。底物类似物也能与A、B基团结合，但由于位置不对正或不适合，不能发生反应。这说明了底物类似物对催化剂的抑制作用，特

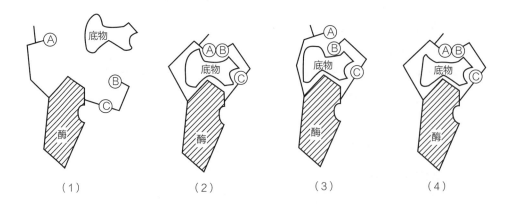

（1）   （2）   （3）   （4）

图3-4 诱导契合理论的示意图

（粗线代表酶蛋白的肽键，基团A和B代表催化基团，基团C代表结合基团）

别是竞争性抑制现象。如丙二酸对丁二酸脱氢酶的竞争性抑制。这一学说也得到了一些实验的支持，尤其是X衍射方法研究溶菌酶、弹性蛋白酶、羧基肽酶等与底物结合的结构改变得来的信息，与契合学说预期的相当一致。

诱导契合学说具有较大的意义，得到较多的实例支持，但并不是说这个学说已经十分圆满。首先，诱导契合学说尚不能定量说明一种酶对一系列同类底物的作用效率的大小差异。已知各种酶对底物适应性并不是绝对的，对同类结构的一系列相似的底物，酶的催化效率有程度上的差别。其次，氧化还原酶是相当大宗的酶，这类酶催化电子授受，可以经过一系列的酶而为终末受体所接受。这类催化反应，用诱导契合作用很难说明，最后一点是，酶催化共有几千种，各有其专一性，用一种抽象的说法，概括性太窄，极难一概圆满。关于酶催化分子机制的研究，尚有待于对各类型的酶进行结构分析，广泛洞察活性基团在反应中的行为，并注意其次级键变动的详细情节，才能有所前进。

第三节
酶反应的催化机制

酶最重要的特征是能以几个数量级的幅度提高反应速率，酶催化反应的效应是酶能降低从底物转变成产物所需活化能的结果。这个观点无疑是正确的，但是这不足以使我们了解酶成为一个有效的催化剂，只能说我们知道了有一些因素可以使酶反应加速，但很难确切地说它们的贡献有多大，这一节我们将具体介绍影响酶反应速率的各种因素。

一、邻近和定向效应

酶催化底物产生变化时，活性部位中的催化部位相对于底物的正确定位，即所谓的邻近和定向效应，对提高酶催化反应的效率有很大影响，在酶反应系统中，酶–

底物复合物的形成过程既是专一识别过程，更重要的还是变分子间反应为分子内反应的过程，这一过程中包含了邻近及定位效应。

邻近效应是指酶与底物结合形成络合物以后，使底物和底物之间，酶的催化基团与底物之间结合于同一分子而使有效浓度得以极大升高，从而使反应速率大幅提高的一种效应。以胺催化对硝基苯水解为例，图3-5（1）所示为三甲基胺直接对硝基苯酯的羰基进行亲核作用，催化酯进行水解，图3-5（2）所示为三甲基胺与对硝基苯酯结合成一个分子后进行催化。由于二者的反应级不同，无法直接做出反应速率的比较，但是从 $^1K / {}^2K$ 可以看出，当分子间反应变为分子内反应后，底物的有效浓度增加了近6000倍，这在一般系统中是不可能达到的。

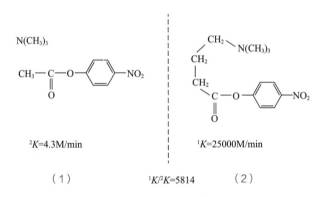

^2K=4.3M/min ^1K=25000M/min

（1） $^1K/{}^2K$=5814   （2）

图3-5　胺催化对硝基苯水解

定向效应是指反应物的反应基之间和酶的催化基团与底物的反应基之间的正确取位产生的效应。正确定向取位问题在游离的反应体系中很难解决，但当反应体系由分子间反应变为分子内反应后，这个问题就有了解决的基础。表3-4所示为二羧酸单苯酯水解相对速率和结构的关系。

表3-4　二羧酸单苯酯水解相对速率和结构关系

结构	相对速率
$CH_3COO^- + CH_3COOR$	1.0
COOR COO$^-$	1×10^3

续表

结构	相对速率
R'—C(R')(COOR)(COO⁻) 结构	$1 \times 10^3 \sim 1.3 \times 10^4$
COOR / COO⁻ 结构	2.2×10^3
COOR / COO⁻ (顺式) 结构	2×10^8
环氧 COOR / COO⁻ 结构	2×10^7

当反应由分子间转为分子内时，反应相对速率可提高10^3倍，而同在分子内反应，羧基和酯之间，自由度越小，越能使它们邻近，并有一定的取向，反应速率就越大，如戊二酯由于α和β碳原子间的连接的旋转自由度很大，所以水解速率较小，相反地当两个羧基的取向完全固定时，如3,6-环氧Δ4的水解速率则非常大。

据报道，邻近效应与定向效应在双分子反应中起的促进作用至少可分别达10^4倍，两者共同作用则可使反应速率升高10^8倍。

二、广义酸碱催化

许多酶的活性部位含有质子移变基团，这些基团是由酸性和碱性氨基酸的侧链提供的。根据定义，酸是能给予质子而碱是能接受质子的物质，因而上述的质子移变基团，根据它们的离子化状态，具有作为一个广义酸或广义碱的能力，例如咪唑基能同时执行酸和碱两种功能，因此是参与广义酸碱催化的理想基团。

广义酸碱催化是通过瞬时地向反应物提供质子或从反应物接受质子以稳定过渡态，加速反应的一类催化机制。许多酶催化反应包含一个质子在底物的一个位置和另一个位置之间、在两个底物之间或在酶的一个质子移变基团和底物之间的转移。当反应速率受质子转移速率影响时，可以用广义酸或广义碱催化来描述催化反应的机制。以酯或酰氨的水解为例，其非催化反应的反应式如下。

在酸存在下，反应式（B为碱）为：

$$\underset{\underset{H}{\overset{O}{\underset{|}{H}}}}{\overset{\overset{O}{\parallel}}{R-C-X}} \xrightleftharpoons{} \left[\underset{\underset{H}{\overset{O}{\underset{|}{H}}}}{\overset{\overset{O---H---B}{\vdots}}{R-C-X}} \right] \xrightleftharpoons{} \underset{\underset{H}{\overset{O}{\underset{|}{+}}}H}{\overset{\overset{OH}{\parallel}}{R-C-X}} \xrightleftharpoons{+B} \underset{OH}{\overset{\overset{OH}{\parallel}}{R-C-X}} + HB$$

两反应中限制反应速率一步均是水分子的氧与底物碳之间键的生成，HB与羰基氧原子作用，降低H_2O的氧与碳原子间生成共价键的活化能，使反应速率增加。

广义碱催化酯水解的通式为：

$$\underset{\underset{H}{\overset{O}{\underset{|}{H}} B^-}}{\overset{\overset{O}{\parallel}}{R-C-X}} \xrightleftharpoons{} \left[\underset{\underset{H}{\overset{O}{\underset{|}{H}}---B}}{\overset{\overset{O}{\parallel}}{R-C-X}} \right] \xrightleftharpoons{} \underset{OH}{\overset{\overset{O^-}{\parallel}}{R-C-X}} + HB$$

碱与水分子的氢作用，使它的氧原子有较大的负电性去攻击碳原子，降低了反应的活化自由能。

酸碱催化在酶的催化过程中占有很重要的地位，酶具有各种酸性或碱性氨基酸侧链，如C-末端的α-羧基、Glu和Asp的羧基、His的咪唑基、Lys的ε-氨基、N-末端的α-氨基、Cys的巯基，及Tyr的酚羟基等，它们在特定条件下发挥催化作用。溶菌酶催化寡糖水解可以作为广义酸催化的一个例子。在溶菌酶的分子中，Glu35的侧链处在一个高度非极性的环境中，因而提高了羧基的pK_a，使其在pH 6以内处于不解离状况（游离Glu侧链的解离系数为4.3）。此羧基给予底物分子中糖苷键的氧一个质子，使C—O键裂开，由此形成的正碳离子可使邻近的处于解离状态的Asp52侧链稳定。此外，磷酸葡萄糖异构酶、顺乌头酸酶以及一些水解酶类都有酸碱催化的机制。

影响酸碱催化反应速率的因素有两个：

（1）酸碱的强度 在以上功能基中，组氨酸的咪唑基的解离数为6.0，这意味着由咪唑基上解离下来的质子的浓度与水中的［H^+］相近，因此它在接近于生物体液pH的条件下（即在中性条件下），有一半以酸的形式存在，另一半以碱的形式存在。也就是说咪唑基既可以作为质子供体，又可作为质子的受体在酶促反应中发挥催化作用。因此，咪唑基是酶催化作用中最有效最活泼的一个催化功能基团。

（2）功能基供出质子或接受质子的速率　　在这方面，咪唑基又是特别突出，它供出或接受质子的速率十分迅速，其半寿期小于10^{-10}s，而且供出或接受质子的速率几乎相等。由于咪唑基有如此的优点，所以虽然组氨酸在大多数蛋白质中含量很少，却很重要。推测在生物进化过程中，它很可能不是作为一般的结构蛋白质成分，而是被选择作为酶分子中的催化结构而存在下来的。

三、亲核催化与亲电催化（共价催化）

按照酶对底物进行催化的性质，酶的作用可分为亲核催化与亲电催化两大类。亲核催化是由亲核剂所引起的催化反应。假如酶的作用基团具有一个不共用的电子对，在进行催化反应时，它易与底物缺少电子的原子共用这一对电子，迅速形成不稳定的共价中间复合物，降低反应活化的自由能，以达到加速反应的目的。生物体内酶促反应，亲核催化显得更为广泛。

OH^-虽然具有很强的亲核能力，是一种亲核剂，但是在反应中往往要消耗掉，所以不是亲核催化剂，亲核催化与酸碱催化的不同是，它形成的过渡态复合物不是离子键，而是共价键。另外，也可用一些方法来区别亲核催化和广义酸碱催化。如比较在水中和重水中的速率常数，如果有所降低则为酸碱催化，而亲核催化无此效应；可检测出不稳定中间产物的存在，是亲核催化的有力证据。但反之若找不到中间产物，将不能成为否定亲核催化的证据。因为有可能是中间产物极不稳定，或是检测方法不够灵敏。亲核催化在酶促反应中占有极重要的地位，许多酶反应都包含这种机制。如以硫胺素为辅酶的一些酶，即丙酮酸脱羧酶，含辅酶A的一些脂肪降解酶、含巯基的木瓜蛋白酶、以丝氨酸为催化集团的蛋白酶等，都有亲核催化的机制。

四、底物的形变，扭曲导致催化

当底物与酶的活性部位相结合形成酶-底物复合物时，不仅酶分子的三维结构发生了改变，利于催化反应的发生，而且底物分子产生形变扭曲，使基态底物转变为过渡态构象，降低活化能，加速反应，这就是形变扭曲机制的中心思想。

形变扭曲的能量来自结合能，在酶和底物结合后，底物分子的某些化学键暴露在酶的作用下，并发生某种程度的扭曲，使底物的化学键得到减弱。底物比较接近它的过渡态，从而降低反应的自由能，这一点已为X衍射的结果所证实，在α-凝乳蛋白酶、胰蛋白酶和溶菌酶等催化的反应中，上述机制是重要的，然而现在还没有方法评估底物的形变扭曲对加快反应速率的贡献。

事实上，不仅酶构象受底物作用而变化，底物分子也常常受酶作用而变化。酶中的某些基团或离子可以使底物分子内敏感键中的某些基团的电子云密度增高或降低，产生"电子张力"，使敏感键的一端更加敏感，更易于发生反应。有时甚至使底物分子发生形变，这样就使酶-底物复合物易于形成。而且往往是酶构象发生变化的同时，底物分子也发生形变，从而形成一个互相契合的酶-底物复合物。羧肽酶A的X衍射分析结果就为这种"电子张力"理论提供了证据。

五、金属离子的催化

很多酶都需要金属离子作为它们的辅助因子，在已知的1/4左右的需要金属的酶中，金属所起的作用可能很不相同。有的参与酶与底物的结合，并起着稳定酶的三维结构的作用，如某些碱土金属离子Ca^{2+}和Mg^{2+}等；有的和酶的结合力很弱，起活化作用，如碱金属离子K^+等是某些磷酸基转移有关酶的活化剂；至于过渡态金属，它们或者通过静电结合导致底物扭曲形变，或者作为亲核亲电试剂进行共价催化，直接参与催化反应。

金属离子的催化作用往往和酸的催化作用相似，但有些金属离子可以带不止一个正电荷，作用比质子要强，另外，不少金属离子有络合作用，并且在中性pH溶液中，H^+浓度很低，但金属离子却容易维持一定浓度，金属的催化还远远不能很好地解释酶的催化反应，如Mn^{2+}的催化和含Mn^{2+}的酶的催化速率可差10^8倍。许多氧化还原酶含有金属的辅基，电子的转移和金属离子的配基数目、性质有很大的关系。

六、多元催化与协同效应

以上介绍的集中影响酶催化反应速率的因素，可看作是一个个的基元催化反应。在酶催化反应中，常常是几个基元催化反应配合在一起共同起作用。因为酶分子的活性中心由多种侧链基团组成，而酶的催化反应正是通过这些侧链基团的协同作用共同完成的。例如，胰凝乳蛋白酶是通过Asp102、His57、Ser195组成电子接续系统催化肽键水解，其中Ser是强的亲核剂，His的咪唑基通过结合和给出H^+起到广义酸碱的作用。这种多元催化、协同作用的效果远胜于基元催化的效果。

七、微环境的影响

一般催化反应中，尽管多元催化已证明可以使催化效率提高，但是如果要使一个溶液中同时存在高浓度的酸和高浓度的碱却是做不到的。在酶的活性中心，由于微环境的影响，可以创造出这样的条件。X衍射分析表明，酶的活性中心区是一个特殊的微环境，可以使同样的2个基因，一个起酸的作用，一个起碱的作用，有利于催化反应进行。例如溶菌酶的活性中心的凹穴是由多个非极性氨基酸侧链基团包围的，和外界水溶液是显著不同的微环境。研究表明，这种低介电常数的微环境可能使Asp52对正碳离子的静电稳定作用显著增强，从而使催化速率得以增大3×10^6倍。

某些酶的活性中心穴内相对地说是非极性的，因此酶的催化基团被低价电环境所包围，在某些情况下，还可能排除高极性的水分子。这样，底物分子的敏感键和酶的催化基团之间就会有很大的反应力，这有助于加快酶反应的速率。酶的活性中心的这种性质是使某些酶催化总速率加快的一个原因。

以上讨论的是人们现阶段对酶的结构、酶的作用原理的一些基本认识。概括地说，酶的蛋白质本质不仅为酶提供了多种功能基团，更为酶建立特定的活性构象——活性中心奠定了基础。酶和底物结合形成活性中间复合物的过程既是一个专一性识别的过程，也是一个变分子间反应为分子内反应，实现酶发挥各种催化功能的过程，通过这种选择和协同作用，从而使酶反应得以高度专一、高效地加速。

第四章

酶的发酵生产

第一节　酶发酵生产常用微生物

第二节　酶发酵工艺条件及控制

第三节　植物细胞培养产酶

第四节　动物细胞培养产酶

在现代工业中，酶的大量生产主要是靠发酵的方法，根据采用产酶细胞的异同，可以分为微生物发酵产酶、植物细胞发酵产酶、动物细胞发酵产酶。根据细胞培养方式的不同，可分为固体培养发酵、液体深层发酵、固定化细胞发酵等。针对不同的产酶细胞类型，可以采用不同的培养发酵方法。

第一节
酶发酵生产常用微生物

任何生物在一定条件下都能合成某些酶，但并不是所有的细胞都可以用于酶的发酵生产。酶的发酵生产的首要前提是根据产酶的需要，选育到性能优良的产酶细胞。

一、产酶细胞的基本条件

一般说来，用于酶生产的细胞必须具备以下条件：

（1）酶的产量高　优良的产酶微生物首先要具有高产的特性，才能有较好的开发应用价值。高产微生物可以通过反复的筛选、诱变或者采用基因克隆、细胞或原生质体融合等技术而获得。在生产过程中，若发现退化现象，必须及时进行复壮处理，以保持微生物的高产特性。

（2）容易培养和管理　优良的产酶微生物必须对培养基和工艺条件没有特别苛刻的要求，容易生长繁殖，适应性强，易于控制，便于管理。

（3）酶稳定性好　优良的产酶微生物在正常的生产条件下，要能够稳定地生长和产酶，不易退化，一旦出现退化现象，经过复壮处理，可以使其恢复原有的产酶特性。

（4）利于酶的分离纯化　酶生物合成以后，需要经过分离纯化，才能得到可以在各个领域应用的酶制剂。这就要求产酶微生物与其他杂质容易和酶分离，以便获得所需纯度的酶，满足使用者的要求。

（5）安全可靠，无毒性　要求产酶微生物及其代谢产物安全无毒，不会对人体和环境产生不良影响，也不会对酶的应用产生其他不良影响。

二、发酵产酶中常用的微生物

现在大多数的酶都采用微生物细胞发酵生产。产酶微生物包括细菌、放线菌、霉菌、酵母等。有不少性能优良的微生物菌株已经在酶的发酵生产中广泛应用。

（一）细菌

广义的细菌即为原核生物。是指一大类细胞核无核膜包裹，只存在称作核区（nuclear region）（或拟核）的裸露DNA的原始单细胞生物，包括真细菌（eubacteria）和古生菌（archaea）两大类群。人们通常所说的即为狭义的细菌，狭义的细菌为原核微生物的一类，是一类形状细短，结构简单，多以二分裂方式进行繁殖的原核生物，是在自然界分布最广、个体数量最多的有机体，是大自然物质循环的主要参与者。细菌是在工业上有重要应用价值的原核微生物。在酶的生产中常用的细菌有大肠杆菌、枯草杆菌等。

1. 大肠杆菌

大肠杆菌（*Escherichia coli*）有的呈杆状，有的近似球状，大小为0.5μm ×（1.0~3.0）μm，一般无荚膜，无芽孢，革兰氏染色阴性，运动或不运动，运动者周生鞭毛，菌落从白色到黄白色，光滑闪光，扩展。

大肠杆菌能发酵多种糖类产酸、产气，是人和动物肠道中的正常栖居菌，婴儿出生后即随哺乳进入肠道，与人终身相伴，几乎占粪便干重的1/3。国家规定，每毫升饮用水中的菌落总数小于100，每100mL水中不得检出总大肠菌群。大肠杆菌可以用于生产多种酶。大肠杆菌生产的酶一般都属于胞内酶，需要经过细胞破碎才能分离得到。例如，大肠杆菌谷氨酸脱羧酶用于测定谷氨酸含量或用于生产 γ-氨基丁酸；大肠杆菌天冬氨酸酶用于催化延胡索酸加氨生产L-天冬氨酸；大肠杆菌青霉素酰化酶用于生产新的半合成青霉素或头孢霉素；大肠杆菌天冬酰胺酶对白血病具有显著疗效；大肠杆菌 β-半乳糖苷酶用于分解乳糖或其他 β-半乳糖苷。采用大肠杆菌生产的限制性内切核酸酶、DNA聚合酶、DNA连接酶、外切核酸酶等，在基因工程等方面得到广泛应用。

2. 枯草杆菌

枯草杆菌（*Bacillus subtilis*）是芽孢杆菌属细菌。细胞呈杆状，大小为（0.7~0.8）μm×（2~3）μm，单个细胞，无荚膜，周生鞭毛，运动，革兰氏染色阳性。芽孢（0.6~0.9）μm×（1.0~1.5）μm，椭圆至柱状。菌落粗糙，不透明，不闪光，扩张，污白色或微带黄色。

枯草杆菌是应用最广泛的产酶微生物，可以用于生产 α-淀粉酶、蛋白酶、β-葡聚糖酶、5′-核苷酸酶和碱性磷酸酶等。例如，枯草杆菌BF7658是国内用于生产 α-淀粉酶的主要菌株；枯草杆菌AS1.398用于生产中性蛋白酶和碱性磷酸酶。枯草杆菌生产的 α-淀粉酶和蛋白酶等都是胞外酶。而其产生的碱性磷酸酶存在于细胞间质之中。

（二）放线菌

放线菌是具有分支状菌丝的单细胞原核微生物。常用于酶发酵生产的放线菌主要是链霉菌。

链霉菌菌落呈放射状，具有分枝的菌丝体，菌丝直径0.2~1.2μm，革兰氏染色阳性。菌丝有气生菌丝和基内菌丝之分，基内菌丝不断裂，只有气生菌丝形成孢子链。它在自然界中分布很广，主要以孢子繁殖，其次是断裂生殖。与一般细菌一样，多为腐生，少数寄生。

链霉菌是生产葡萄糖异构酶的主要微生物，还可以用于生产青霉素酰化酶、纤维素酶、碱性蛋白酶、中性蛋白酶、几丁质酶等。此外，链霉菌还含有丰富的16 α-羟化酶，可用于甾体转化。

（三）霉菌

霉菌是一类丝状真菌，其特点是菌丝体较发达，无较大的子实体。同其他真菌一样，也有细胞壁，寄生或腐生方式生存。霉菌有的使食品转变为有毒物质，有的可能在食品中产生毒素，即霉菌毒素。自从发现黄曲霉毒素以来，霉菌与霉菌毒素对食品的污染日益引起重视。它对人体健康造成的危害极大，主要表现为慢性中毒、致癌、致畸、致突变作用。用于酶的发酵生产的霉菌主要有黑曲霉、米曲霉、红曲霉、青霉、木霉、根霉、毛霉等。

1. 黑曲霉

黑曲霉是曲霉属黑曲霉群霉菌。菌丝体由具有横隔的分支菌丝构成，菌丛黑褐色，顶囊大球形，小梗双层，分生孢子球形，平滑或粗糙。

黑曲霉可用于生产多种酶，有胞外酶也有胞内酶。例如，糖化酶、α-淀粉酶、酸性蛋白酶、果胶酶、葡萄糖氧化酶、过氧化氢酶、核糖核酸酶、脂肪酶、纤维素酶、橙皮苷酶和柚苷酶等。

2. 米曲霉

米曲霉是曲霉属黄曲霉群霉菌。菌丛一般为黄绿色，后变为黄褐色，分生孢子头呈放射形，顶囊球形或瓶形，小梗一般为单层，分生孢子球形，平滑，少数有刺，分生孢子梗长达2mm左右，粗糙。

米曲霉中糖化酶和蛋白酶的活力较强，这使米曲霉在我国传统的酒曲和酱油曲的制造中广泛应用。此外，米曲霉还可以用于生产氨酰化酶、磷酸二酯酶、果胶酶、核酸酶P等。

3. 红曲霉

红曲霉菌落初期白色，成熟后变为淡粉色、紫红色或灰黑色，通常形成红色色素。菌丝具有隔膜，多核，分枝甚繁，分生孢子着生在菌丝及其分枝的顶端，单生或成链，闭囊壳球形，有柄，其内散生10多个子囊，子囊球形，内含8个子囊孢子，成熟后子囊壁解体，孢子则留在闭囊壳内。

红曲霉可用于生产α-淀粉酶、糖化酶、麦芽糖酶、蛋白酶等。

4. 青霉

青霉属于半知菌纲。其营养菌丝体无色、淡色或具有鲜明的颜色，有横隔，分生孢子梗也有横隔，光滑或粗糙，顶端形成帚状分枝，小梗顶端串生分生孢子，分生孢子球形、椭圆形或短柱形，光滑或粗糙，大部分在生长时呈蓝绿色。有少数种会产生闭囊壳，其内形成子囊和子囊孢子，也有少数菌种产生菌核。

青霉菌种类很多，其中产黄青霉（*Penicillium chrysogenum*）用于生产葡萄糖氧化酶、苯氧甲基青霉素酰化酶（主要作用于青霉素）、果胶酶、纤维素酶等。橘青霉（*Penicillium cityrinum*）用于生产5′-磷酸二酯酶、脂肪酶、葡萄糖氧化酶、凝乳蛋白酶、核酸酶S1、核酸酶P1等。

5. 木霉

木霉属于半知菌纲。生长时菌落生长迅速，呈棉絮状或致密丛束状，菌落表面呈不同程度的绿色，菌丝透明、有分隔，分枝繁复，分枝上可继续分枝，形成二级分枝、三级分枝，分枝末端为小梗，瓶状、束生、对生、互生或单生，分生孢子由小梗相继生出，靠黏液把它们聚成球形或近球形的孢子头。分生孢子近球形、椭圆形、圆筒形或倒卵形，光滑或粗糙，透明或亮黄绿色。

木霉是生产纤维素酶的重要菌株。木霉生产的纤维素酶中包含有C1酶、Cx酶和纤维二糖酶等。此外，木霉中含有较强的17α-羟化酶，常用于甾体的转化。

6. 根霉

根霉生长时，由营养菌丝产生匍匐枝，匍匐枝的末端生出假根，在有假根的匍匐枝上生出成群的孢子囊梗，梗的顶端膨大形成孢子囊，囊内产生孢子囊孢子。孢子呈球形、卵形或不规则形状。根霉可用于生产糖化酶、α-淀粉酶、蔗糖酶、碱性蛋白酶、核糖核酸酶、脂肪酶、果胶酶、纤维素酶、半纤维素酶等。根霉中有活力强的11α-羟化酶，是用于甾体转化的重要菌株。

7. 毛霉

毛霉的菌丝体在基质上或基质内广泛蔓延，无假根。菌丝体上直接生出孢子囊梗，一般单生，分枝较少或不分枝。孢子囊梗顶端都有膨大成球形的孢子囊，囊壁上常有针状的草酸钙结晶。

毛霉常用于生产蛋白酶、糖化酶、α-淀粉酶、脂肪酶、果胶酶、凝乳酶等。

（四）酵母

酵母是一种单细胞真菌，在有氧和无氧环境下都能生存，属于兼性厌氧菌。酵母细胞宽度（直径）2~6μm，长度5~30μm，有的则更长，个体形态有球状、卵圆、椭圆、柱状和香肠状等。它属于高等微生物的真菌类。有细胞核、细胞膜、细胞壁、线粒体、相同的酶和代谢途经。酵母无害，容易生长，空气中、土壤中、水中、动物体内都存在酵母。有氧气或者无氧气都能生存。酵母是兼性厌氧生物，未发现专性厌氧的酵母，在缺乏氧气时，发酵型的酵母通过将糖类转化成为二氧化碳和乙醇来获取能量。多数酵母可以分离于富含糖类的环境中，比如一些水果（葡萄、苹果、桃等）或者植物分泌物（如仙人掌的汁）。一些酵母可在昆虫体内生活。

1. 啤酒酵母

啤酒酵母是啤酒工业上广泛应用的酵母。细胞有圆形、卵形、椭圆形或腊肠形。在麦芽汁培养基上，菌落为白色，有光泽，平滑，边缘整齐。营养细胞可以直接变为子囊，每个子囊含有1~4个圆形光亮的子囊孢子。

啤酒酵母除了主要用于酒类的生产外，还可以用于转化酶、丙酮酸脱羧酶、醇脱氢酶等的生产。

2. 假丝酵母

假丝酵母的细胞圆形、卵形或长形。无性繁殖为多边芽殖，形成假菌丝，也有真菌丝，可生成无节孢子、子囊孢子、冬孢子或掷孢子。不产生色素。在麦芽汁琼脂培养基上，菌落呈乳白色或奶油色。

假丝酵母可以用于生产脂肪酶、尿酸酶、尿囊素酶、转化酶、醇脱氢酶等。具有较强的17α-羟化酶，可以用于甾体转化。

第二节
酶发酵工艺条件及控制

一、一般发酵产酶

在酶的发酵生产中，除了选择性能优良的产酶细胞以外，还必须控制好各种工艺条件，并且在发酵过程中，根据发酵过程的变化情况进行调节，以满足细胞生长、繁殖和产酶的需要。微生物发酵产酶的一般工艺流程如图4-1所示。

（一）细胞活化与扩大培养

选育得到的优良的产酶微生物必须采取妥善的方法进行保藏。常用的保藏方法有斜面保藏法、砂土管保藏法、真空冷冻干燥保藏法、低温保藏法、液体石蜡保藏法等，可以根据需要和可能进行选择，以尽可能保持细胞的生长、繁殖和产酶特性。

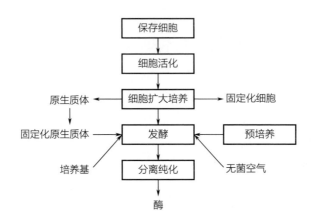

图4-1　微生物发酵产酶的一般工艺流程

　　保藏的菌种在用于发酵生产之前，必须接种于新鲜的固体培养基上，在一定的条件下进行培养，使细胞的生命活性得以恢复，这个过程称为细胞活化。

　　活化了的细胞需在种子培养基中经过一级乃至数级的扩大培养以获得足够数量的优质细胞。扩大培养所使用的培养基和培养条件应当适合细胞生长、繁殖的最适条件。种子培养基中一般含有较为丰富的氮源，碳源可以相对少一些。种子扩大培养时pH、溶解氧等培养条件，应尽量满足细胞生长和繁殖的需要，使细胞长得又快又好，扩大培养的时间一般以培养到细胞对数生长期为宜。有时需要采用孢子接种，则要培养至孢子成熟期才能用于发酵。接入下一级种子扩大培养或接入发酵罐的种子量一般为下一工序培养基总量的1%~10%。

（二）培养基的配制

　　培养基是指人工配制的用于细胞培养和发酵的各种营养物质的混合物。

　　在设计和配制培养基时，首先要根据细胞和用途的不同要求，确定各种组分的种类和含量，并要调节至所需的pH，以满足细胞生长、繁殖和新陈代谢的需要。不同的细胞对培养基的要求不同；同一种细胞用于生产不同物质时，所要求的培养基有所不同；有些细胞在生长、繁殖阶段与发酵阶段所要求的培养基也不一样。必须根据需要配制不同的培养基。

　　1. 培养基的基本组分

　　虽然培养基多种多样，但是培养基一般都包括碳源、氮源、无机盐和生长因子等几大类组分。

（1）碳源　碳源是指能够为细胞提供碳素化合物的营养物质；在一般情况下，碳源也是为细胞提供能量的能源。

碳是构成细胞的主要元素之一，也是所有酶的重要组成元素，所以碳源是酶的生物合成生产中必不可少的营养物质。

在酶的生物合成生产中，首先要从细胞的营养要求和代谢调节方面考虑碳源的选择，此外还要考虑到原料的来源是否充裕、价格是否低廉、对发酵工艺条件和酶的分离纯化有否影响等因素。

不同的细胞对碳源的利用有所不同，在配制培养基时，应当根据细胞的营养需要而选择不同的碳源。目前，大多数产酶微生物采用淀粉或其水解产物，如糊精、淀粉水解糖、麦芽糖、葡萄糖等为碳源。例如，黑曲霉具有淀粉酶系，可以采用淀粉为碳源，酵母不能利用淀粉，只能采用蔗糖或葡萄糖等为碳源。此外有些微生物可以采用脂肪、石油、酒精（乙醇）等为碳源；植物细胞主要采用蔗糖为碳源。

在酶的发酵生产过程中，除了根据细胞的不同营养要求以外，还要充分注意到某些碳源对酶的生物合成具有代谢调节的功能，主要包括酶生物合成的诱导作用以及分解代谢物阻遏作用。例如，淀粉对α-淀粉酶的生物合成有诱导作用，而果糖对该酶的生物合成有分解代谢物阻遏作用，因此，在α-淀粉酶的发酵生产中，应当选用淀粉为碳源，而不采用果糖为碳源。同样道理，β-半乳糖苷酶的发酵生产时，应当选用对该酶的生物合成具有诱导作用的乳糖为碳源，而不用或者少用对该酶的生物合成具有分解代谢物阻遏作用的葡萄糖为碳源等。

（2）氮源　氮源是指能向细胞提供氮元素的营养物质，作为构成生物体的蛋白质、核酸及其他氮素化合物的材料。把从外界摄入的氮素化合物或氮气，称为该生物的氮源。

氮源可以分为有机氮源和无机氮源两大类。有机氮源主要是各种蛋白质及其水解产物，如酪蛋白、豆饼粉、花生饼粉、蛋白胨、酵母膏、牛肉膏、蛋白水解液、多肽、氨基酸等。无机氮源是各种含氮的无机化合物，如氨水、硫酸铵、碳酸铵、硝酸铵、硝酸钾、硝酸钠等铵盐和硝酸盐等。

不同的细胞对氮源有不同的要求，应当根据细胞的营养要求进行选择和配制。一般说来，动物细胞要求有机氮源；植物细胞主要使用无机氮源；微生物细胞中，异养型细胞要求有机氮源，自养型细胞可以采用无机氮源。

在使用无机氮源时，铵盐和硝酸盐的比例对细胞的生长和新陈代谢有显著的影响，在使用时应该充分注意。

此外，碳和氮两者的比例，即碳氮比（C/N），对酶的产量有显著影响。所谓碳氮比一般是指培养基中碳元素（C）的总量与氮元素（N）总量之比，可以通过测定和计算培养基中碳素和氮素的含量而得出。有时也采用培养基中所含的碳源总量和氮源总量之比来表示碳氮比。这两种比值是不同的，有时相差很大，在使用时要注意。

（3）无机盐　无机盐的主要作用是提供细胞生命活动所必不可缺的各种无机元素，并对细胞内外的pH、氧化还原电位和渗透压起调节作用。

根据细胞对无机元素需要量的不同，无机元素可分为大量元素和微量元素两大类。大量元素主要有碳、硫、钾、钠、钙、镁、氯等；微量元素是指细胞生命活动必不可少但是需要量微小的元素，主要包括铜、锰、锌、钼、钴、溴、碘等。微量元素的需要量很少，过量反而对细胞的生命活动有不良影响，必须严加控制。

无机元素是通过在培养基中添加无机盐来提供的。一般采用添加水溶性的硫酸盐、磷酸盐、盐酸盐或硝酸盐等。

（4）生长因子　是一类调节微生物正常生长代谢所必需，但不能用简单的碳、氮源自行合成的有机物。广义的生长因子除了维生素外，还包括碱基、嘌呤、嘧啶、生物素和烟酸等，有时还包括氨基酸营养缺陷突变株所需要的氨基酸在内；而狭义的生长因子一般仅指维生素和一类通过与特异的、高亲和的细胞膜受体结合，调节细胞生长与其他细胞功能等多效应的多肽类物质。

微生物中有的细胞可以通过自身的新陈代谢合成所需的生长因子，有的细胞属营养缺陷型细胞，本身缺少合成某一种或某几种生长因子的能力，需要在培养基中添加所需的生长因子，细胞才能正常生长、繁殖。

在酶的发酵生产中，一般在培养基中添加含有多种生长因子的天然原料的水解物，如酵母膏、玉米浆、麦芽汁、麸皮水解液等，以提供细胞所需的各种生长因子；也可以加入某种或某几种提纯的有机化合物，以满足细胞生长繁殖之需。

2. 微生物发酵产酶的几种常见发酵培养基

微生物发酵产酶的培养基多种多样。不同的微生物，生产不同的酶，所使用的培养基不同。即使是相同的微生物，生产同一种酶，在不同地区、不同企业中采用的培养基也有所差别，必须根据具体情况进行选择和优化。现举例如下。

（1）枯草杆菌 BF7658 α-淀粉酶发酵培养基　玉米粉8%、豆饼粉4%、磷酸氢二钠0.8%、硫酸铵0.4%、氯化钠0.2%、氯化铵0.15%（自然pH）。

（2）枯草杆菌AS1.398中性蛋白酶发酵培养基　玉米粉4%、豆饼粉3%、麸皮3.2%、糠1%、磷酸氢二钠0.4%、磷酸二氢钾0.03%（自然pH）。

（3）黑曲霉糖化酶发酵培养基　玉米粉10%、豆饼粉4%、麸皮1%（pH 4.4~5.0）。

（4）地衣芽孢杆菌2709碱性蛋白酶发酵培养基　玉米粉5.5%、豆饼粉4%、磷酸氢二钠0.4%、磷酸二氢钾0.03%（pH 8.5）。

（5）黑曲霉 AS3.350酸性蛋白酶发酵培养基　玉米粉6%、豆饼粉4%、玉米浆0.6%、氯化钙0.5%、氯化铵1%、磷酸氢二钠0.2%（pH 5.5）。

（6）游动放线菌葡萄糖异构酶发酵培养基　糖蜜2%、豆饼粉2%、磷酸氢二钠0.1%、硫酸镁0.05%（pH 7.2）。

（7）橘青霉磷酸二酯酶发酵培养基　淀粉水解糖5%、蛋白胨0.5%、硫酸镁0.05%、氯化钙0.04%、磷酸氢二钠0.05%、磷酸二氢钾0.05%（自然pH）。

（8）黑曲霉AS3.396果胶酶发酵培养基　麸皮5%、果胶0.3%、硫酸铵2%、磷酸二氢钾0.25%、硫酸镁0.05%、硝酸钠0.02%、硫酸亚铁0.001%（自然pH）。

（9）枯草杆菌AS1.398碱性磷酸酶发酵培养基　葡萄糖0.4%、乳蛋白水解产物0.1%、硫酸铵1%、氯化钾0.1%、氯化钙0.1mmol/L、氯化镁1.0mmol/L、磷酸氢二钠20mol/L（用pH 7.4的Tris-HCl缓冲液配制）。

（三）pH的调节控制

培养基的pH与细胞的生长繁殖以及发酵产酶关系密切，在发酵过程中必须进行必要的调节控制。

不同的细胞，其生长繁殖的最适pH有所不同。一般细菌和放线菌的生长最适pH在中性或碱性范围（pH 6.5~8.0）；霉菌和酵母的最适生长pH为偏酸性（pH 4~6）；植物细胞生长的最适pH为5~6。

细胞发酵产酶的最适pH与生长最适pH往往有所不同。细胞生产某种酶的最适pH通常接近该酶催化反应的最适pH。例如发酵生产碱性蛋白酶的最适pH为碱性（pH 8.5~9.0），生产中性蛋白酶的pH以中性或微酸性（pH 6.0~7.0）为宜，而酸性条件（pH 4.0~6.0）有利于酸性蛋白酶的生产。然而，有些酶在其催化反应的最适条件下，产酶细胞的生长和代谢可能受到影响，在此情况下，细胞产酶的最适pH与酶催化反应的最适pH有所差别，如枯草杆菌碱性磷酸酶，其催化反应的最适pH为9.5，而其产酶的最适pH为7.4。

有些细胞可以同时产生若干种酶，在生产过程中，通过控制培养基的pH，往往可以改变各种酶之间的产量比例。例如，黑曲霉可以生产α-淀粉酶，也可以生产糖化酶，在培养基的pH为中性范围时，α-淀粉酶的产量增加而糖化酶减少；反之在培养基的pH偏向酸性时，则糖化酶的产量提高而α-淀粉酶的量降低。再如，采用米曲霉发酵生产蛋白酶时，当培养基的pH为碱性时，主要生产碱性蛋白酶；培养基的pH为中性时，主要生产中性蛋白酶；而在酸性的条件下，则以生产酸性蛋白酶为主。

随着细胞的生长繁殖和新陈代谢产物的积累，发酵过程中培养基的pH往往会发生变化。这种变化的情况与细胞特性有关，也与培养基的组成成分以及发酵工艺条件密切相关。例如，含糖量高的培养基，由于糖代谢产生有机酸，会使pH向酸性方向移动。含蛋白质、氨基酸较多的培养基，经过代谢产生较多的铵类物质，使pH向碱性方向移动，以硫酸铵为氮源时，随着铵离子被利用，培养基中积累的硫酸根会使pH降低，以尿素为氮源的，随着尿素被水解成氨，而使pH上升然后又随着氨被细胞同化而使pH下降。

所以，在发酵过程中，必须对培养基的pH进行适当的控制和调节。调节pH的方法可以通过改变培养基的组分或其比例；也可以使用缓冲液来稳定pH；或者在必要时通过滴加适宜的酸、碱溶液的方法调节培养基的pH，以满足细胞生长和产酶的要求。

（四）温度的调节控制

细胞的生长繁殖和发酵产酶需要一定的温度条件。在一定的温度范围内，细胞才能正常生长、繁殖和维持正常的新陈代谢。例如，枯草杆菌的最适生长温度为34~37℃，黑曲霉的最适生长温度为28~32℃等。

有些细胞发酵产酶的最适温度与细胞生长最适温度有所不同，而且往往低于生长最适温度，这是由于在较低温度条件下，可以提高酶所对应的mRNA的稳定性，增加酶生物合成的延续时间，从而提高酶的产量。例如，采用酱油曲霉生产蛋白酶，在28℃的温度条件下，其蛋白酶的产量比在40℃条件下高2~4倍；在20℃的条件下发酵，则其蛋白酶产量更高，但是细胞生长速率较慢。若温度太低，则由于代谢速率缓慢，反而降低酶的产量，延长发酵周期。所以必须进行试验，以确定最佳产酶温度。为此在有些酶的发酵生产过程中，要在不同的发酵阶段控制不同的温度，即在细胞生长阶段控制在细胞生长的最适温度范围，而在产酶阶段控制在产酶最适温度范围。

在细胞生长和发酵产酶过程中，由于细胞的新陈代谢作用，会不断放出热量，使培养基的温度升高，同时，由于热量的不断扩散，会使培养基的温度不断降低。两者综合结果，决定了培养基的温度。由于在细胞生长和产酶的不同阶段，细胞新陈代谢放出的热量有较大差别，散失的热量又受到环境温度等因素的影响，使培养基的温度发生明显变化。为此必须经常及时地对温度进行调节控制，使培养基的温度维持在适宜的范围内。温度的调节一般采用热水升温、冷水降温的方法。为了及时地进行温度的调节控制，在发酵罐或其他生物反应器中，均应设计有足够传热面积的热交换装置，如排管、蛇管、夹套、喷淋管等，并随时备有冷水和热水，以满足温度调控的需要。

温度控制的方法一般采用热水升温，冷水降温，因此在发酵罐中，均设计有足够传热面积的热交换装置，如排管、蛇管、夹套、喷淋管等。

（五）溶解氧的调节控制

细胞的生长繁殖和酶的生物合成过程需要大量的能量，为了满足细胞生长和发酵产酶的需要，培养基中的能源物质（一般是碳源提供）必须经过有氧降解才能产生大量的ATP。为此，必须供给充足的氧气。

为了获得足够多的能量。细胞必须获得充足的氧气，使从培养基中获得的能源物质（一般是指各种碳源）经过有氧降解而生成大量的ATP。

在培养基中培养的细胞一般只能吸收和利用溶解氧。

溶解氧是指溶解在培养基中的氧气。由于氧是难溶于水的气体，在通常情况下，培养基中溶解的氧并不多。在细胞培养过程中，培养基中原有的溶解氧很快就会被细胞利用完。为了满足细胞生长繁殖和发酵产酶的需要，在发酵过程中必须不断供给氧（一般通过供给无菌空气来实现），使培养基中的溶解氧保持在一定的水平。

溶解氧的调节控制，就是要根据细胞对溶解氧的需要量，连续不断地进行补充，使培养基中溶解氧的量保持恒定。细胞对溶解氧的需要量与细胞的呼吸强度及培养基中的细胞浓度密切相关。可以用耗氧速率K_{O_2}表示：

$$K_{O_2}=Q_{O_2} \cdot C_c \qquad\qquad (4-1)$$

式中，K_{O_2}为耗氧速率，指的是单位体积（L或mL）培养液中的单位时间（h或min）内所消耗的氧气量（mmol或mL）。耗氧速率一般以mmol氧/（h·L）表示。

Q_{O_2}为细胞呼吸强度，是指单位细胞量（每个细胞或1g干细胞）在单位时间（h或min）内的耗氧量，一般以mmol/（h·g干细胞）或mmol氧/（h·个细胞）表示。细胞的呼吸强度与细胞种类和细胞的生长期有关。不同的细胞其呼吸强度不同；同一种细胞在不同生长阶段，其呼吸强度也有所差别。一般细胞在生长旺盛期的呼吸强度较大，在发酵产酶高峰期，由于酶的大量合成，需要大量氧气，其呼吸强度也大。

C_c为细胞浓度，指的是单位体积培养液中细胞的量，以g干细胞/L或个细胞/L表示。

在酶的发酵生产过程中，处于不同生长阶段的细胞，其细胞浓度和细胞呼吸强度各不相同，致使耗氧速率有很大的差别。因此，必须根据耗氧量的不同，不断供给适量的溶解氧。

溶解氧的供给，一般是将无菌空气通入发酵容器，再在一定的条件下使空气中的氧溶解到培养液中，以供细胞生命活动之需。培养液中溶解氧的量，决定于在一定条件下氧气的溶解速率。

氧的溶解速率又称为溶氧速率或溶氧系数，以K_d表示。溶氧速率是指单位体积的发酵液在单位时间内所溶解的氧的量。其单位通常以mmol氧/（h·L）表示。

溶氧速率与通气量、氧气分压、气液接触时间、气液接触面积以及培养基的性质等有密切关系。一般说来，通气量越大、氧气分压越高、气液接触时间越长、气液接触面积越大，则溶氧速率越大。培养液的性质，主要是黏度、气泡以及温度等对于溶氧速率有明显影响。

当溶氧速率和耗氧速率相等时，即：$K_{O_2}=K_d$的条件下，培养液中的溶解氧的量保持恒定，可以满足细胞生长和发酵产酶的需要。

随着发酵过程的进行，细胞耗氧速率发生改变时，必须相应地对溶氧速率进行调节。

调节溶氧速率的方法，主要有下列几种。

（1）调节通气量　通气量是指单位时间内流经培养液的空气量（L/min），也可以用培养液体积与每分钟通入的空气体积之比（vvm）表示。例如，1m³培养液，每分钟流经的空气量为0.5m³，即通气量为1∶0.5；每升培养液，每分钟流经的空气为2L，则通气量为1∶2等。在其他条件不变的情况下，增大通气量，可以提高溶氧速率。反之，减少通气量，则使溶氧速率降低。

（2）调节氧的分压　提高氧的分压，可以增加氧的溶解度，从而提高溶氧速率。通过增加发酵容器中的空气压力，或者增加通入的空气中的氧含量，都能提高氧的分压，而使溶氧速率提高。

（3）调节气液接触时间　气液两相的接触时间延长，可以使氧气有更多的时间溶解在培养基中，从而提高溶氧速率。气液接触时间缩短，则使溶氧速率降低。可以通过增加液层高度降低气流速率，在反应器中增设挡板，延长空气流经培养液的距离等方法，以延长气液接触时间，提高溶氧速率。

（4）调节气液接触面积　氧气溶解到培养液中是通过气液两相的界面进行的。增加气液两相接触界面的面积，将有利于提高氧气溶解到培养液中的溶氧速率。为了增大气液两相接触面积，应使通过培养液的空气尽量分散成小气泡。在发酵容器的底部安装空气分配管，使气体分散成小气泡进入培养液中，是增加气液接触面积的主要方法。装设搅拌装置或增设挡板等可以使气泡进一步打碎和分散，也可以有效地增加气液接触面积，从而提高溶氧速率。

（5）改变培养液的性质　培养液的性质对溶氧速率有明显影响，若培养液的黏度大，在气泡通过培养液时，尤其是在高速搅拌的条件下，会产生大量泡沫，影响氧的溶解。可以通过改变培养液的组分或浓度等方法，有效地降低培养液的黏度；设置消泡装置或添加适当的消泡剂，可以减少或消除泡沫的影响，以提高溶氧速率。

以上各种调节方法可以根据不同菌种、不同产物、不同生物反应器、不同工艺条件的不同情况选择使用，以便根据发酵过程耗氧速率的变化而及时有效地调节溶氧速率。

若溶氧速率低于耗氧速率，则细胞所需的氧气量不足，必然影响其生长繁殖和新陈代谢，使酶的产量降低。然而，过高的溶氧速率对酶的发酵生产也会产生不利的影响，一方面会造成浪费，另一方面，高溶氧速率也会抑制某些酶的生物合成，如青霉素酚化酶等。此外，为了获得高溶氧速率而采用的大量通气或快速搅拌，也会使某些细胞（如霉菌、放线菌、植物细胞、动物细胞、固定化细胞等）受到损伤。所以，在发酵生产过程中，应尽量控制溶氧速率等于或稍高于耗氧速率。

（六）提高酶产量的措施

除了选育优良的产酶细胞保证正常的发酵工艺条件，并根据需要和变化的情况及时加以调节控制外。还可以采取某些行之有效的措施，诸如添加诱导物、控制阻遏物浓度、添加表面活性剂等。

1. 添加诱导物

对于诱导酶的发酵生产，在发酵过程中的某个适宜的时机，添加适宜的诱导物，可以显著提高酶的产量。例如，乳糖诱导 β-半乳糖苷酶，纤维二糖诱导纤维素酶，蔗糖甘油单棕榈酸诱导蔗糖酶的生物合成等。

一般说来，不同的酶有各自不同的诱导物。然而，有时一种诱导物可以诱导同一个酶系的若干种酶的生物合成。如 β-半乳糖苷酶可以同时诱导乳糖系的 β-半乳糖苷酶、透过酶和 β-半乳糖乙酰化酶等3种酶的生物合成。

同一种酶往往有多种诱导物。例如，纤维素、纤维糊精、纤维二糖等都可以诱导纤维素酶的生物合成等。在实际应用时可以根据酶的特性、诱导效果和诱导物的来源、价格等方面进行选择。

诱导物一般可以分为三类：酶的作用底物、酶的反应产物和酶作用底物的类似物。

（1）酶的作用底物　许多诱导酶都可以由其作用底物诱导产生。例如，大肠杆菌在以葡萄糖为单一碳源的培养基中生长时，每个细胞平均只含有1分子 β-半乳糖苷酶，若将大肠杆菌细胞转移到含有乳糖而不含有葡萄糖的培养基中培养时，2min后细胞内大量合成 β-半乳糖苷酶，平均每个细胞产生3000分子的 β-半乳糖苷酶。纤维素酶、果胶酶、青霉素酶、右旋糖酐酶、淀粉酶、蛋白酶等均可以由各自的作用底物诱导产生。

（2）酶的反应产物　有些酶可以由其反应产物诱导产生。例如，半乳糖醛酸是果胶酶催化果胶水解的产物，它可以作为诱导物，诱导果胶酶的生物合成；纤维二糖诱导纤维素酶的生物合成；没食子酸诱导单宁酶的产生等。

（3）酶作用底物的类似物　如上所述，酶的作用底物和酶的反应产物都可以诱导酶的生物合成，然而，研究结果表明，有些酶最有效的诱导物，既不是酶的作用底物，也不是酶的反应产物，而是可以与酶结合，但不能被酶催化的底物类似物。例如，异丙基-β-硫代半乳糖苷（IPTG）对β-半乳糖苷酶的诱导效果比乳糖高几百倍；蔗糖甘油单棕榈酸酯对蔗糖酶的诱导效果比蔗糖高几十倍等。有些酶的反应产物的类似物对酶的生物合成也有诱导效果。

可见，在细胞发酵产酶的过程中，添加适宜的诱导物对酶的生物合成具有显著的诱导效果。进一步研究和开发高效廉价的诱导物对提高酶的产量具有重要的意义和应用前景。

2. 控制阻遏物的浓度

有些酶的生物合成受到某些阻遏物的阻遏作用，结果导致该酶的合成受阻或者产酶量降低。为了提高酶产量，必须设法解除阻遏物引起的阻遏作用。

阻遏作用根据其作用机制的不同，可以分为产物阻遏和分解代谢物阻遏两种。产物阻遏作用是由酶催化作用的产物或者代谢途径的末端产物引起的阻遏作用；而分解代谢物阻遏是由分解代谢物（葡萄糖等和其他容易利用的碳源等物质经过分解代谢而产生的物质）引起的阻遏作用。

控制阻遏物的浓度是解除阻遏、提高酶产量的有效措施。例如，枯草杆菌碱性磷酸酶的生物合成受到其反应产物无机磷酸的阻遏，当培养基中无机磷酸含量降低到1.0mmol/L的时候，该酶的生物合成完全受到阻遏。当培养基中无机磷酸的含量降低到0.01mmol/L的时候，阻遏解除，该酶大量合成。所以，为了提高该酶的产量，必须限制培养基中无机磷的含量。

再如，β-半乳糖苷酶受葡萄糖引起的分解代谢物阻遏作用。在培养基中有葡萄糖存在时，即使有诱导物存在，β-半乳糖苷酶也无法大量生成。只有在不含葡萄糖的培养基中或者培养基中的葡萄糖被细胞利用完以后，诱导物的存在才能诱导该酶大量生成，类似情况在不少酶的生产中均可以看到。

为了减少或者解除分解代谢物阻遏作用，应当控制培养基中葡萄糖等容易利用的碳源的浓度。可以采用其他较难利用的碳源，如淀粉等，或者采用补料、分次加碳源等方法，控制碳源的浓度在较低的水平，以利于酶产量的提高。此外，在分解代谢物阻遏存在的情况下，添加一定量的环腺苷酸（cAMP），可以解除或减少分解代谢物阻遏作用，若同时有诱导物存在，即可以迅速产酶。

对于受代谢途径末端产物阻遏的酶，可以通过控制末端产物浓度的方法使阻遏解除。例如，在利用硫胺素缺陷型突变株发酵过程中，限制培养基中硫胺素的浓度，可以使硫胺素生物合成所需的4种酶的末端产物阻遏作用解除，使4种酶的合成量显著增加，其中硫胺素磷酸焦磷酸化酶的合成量提高1000多倍。

对于非营养缺陷型菌株，由于在发酵过程中会不断合成末端产物，即可以通过添加末端产物类似物的方法，以减少或者解除末端产物的阻遏作用。例如，组氨酸合成途径中的10种酶的生物合成受到组氨酸的反馈阻遏作用，若在培养基中添加组氨酸类似物2-噻唑丙氨酸，即可以解除组氨酸的反馈阻遏作用，使这10种酶的生物合成量提高30倍。

3. 添加表面活性剂

表面活性剂可以与细胞膜相互作用，增加细胞的透过性，有利于胞外酶的分泌，从而提高酶的产量。

表面活性剂有离子型和非离子型两大类。其中，离子型表面活性剂又可以分为阳离子型、阴离子型和两性离子型3种。

将适量的非离子型表面活性剂，如吐温（tween）、四丁酚醛（triton）等添加到培养基中，可以加速胞外酶的分泌，而使酶的产量增加。例如，利用木霉发酵生产纤维素酶时，在培养基中添加1%的吐温，可使纤维素酶的产量提高1~20倍。在使用时，应当控制好表面活性剂的添加量，过多或者不足都不能取得良好效果。此外，添加表面活性剂有利于提高某些酶的稳定性和催化能力。

由于离子型表面活性剂对细胞有毒害作用，尤其是季铵型表面活性剂（如新洁尔灭等）是消毒剂，对细胞的毒性较大，不能在酶的发酵生产中添加到培养基中。

4. 添加产酶促进剂

产酶促进剂是指可以促进产酶，但是作用机理未阐明清楚的物质。在酶的发酵生产过程中，添加适宜的产酶促进剂，往往可以显著提高酶的产量。例如，添加一定量的植酸钙镁，可使霉菌蛋白酶或者橘青霉磷酸二酯酶的产量提高1~20倍；添加聚乙烯醇（polyvinyl alcohol）可以提高糖化酶的产量；聚乙烯醇、乙酸钠等的添加对提高纤维素酶的产量也有效果等。产酶促进剂对不同细胞、不同酶的作用效果各不相同，现在还没有规律可循，要通过试验确定所添加的产酶促进剂的种类和浓度。

（七）酶生物合成的调节

调节酶合成的量来控制微生物代谢速率的调节机制，主要在基因转录水平上进行。通过酶调节可以阻止酶的过量合成，节约生物合成的原料和能量。

按酶生物合成的速率，可以把细胞中合成的酶分为两类，即组成酶和诱导酶。组成酶是恒定的速率和浓度。诱导酶又叫适应型酶、调节型酶，在外界环境因素的诱导下合成速率急速增加，酶浓度成百上千倍增加。

1960年科学家提出了操纵子学说，主要由4个与生物合成相关的基因组成。即调节基因、启动基因、操纵基因、结构基因。

调节基因可产生一种变构蛋白质，通过与效应物的特异结合而发生变构作用，从而改变它与操纵基因的结合力。调节基因常位于调控区的上游。

启动基因又被称为启动子，它有两个位点，即RNA聚合酶的结合位点和cAMP-CAP的结合位点。CAP即分解代谢物活化剂蛋白，又称环腺苷酸受体蛋白。

操纵基因位于启动基因和结构基因之间的一段碱基顺序，能特异性的与调节基因产生的变构蛋白结合，操纵酶合成的时机与速率。

结构基因是决定某一多肽的DNA模板，与酶有各自的对应关系，其中的遗传信息可转录为mRNA，再翻译为蛋白质。

酶合成的基因调控类型有诱导和阻遏。酶合成的诱导作用就是加进某些物质，使酶的生物合成开始或加速进行的现象，称为诱导作用。其中的诱导物一般是酶催化作用的底物或其底物类似物，例如乳糖诱导 β-半乳糖苷酶的合成和淀粉诱导 α-淀粉酶的合成。酶合成的阻遏可以分为两类，即终产物阻遏和分解代谢物阻遏。终产物阻遏指酶催化反应的产物或代谢途径的末端产物使该酶的生物合成受到阻遏的现象。分解代谢物的阻遏是指某些物质经过分解代谢产生的物质阻遏其他酶合成的现象。例如，葡萄糖阻遏β-半乳糖苷酶的生物合成，果糖阻遏α-淀粉酶的生物合成。

（八）酶生物合成的模式

（1）同步合成型　酶的生物合成与细胞的生长同步进行，又称生长偶联型。大部分组成酶和部分诱导酶的生物合成属于同步合成型。其特点是发酵开始时细胞生长，酶也开始合成，不受分解代谢物和终产物的阻遏，当生长至平衡期后，酶浓度不再增加，mRNA很不稳定。

（2）中期合成型　酶的合成在细胞生长一段时间以后才开始，而在细胞生长进入平衡期后，酶的合成也停止。其特点是该类酶的合成受分解代谢物的阻遏，且该酶对应的mRNA不稳定。

（3）延续合成型　酶的合成随着细胞生长而开始，但在细胞进入平衡期后，酶还可以延续合成较长的一段时间。其特点是该类酶不受分解代谢产物阻遏和终产物的阻遏。且该酶对应的mRNA相当稳定。

（4）滞后合成型　只有当细胞生长一段时间或者进入平衡期后，酶才开始合成并大量积累。许多水解酶的生物合成都属于这一类型。其特点是该类酶受分解代谢物阻遏作用的影响，阻遏解除后，酶才大量合成，且该酶对应的mRNA稳定性高。

属于滞后合成型的酶，之所以要在细胞生长一段时间甚至进入平衡期后才开始合成，主要原因是受到培养基中存在的阻遏物的阻遏作用。只有随着细胞的生长，阻遏物几乎被细胞耗尽而使阻遏解除后，酶才开始大量合成。若培养基中不存在阻遏物，该酶的合成可以转为延续合成型。该类型的酶所对应的mRNA稳定性很好，可以在细胞生长进入平衡期后的相当长的一段时间内，继续进行酶的生物合成。

（九）微生物发酵产酶实例

1. 微生物发酵产脂肪酶

脂肪酶又称为三酰甘油酯水解酶，可以催化三酰甘油酯及其他一些水不溶性酯类的水解、醇解、酯化、转酯化及酯类的逆向合成反应，除此之外，还表现出如磷脂酶、溶血磷脂酶、胆固醇酯酶和酰肽水解酶活性等。

脂肪酶催化反应具有立体选择性、底物专一性、副反应少、反应条件温和、不需辅酶及可用于有机溶剂等特点，在食品、皮革、生物柴油、医疗医药和洗涤剂等多个生产领域都有应用，如用于合成食品调味料，作为添加剂应用于洗涤剂中，手性药物拆分和精细化学产品的合成等。动物、植物和微生物中许多种都可产脂肪酶，微生物种类繁多，易于培养，可通过育种手段提高产酶量，且有比动植物脂肪酶更广的作用温度、作用pH和底物特异性，因而，从微生物代谢产物中寻求脂肪酶成为科研工作者的研究热点。

脂肪酶产生菌在自然界中分布广泛，从土壤、海洋和冰川中皆分离到了产脂肪酶的菌株，而且在一些极端环境下还分离到具有特殊性质的脂肪酶，进一步拓宽了脂肪酶的应用领域。

大多数微生物来源的脂肪酶是诱导酶，添加诱导物可以有效提高酶活性，脂肪酶作用底物及可以增强细胞膜通透性的变性剂常被用作脂肪酶诱导物。对黏质沙雷氏菌脂肪酶发酵培养基进行优化，并对诱导物进行研究，结果表明：以糊精和牛肉膏结合硫酸铵作为碳源和氮源，随着培养基中吐温80从0增加到10g/L，脂肪酶产量从250U/L提高至3340U/L，充分说明诱导物在脂肪酶生产中的重要作用。

酶的分离纯化是对酶学性质研究的基础，脂肪酶作为一种具有生物催化活性的蛋白质大分子，在分离时既要考虑纯化倍数，还要考虑活性回收率及比活性。微生物发酵液成分复杂，其中既含有代谢产物，还有未发酵完全的底物及生长的菌体，因此，从中提取脂肪酶有一定的难度。

由于微生物发酵液体积较大，酶质量浓度低，因此对粗酶液进行浓缩是必要的，有机溶剂沉淀和盐析是常用的浓缩手段。有机溶剂沉淀易造成酶活性的下降或失活，利用有机溶剂对绿脓杆菌CS-2脂肪酶进行沉淀分离，酶活性回收率64.7%，酶活性损失近40%。硫酸铵盐析是对酶进行初步分离常用的手段，不易造成酶活性的损失，在一定程度上还有保护酶活性的作用，但是要注意向酶液中溶解硫酸铵时要边加入边缓慢搅拌，不宜快速搅拌，否则湍流会导致局部酶活性不可逆丧失，此步骤正确的操作方式对于酶的纯化尤为重要。

层析法是对脂肪酶精细分离的有效手段，文献报道中多采用的是离子交换层析和凝胶过滤层析。离子交换层析依据样品中各个组分带电荷性质的不同将其一一分离，在离子交换层析过程中，为了便于洗脱吸附到层析介质上的组分，流动相的离子强度或pH变化会较大，有可能会造成那些对pH变化敏感的酶的失活；凝胶过滤层析依据样品中各个组分分子大小的不同将其一一分离，用于分级分离往往通量低，流速慢，这样就导致纯化效率降低。

2. 微生物发酵产酯化酶

酯化酶是一类催化合成低级脂肪酸酯的酶类的总称，不是酶学上的专业术语。在白酒中酯化酶主要是指脂肪酶、酯合成酶、磷酸酯酶的统称。

通过研究发现，酵母、霉菌、细菌均可产生酯化酶，目前在白酒酿酒过程中已经发现红曲霉、根霉中许多菌株有较强的己酸乙酯合成能力。酯化酶的理论基础为酶在有机溶剂中作用，在窖池外直接将酸与醇催化合成酯类，包括己酸乙酯、乙酸乙酯、乳酸乙酯等酯类物质，而这些酯类物质属白酒风味重要贡献物质，酯化酶对白酒的风味具有重要的影响。

能产生酯化酶的微生物具有酸醇酯化能力的特殊功能，目前已发现在浓香型白酒酿造生产中产生酯化酶的微生物主要为酵母和霉菌，酵母包括酿酒酵母、汉逊酵母、假丝酵母、球拟酵母等，传统的固态浓香型大曲酒的生产，由于产量低、耗粮大、优质品率低、劳动强度大等不足之处，近年来，酿酒研究人员研究微生物发酵产酯化酶在浓香型白酒酿造生产中包括在酯化大曲、黄水及酿造发酵过程中的研究应用情况，分析酯化酶对于提高浓香型白酒出酒率、优质酒率及减少用曲量等方面的积极效果，利用微生物产酯化酶技术来提高浓香型白酒品质是一种有效的技术手段。

二、固定化微生物细胞发酵产酶

固定化细胞又称为固定化活细胞或固定化增殖细胞，是指采用各种方法固定在载体上，在一定的空间范围进行生长、繁殖和新陈代谢的细胞。

固定化细胞是在20世纪70年代后期才发展起来的技术。固定化微生物细胞发酵产酶自1978年开始研究以来，取得可喜进展。利用固定化细胞发酵生产 α-淀粉酶、糖化酶、蛋白酶、果胶酶、纤维素酶、溶菌酶、天冬酰胺酶等胞外酶的研究均取得了成功。

（一）固定化细胞发酵产酶的特点

1. 提高产酶速率

细胞经过固定化后，在一定的空间范围内生长繁殖，细胞密度增大，因而使生化反应加速，从而提高产酶率。例如，固定化枯草杆菌生产 α-淀粉酶，在分批发酵时，其体积产酶率［又称为产酶强度，指每升发酵液每小时产酶的单位数，U/（L·h）］达到游离细胞的122%，在连续发酵时产酶率更高，如表4-1所示。

固定化细胞的比产酶速率（ε_g），即每毫克细胞每小时产酶的单位数［U/（mg·h）］，也比游离细胞（ε_f）高2~4倍，甚至更高。

表4-1　不同发酵方式对 α-淀粉酶产酶率的影响

细胞	发酵方式	稀释率 /h^{-1}	体积产酶率 /[U/(L·h)]	相对产酶率 /%
固定化	连续	0.43	4875	578
	连续	0.30	4515	535
	连续	0.13	3240	384
	分批	—	1031	122
游离	分批	—	844	100

再如，转基因大肠杆菌细胞生产 β-酰胺酶，经过固定化后的细胞比没有选择压力时游离细胞的产酶率提高10~20倍。

2. 可以反复使用或连续使用较长时间

固定化细胞固定在载体上，不容易脱落流失，所以固定化细胞可以进行半连续发酵，反复使用多次；也可以在高稀释率的条件下连续发酵较长时间。例如，固定化细胞进行酒精发酵、乳酸发酵等厌氧发酵，可以连续使用半年或更长时间；固定化细胞发酵生产 α-淀粉酶等，也可以连续使用30d以上。

3. 基因工程菌的质粒稳定，不易丢失

研究表明，由于有载体的保护作用，固定化基因工程菌质粒的结构稳定性和分裂稳定性都显著提高。

4. 发酵稳定性好

细胞经过固定化后，由于受到载体的保护作用，使细胞对温度、pH的适应范围增宽，对蛋白酶和抑制剂等的耐受能力增强，所以能够比较稳定地进行发酵生产。这一特点使固定化细胞发酵的操作控制变得相对容易，并有利于发酵生产的自动化。

5. 缩短发酵周期，提高设备利用率

固定化细胞，如果经过预培养，生长好以后，才转入发酵培养基进行发酵生产。转入发酵培养基以后，很快就可以发酵产酶，而且能够较长时间维持其产酶特性，所以可以缩短发酵周期，提高设备利用率。若不经过预培养，第一批发酵时，周期与游离细胞基本相同，但是第二批以后，其发酵周期将明显缩短。例如，固定化黑曲霉细胞半连续发酵生产糖化酶，第一批发酵时，周期为120h，与游离细胞发酵周期相同，但是从第二批发酵开始，发酵周期缩短至60h。若采用连续发酵，则可以在高稀释率的条件下连续稳定地产酶，这就更加提高设备利用效率。

6. 产品容易分离纯化

固定化细胞不溶于水，发酵完成后，容易与发酵液分离，而且发酵液中所含的游离细胞很少，这就有利于产品的分离纯化，从而提高产品的纯度和质量。

7. 适用于胞外酶等胞外产物的生产

由于固定化细胞与载体结合在一起，所以固定化细胞一般只是用于胞外酶等胞外产物的生产。如果利用固定化细胞生产胞内产物，则将使胞内产物的分离纯化更为困难。此时必须添加一些物质以增加细胞的透过性，使胞内产物分泌到细胞外。

（二）固定化细胞发酵产酶的工艺条件

固定化细胞发酵产酶的基本工艺条件与前述游离细胞发酵的工艺条件基本相同，但在其工艺条件控制方面有些问题要特别加以注意。

1. 固定化细胞的预培养

采用有利于细胞生长的生长培养基和工艺条件，以利于固定在载体上的细胞生长繁殖。

2. 溶解氧的供给

固定化细胞在进行预培养和发酵的过程中，由于受到载体的影响，氧的溶解和传递受到一定的阻碍。特别是采用包埋法固定化细胞，氧要首先溶解在培养基中，然后通过包埋载体层扩散到内部，才能供细胞应用，致使氧的供给成为主要的限制因素。为此，必须增加溶解氧的量，才能满足细胞生长和酶的需要。由于固定化细胞反应器都不能采用强烈的搅拌，以免固定化细胞受到破坏，所以，增加溶解氧的方法主要是加大通气量。例如，游离的枯草杆菌细胞发酵生产 α-淀粉酶，通气量一般控制在0.5~1vvm，而采用固定化枯草杆菌细胞发酵，其通气量则要求在1~2vvm，此外，可以通过改变固定化载体，固定化技术或者改变培养基组成等方法，以改善供氧效果，例如，琼脂不利于氧的扩散，应尽量不用或者少用作为固定化载体；在用作固定化载体的凝胶中添加适量的过氧化氢，在酶的作用下，过氧化氢分解产生的氧气可以供细胞使用，降低培养基的浓度和黏度等都有利于氧的溶解和传递。

溶解氧的供给，是固定化细胞好氧发酵过程的关键性因素，要特别加以重视，并进一步研究解决。

3. 温度的控制

固定化细胞对温度的适应范围较宽，在分批发酵和半连续发酵过程中不难控制。但是在连续发酵过程中，由于稀释率较高，反应器内温度变化较大。若只是在反应器内部进行温度调节控制，则在加入的培养液温度与发酵液温度相差较大时，难以达到要求。一般在培养液进入反应器之前，必须预先调节至适宜的温度。

4. 培养基成分的控制

固定化细胞发酵培养基，从营养要求的角度来看，与游离细胞发酵培养基没有明显差别。但是从固定化细胞的结构稳定性和供氧的方面考虑，却有其特殊性，在培养基的配制过程中需要加以注意。

培养基的某些组分可能影响某些固定化载体的结构，为了保持固定化细胞的完整结构，在培养基中应控制其含量。例如，采用海藻酸钙凝胶制备的固定化细胞，培养基中过量的磷酸盐会使其结构受到破坏，所以在培养基中应该限制磷酸盐的浓度，并在培养基中添加一定浓度的钙离子，以保持固定化细胞的稳定性。

固定化细胞好氧发酵过程中，溶解氧的供给是一个关键的限制性因素。为了有利于氧的溶解和传递，培养基的浓度不宜过高，特别是培养基的黏度应尽量低一些为好。

三、固定化微生物原生质体发酵产酶

固定化原生质体是指固定在载体上，在一定的空间范围内进行生命活动的原生质体。

利用原生质体发酵生产，可以使原来属于胞内产物的胞内酶等，分泌到细胞外，这样就可以不经过细胞破碎和提取工艺直接从发酵液中得到所需的发酵产物。

由于原生质体不稳定，容易受到破坏。通过凝胶包埋法制备固定化原生质体可以使原生质体的稳定性提高。

利用固定化原生质体，在生物反应器中进行发酵生产，可以获得原来属于胞内产物的胞内酶等产物，为胞内物质的工业化生产开辟崭新的途径。

（一）固定化原生质体的特点

1. 变胞内产物为胞外产物

固定化原生质体由于解除了细胞壁的扩散障碍，可以使原本存在于细胞质中的胞内酶不断分泌到细胞外，改变了胞内酶的生产工艺。例如，采用固定化黑曲霉原生质体生产葡萄糖氧化酶，使细胞内葡萄糖氧化酶的90%以上分泌到细胞外。

2. 提高产酶率

由于除去了细胞壁，增加了细胞的透过性，有利于氧气和其他营养物质的传递和吸收，也有利于胞内物质的分泌，可以显著提高产酶率。例如，固定化枯草杆菌原生质体发酵生产碱性磷酸酶，使原来存在于细胞间质中的碱性磷酸酶全部分泌到发酵液中，产酶率提高36%。

3. 稳定性较好

固定化原生质体由于有载体的保护作用，具有较好的操作稳定性和保存稳定性，可以反复使用或者连续使用较长时间，利于连续化生产。

4. 易于分离纯化

固定化原生质体易于和发酵液分开，有利于产物的分离纯化，提高产品质量。

（二）固定化原生质体发酵产酶的工艺条件控制

1. 渗透压的控制

固定化原生质体发酵的培养基中，需要添加一定量的渗透压稳定剂，以保持原生质体的稳定性，发酵结束后，可以通过层析或膜分离等方法与产物分离。

2. 防止细胞壁再生

固定化原生质体在发酵过程中，需要添加青霉素等抑制细胞壁生长的物质，防止细胞壁再生，以保持固定化原生质体的特性。

3. 保证原生质体的浓度

由于细胞去除细胞壁，制成原生质体后，影响了细胞正常的生长繁殖，所以固定化原生质体增殖缓慢。为此，在制备固定化原生质体时，应保证原生质体的浓度达到一定的水平。

第三节
植物细胞培养产酶

植物细胞培养是20世纪80年代以后才迅速发展起来的技术，是生物工程研究开发的新热点。植物细胞主要用于色素、药物、香精、酶等次级代谢产物的生产。20多年来，已经取得不少进展，呈现出广阔的前景。在此主要介绍植物细胞培养产酶的基本技术和方法。

一、植物细胞的特性

植物细胞、动物细胞和微生物细胞都可以在人工控制条件的生物反应器中，生产人们所需的各种产物，然而它们之间具有不同的特性。

植物细胞与动物细胞及微生物细胞之间的特性差异如下。

（1）植物细胞比动物细胞和微生物细胞的体积都要大，可比微生物细胞大$10^3 \sim 10^6$倍。

（2）植物细胞生长速率和代谢速率低于微生物细胞，生长周期更长。

（3）植物细胞生长的营养要求较动物细胞简单。

（4）植物细胞的生长及合成次级代谢产物需要有光照条件。在植物细胞大规模培养过程中，如何满足植物细胞对光照的要求，是反应器设计和实际操作中要认真考虑并有待研究解决问题。

（5）植物细胞对剪切力较为敏感。这在生物反应器的研制和培养过程通风、搅拌方面要严加控制。

（6）植物细胞和微生物、动物细胞用于生产的主要目的产物各不相同。植物细胞主要用于生产色素、药物、香精和酶等次级代谢产物；微生物主要用于生产醇类、有机酸、氨基酸、核苷酸、抗生素和酶等；而动物细胞主要用于生产疫苗、激素、单克隆抗体和酶等功能蛋白质。

二、植物细胞培养的特点

植物是各种色素、药物、香精和酶等天然产物的主要来源。目前已知的天然化合物超过30000种，其中80%以上来自于植物；从植物中得到的最普遍又不可或缺的药物有17类，我国普遍使用的中草药及其制剂80%以上来源于植物；美国每年使用的植物来源的药物超过30亿美元；全世界每年使用的植物来源的芳香化合物的价值超过15亿美元。由此可见，植物来源的物质与人们的生活和身体健康有着极其密切的关系。

迄今为止，植物来源的物质的生产几乎都采用提取分离法。即首先采集植物（栽培的或野生的），然后采用各种生化技术，将有用的物质从植物组织中提取出来，再进行分离纯化，而得到所需要的物质。例如，从木瓜果中提取木瓜蛋白酶和木瓜凝乳蛋白酶；从人参中提取分离人参皂苷；从鼠尾草中提取分离迷迭香酸；从紫草根中提取分离紫草宁；从玫瑰茄中提取分离花青素；从茉莉花中提取分离茉莉花精等。

提取分离设备简单，但是受到原料来源的限制。植物的栽培和生长受到地理环境和气候条件等影响，难以满足人们的需要，尤其是我国人多地少，野生植物资源不多，栽培条件又受到各种限制，不少植物资源出现供不应求的情况，这种情况将呈现越来越严重的趋势。为此发展植物细胞培养技术，生产各种植物来源的有重要应用价值的天然产物，具有深远的意义和广阔的应用前景。

1902年，德国植物学家哈勃兰德（Haberlandt）首次提出分离植物单细胞并将其培养成植株的设想。100年来，随着培养基的研制和培养技术的发展，已经从200多种植物中分离出细胞，不仅可以通过细胞的再分化生成完整的植株，而且可以通过细胞培养，获得400多种人们所需的各种物质。植物细胞培养已经建立起专门技术，形成新的学科。

植物细胞培养技术首先从植物外植体中选育出植物细胞，再经过筛选、诱变、原生质体融合或DNA重组等技术获得优良的植物细胞。然后，在人工控制条件的植物细胞反应器中进行植物细胞培养，从而获得各种所需的产物。

植物细胞培养技术的流程如下。

（1）组织培养　诱发产生愈伤组织，如果条件适宜，可培养出再生植株。用于研究物生长发育、分化和遗传变异；进行无性繁殖；制取代谢产物。

（2）悬浮细胞培养　在愈伤组织培养技术基础上发展起来的一种培养技术。适合于进行产业化大规模细胞培养，制取植物代谢产物。

（3）原生质体培养　脱壁后的植物细胞称为原生质体（protoplast），其特点：①比较容易摄取外来的遗传物质，如DNA；②便于进行细胞融合，形成杂交细胞；③与完整细胞一样具有全能性，仍可产生细胞壁，经诱导分化成完整植株。

（4）单倍体培养　通过花药或花粉培养可获得单倍体植株，经人为加倍后可得到完全纯合的个体。

在人工控制条件下的植物细胞反应器中进行植物细胞培养，可获得各种所需的产物。植物细胞培养生产各种天然产物，与从植物中提取分离这些物质相比，具有如下显著特点。

（1）提高产率　使用优良的植物细胞进行培养生产天然产物，可以明显提高天然产物的产率。例如，日本三井石油化学工业公司于1983年在世界上首次成功地采用紫草细胞培养生产紫草宁，他们用750L的反应器，培养23d，细胞中紫草宁的含量达到细胞干重的14%，比紫草根中紫草宁的含量高10倍。植物细胞培养生产紫草宁的比产率达到5.7mg/（d·g细胞），比种植紫草的紫草宁产率［0.0068mg/（d·g植物）］高830倍。其后的许多研究表明，采用植物细胞培养生产木瓜蛋白酶、木瓜凝乳蛋白酶、人参皂苷、迷迭香酸、小檗碱、地高辛、胡萝卜素、维生素E、辅酶Q10、青蒿素、花青素、超氧化物歧化酶、蒽醌等物质，其产率均达到或者超过完整植株的产率。

（2）缩短周期　植物细胞生长的倍增时间一般为12~60h，一般生产周期15~30d，这比起微生物来是相当长的时间。但是与完整植物的生长周期比较，却是大大地缩短生产周期。一般植物从发芽、生长到收获，短则几个月，长则数年甚至更长时间。例如，木瓜的生长周期一般为8个月，紫草为5年，野山参则更长。

（3）易于管理，减轻劳动强度　植物细胞培养在人工控制条件的生物反应器中进行生产，不受地理环境和气候条件等的影响，易于操作管理，大大减轻劳动强度，改善劳动条件。

（4）提高产品质量　植物细胞培养的主要产物浓度较高，杂质较少；在严格控制条件的生物反应器中生产，可以减少环境中的有害物质的污染和微生物、昆虫等的侵蚀，产物易于分离纯化，从而使产品质量提高。

（5）缺点　与微生物比较，植物细胞具有对剪切力敏感，生产周期长等缺点，此外，许多植物细胞的生长和代谢需要一定的光照。这些特点在用于植物细胞培养的生物反应器的设计和工艺条件的控制等方面会引起一系列问题出现，必须充分注意，并进一步研究解决。

三、植物细胞培养产酶的工艺条件及其控制

（一）植物细胞培养产酶的工艺流程

植物细胞培养产酶的工艺流程：

外植体 → 诱导愈伤组织 → 细胞培养 → 分离纯化 → 酶

1. 外植体的选择与处理

外植体是指从植株取出，经过预处理后，用于植物组织培养的植物组织（包括根、茎、叶、芽、花、果实、种子等）的片段或小块。

用于诱导愈伤组织的外植体首先要选择无病虫害、生长力旺盛、生长有规则的植株，如果植物细胞是用于生产次级代谢产物，则需从产生该次级代谢产物的组织部位中切取一部分组织，经过清洗，除去表面的灰尘污物。

将其切成0.5~1cm的片段或小块，用70%~75%的乙醇溶液或者5%的次氯酸钠、10%的漂白粉、0.1%的升汞溶液等进行消毒处理，再用无菌水充分漂洗，以除去残留的消毒剂。

2. 植物细胞的获取

（1）直接分离法　即直接从外植体中分离，包括机械法和酶解法。机械法是将外植体捣碎，过滤或离心分离细胞。酶解法是利用果胶酶，纤维素酶等处理外植体，分离具有代谢活性的细胞，此方法能降解细胞壁，但必须对细胞给予渗透压保护。

（2）愈伤组织的诱导法　就是将选择好的液体培养基加入0.7%~0.8%的琼脂，制成半固体的愈伤组织诱导培养基。灭菌、冷却后，将上述外植体植入诱导培养基中，于25℃左右，培养一段时间，即从外植体的切口部位长出小细胞团，此细胞团称为愈伤组织。一般培养1~3周后，将愈伤组织分散接种于新的半固体培养基中进行继代培养，以获得更多的愈伤组织。

（3）原生质体再生法　原生质体指细胞去除细胞壁后的部分，原生质体能基本

保持原细胞结构、活性和功能，具有细胞全能性。

3. 细胞悬浮培养

在无菌的条件下，将培养好的愈伤组织转入液体培养基中，加入灭菌的玻璃珠，不断地搅拌，使愈伤组织分散成为小细胞团或单细胞。

然后再在无菌的条件下，经过筛网将小细胞团或者单细胞转入新的液体培养基，在25℃左右进行细胞悬浮培养。

4. 分离纯化

细胞培养完成后，分离收集细胞或者培养液，再采用各种生化技术，从细胞或者培养液中将各种物质分离，得到所需物质。

（二）植物细胞培养的培养基

1. 植物细胞培养基的特点

植物细胞培养的培养基与微生物培养基有较大的区别，其主要不同点如下：

（1）植物细胞的生长和代谢需要大量的无机盐。除了P、S、N、K、Na、Ca、Mg等大量元素以外，还需要Mn、Zn、Co、Mo、Cu、B、I等微量元素。培养液中大量元素的含量一般为$1 \times 10^2 \sim 3 \times 10^3$mg/L，而微量元素的含量一般为0.01~30mg/L。

（2）植物细胞需要多种维生素和植物生长激素，如硫胺素、吡哆素、烟酸、肌醇、生长素、分裂素等。培养液中维生素的含量一般为0.1~100mg/L；而植物生长激素的含量一般为0.1~10mg/L，例如，大蒜细胞培养生产超氧化物歧化酶（SOD）的培养基中，激动素（KT）的含量为0.1mg/L，2,4-二氯苯氧乙酸（2,4-D）的含量为2mg/L。

（3）植物细胞要求的氮源一般为无机氮源，即可以同化硝酸盐和铵盐。

（4）植物细胞一般以蔗糖为碳源，蔗糖的含量一般为2%~5%。

2. 几种常用的植物细胞培养基

（1）MS培养基　MS培养基是1962年由穆拉辛格（Murashinge）和斯库格（Skoog）为烟草细胞培养而设计的培养基。无机盐含量较高，为较稳定的离子平衡溶液。其营养成分的种类和比例较为适合，可以满足植物细胞的营养要求，其中硝酸盐（硝酸钾、硝酸铵）的含量比其他培养基高，广泛应用于植物细胞、组织和原生质体培养，效果良好。LS和RM培养基是在其基础上演变而来的。

（2）B₅培养基　B₅培养基是1968年甘博格等为大豆细胞培养而设计的培养基。其主要特点是铵的含量较低，适用于双子叶植物特别是木本植物的组织、细胞培养。

（3）White培养基　White培养基是1934年由怀特（White）为番茄根尖培养而设计的培养基。1963年做了改良，提高了培养基中$MgSO_4$的含量，增加了微量元素硼（B）。其特点是无机盐含量较低，适用于生根培养。

（4）KM-8P培养基　KM-8P培养基是1974年为原生质体培养而设计的培养基。其特点是有机成分的种类较全面，包括多种单糖、维生素和有机酸，在原生质体培养中广泛应用。

现将MS培养基和B_5培养基的组成列表于表4-2、表4-3、表4-4、表4-5和表4-6。

表4-2　MS和B_5培养基的组成　　　　　　　　　　单位：mL/L

组分	MS 培养基	B_5 培养基	组分	MS 培养基	B_5 培养基
碳源	（蔗糖）30g/L	（蔗糖）20g/L	铁盐	（MFe 液）10	B_5Fe 液 10
大量元素	（MS1 液）100	（B_5L 液）100	维生素	（MB$^+$ 液）10	B_5V 液 10
微量元素	（MS2 液）10	（B_5M 液）10	pH	5.7	5.5

表4-3　MS和B_5培养基中大量元素母液（10倍浓度）的组成　　　　　　单位：g/L

组分	MS1 液	B_5L 液	组分	MS1 液	B_5L 液
KNO_3	19.0	25.0	$MgSO_4 \cdot 7H_2O$	3.7	2.5
NH_4NO_3	16.5	—	KH_2PO_4	1.7	—
$(NH_4)_2SO_4$	—	1.34	NaH_2PO_4	—	1.5
$CaCl_2 \cdot 2H_2O$	4.4	1.5			

表4-4　MS和B_5培养基中微量元素母液（100倍浓度）的组成　　　　　　单位：g/L

组分	MS2 液	B_5M 液	组分	MS2 液	B_5M 液
H_2BO_3	0.62	0.30	$CuSO_4 \cdot 5H_2O$	0.0025	0.0025
$MgSO_4 \cdot H_2O$	1.66	1.0	$CoCl_2 \cdot 6H_2O$	0.0025	0.0025
$ZnSO_4 \cdot 7H_2O$	0.86	0.2	KI	0.083	0.075
$Na_2MoO_4 \cdot 2H_2O$	0.025	0.025			

表4-5 MS和B₅培养基中铁盐母液（100倍浓度）的组成 单位：g/L

组分	MFe 液	B₅Fe 液	组分	MFe 液	B₅Fe 液
$FeSO_4 \cdot 7H_2O$	2.78	2.78	Na_2-EDTA	3.73	3.73

表4-6 MS和B₅培养基中维生素母液（100倍浓度）的组成 单位：g/L

组分	MB⁺ 液	B₅V 液	组分	MB⁺ 液	B₅V 液
甘氨酸	0.2	—	吡哆素	0.05	0.1
盐酸硫胺素	0.01	1.0	肌醇	10.0	10.0
烟酸	0.05	0.1			

3. 植物细胞培养基的配制

植物细胞培养基的组成成分较多，各组分的性质和含量各不相同。为了减少每次配制培养基时称取试剂的麻烦，同时为了减少微量试剂在称量时造成的误差，通常将各种组分分成大量元素、微量元素液、维生素溶液和植物激素溶液等几个大类，先配制成10倍或者100倍浓度的母液，放在冰箱保存备用。在使用时，吸取定体积的各类母液，按照比例混合、稀释，制备得到所需的培养基。

（1）大量元素母液 即含有N、P、S、K、Ca、Mg、Na等大量元素的无机盐混合液。由于各组分的含量较高，一般配制成10倍浓度的母液。在使用时，每配制1000mL培养液，吸取100mL母液。在配制母液时，要先将各个组分单独溶解，然后按照一定的顺序一边搅拌，一边混合，特别要注意将钙离子（Ca^{2+}）与硫酸根、磷酸根离子错开，以免生成硫酸钙或磷酸钙沉淀。

（2）微量元素母液 即含有B、Mn、Zn、Co、Cu、Mo、I等微量元素的无机盐混合液。由于各组分的含量低，一般配制成100倍浓度的母液。在使用时，每配制1000mL培养液，吸取10mL母液。

（3）铁盐母液 由于铁离子与其他无机元素混在一起放置时，容易生成沉淀，所以铁盐必须单独配制成铁盐母液。铁盐一般采用螯合铁（Fe-EDTA）。通常配制成100倍（或者200倍）浓度的铁盐母液。在使用时，每配制1000mL培养液，吸取10mL（或者5mL）铁盐母液。在MS和B₅培养基中，铁盐浓度为0.1mmol/L。若配制100倍浓度的铁盐母液，即配制10mmol/L铁盐母液，可以用2.78g $FeSO_4 \cdot 7H_2O$和3.73g Na_2-EDTA溶于1000mL水中，在使用时，每配制1000mL培养液，吸取10mL母液。

（4）维生素母液　是各种维生素和某些氨基酸的混合液。一般配制成100倍浓度的母液。在使用时每配制1000mL培养液，吸取10mL母液。

（5）植物激素母液　各种植物激素单独配制成母液。一般为100mg/L。使用时根据需要取用。由于大多数植物激素难溶于水，需要先溶于有机溶剂或者酸、碱溶液中，再加水定容。它们的配制方法如下。

① 2,4-D（2,4-二氯苯氧乙酸）母液：称取2,4-D 10mg，加入2mL 95%乙醇，稍加热使之完全溶解（或者用2mL 0.1mol/L的NaOH溶解后），加蒸馏水定容至100mL。

② IAA（吲哚乙酸）母液：称取IAA 10mg，溶于2mL 95%乙醇中，再用蒸馏水定容至100mL。IBA（吲哚丁酸）、GA（赤霉酸）母液的配制方法与此相同。

③ NAA（萘乙酸）母液：称取NAA 10mg，用2mL热水溶解后，定容至100mL。

④ KT（激动素）母液：称取KT 10mg，溶于2mL 1mol/L的HCl中，用蒸馏水定容至100mL。BA母液配制方法与此相同。

⑤ 玉米素母液：称取玉米素10mg，溶于2mL 95%乙醇中，再加热水定容至100mL。

（三）温度的控制

植物细胞培养的温度一般控制在室温范围（25℃左右）。温度高些，对植物细胞的生长有利；温度低些，则对次级代谢产物的积累有利。但是通常不能低于20℃，也不要高于35℃。

有些植物细胞的最适生长温度和最适产酶温度有所不同，要在不同的阶段控制不同的温度。

（四）pH的控制

植物细胞的pH一般控制在微酸性范围，即pH 5~6。培养基配制时，pH一般控制在5.5~5.8，在植物细胞培养过程中，一般pH变化不大。

（五）溶解氧的调节控制

植物细胞的生长和产酶需要吸收一定的溶解氧。溶解氧一般通过通风和搅拌来供给。适当的通风、搅拌还可以使植物细胞不至于凝集成较大的细胞团，以使细胞分散，分布均匀，有利于细胞的生长和新陈代谢。然而，由于植物细胞代谢较慢，需氧量不多，过量的氧反而会带来不良影响。加上植物细胞体积大、较脆弱、对剪切力敏感，所以通风和搅拌不能太强烈，以免破坏细胞。这在植物细胞反应器的设计和实际操作中，都要予以充分注意。

（六）光照的控制

光照对植物细胞培养有重要影响。大多数植物细胞的生长以及次级代谢产物的生产要求一定波长的光的照射，并对光照强度和光照时间有一定的要求，而有些植物次级代谢产物的生物合成却受到光的抑制。例如，欧芹细胞在黑暗的条件下可以生长，但是只有在光照的条件下，才能形成类黄酮化合物；植物细胞中蒽醌的生物合成受到光的抑制等。因此，在植物细胞培养过程中，应当根据植物细胞的特性以及目标次级代谢产物的种类不同，进行光照的调节控制。尤其是在植物细胞的大规模培养过程中，如何满足植物细胞对光照的要求，是反应器设计和实际操作中要认真考虑并有待研究解决的问题。

（七）前体的添加

前体是指处于目的代谢产物代谢途径上游的物质。为了提高植物细胞培养生产次级代谢产物的产量，在培养过程中添加目的代谢产物的前体是一种有效的措施。例如，在辣椒细胞培养生产辣椒胺的过程中，添加苯丙氨酸作为前体，可以全部转变为辣椒胺；添加香草酸和异癸酸作为前体，也可以显著提高辣椒胺的产量。

（八）刺激剂的应用

刺激剂（elecitor）可以促使植物细胞中的物质代谢朝着某些次级代谢产物生成的方向进行、从而强化次级代谢产物的生物合成，提高某些次级代谢产物的产率。所以在植物细胞培养过程中添加适当的刺激即可以显著提高某些次级代谢产物的产量。

常用的刺激剂有微生物细胞壁碎片和果胶酶、纤维素酶等微生物胞外酶。例如，罗尔夫斯（Rolfs）等用π细胞壁碎片为刺激剂，使花生细胞中L–苯丙氨酸氨基裂合酶的含量增加4倍，同时使二苯乙烯合酶的量提高20倍；芬克（Funk）等采用酵母葡聚糖（酵母细胞壁的主要成分）作为刺激剂，可使细胞积累小檗碱的量提高4倍。

（九）植物细胞培养产酶实例

据报道，已经研究过200多种植物细胞培养，其产物超过400种。其中，通过植物细胞培养产生的酶有10多种。

第四节
动物细胞培养产酶

动物细胞培养（animal cell culture）就是从动物机体中取出相关的组织，将它分散成单个细胞（使用胰蛋白酶或胶原蛋白酶），然后放在适宜的培养基中，让这些细胞生长和增殖的过程。动物细胞培养是在20世纪50年代，伊尔勤（Earle）等开始进行病毒疫苗的细胞培养的基础上，于20世纪70年代迅速发展起来的技术。1967年开发的适合动物细胞贴壁培养的微载体技术，1975年发明的杂交瘤技术，有力地推动了动物细胞培养技术的发展。它已经在疫苗、激素、多肽药物、单克隆抗体生产中广泛应用，工业化生产达到20000L甚至更大的规模，已经成为生物工程研究开发的重要领域。

动物细胞培养主要用于生产下列功能蛋白质。

（1）疫苗　脊髓灰质炎（小儿麻痹症）疫苗、牲畜口蹄疫苗、风疹疫苗、麻疹疫苗、腮腺炎疫苗、黄热病疫苗、狂犬病疫苗、肝炎疫苗等。

（2）激素　催乳激素、生长激素、前列腺素、促性腺激素、淋巴细胞活素、红细胞生成素、促滤泡素、胰岛素等。

（3）多肽生长因子　神经生长因子、成纤维细胞生长因子、血清扩展因子、表皮生长因子、纤维黏结素等。

（4）酶　胶原酶、纤溶酶原活化剂、尿激素等。

（5）单克隆抗体　各种单克隆抗体。

（6）非抗体免疫调节剂　干扰素、白细胞介素、集落刺激因子等。

这里主要介绍动物细胞培养产酶的特点及其工艺控制。

一、动物细胞的特性

动物细胞与微生物细胞和植物细胞相比具有下列特性。

（1）动物细胞与微生物细胞和植物细胞的最大区别，在于没有细胞壁，细胞适应环境能力差，显得十分脆弱。

（2）动物细胞的体积比微生物细胞大几千倍，但稍小于植物细胞的体积。

（3）大部分动物细胞在肌体内相互粘连以集群形式存在，在细胞培养中大部分细胞具有群体效应、锚地依赖性、接触抑制性以及功能全能性。

（4）动物细胞的营养要求较复杂，必须供给各种氨基酸、维生素、激素和生长因子等。动物细胞培养基中一般需要加入5%~10%的血清。

（5）动物细胞的主要作用是控制细胞的进出、进行物质转换、生命活动的主要场所、控制细胞的生命活动。细胞内部有细胞器，细胞核，双层膜，包含有由DNA和蛋白质构成的染色体。内质网分为粗面的与光面的，粗面内质网表面附有核糖体，参与蛋白质的合成和加工；光面内质网表面没有核糖体，参与脂类合成。

二、动物细胞培养的特点

动物细胞培养具有如下显著特点。

（1）动物细胞培养主要用于各种功能蛋白质的生产。如疫苗、激素、酶、单克隆抗体、多肽生长因子等。

（2）动物细胞的生长较慢，细胞倍增时间为15~100h。

（3）为了防止微生物污染，在培养过程中，需要添加抗生素。添加的抗生素要能够防治细菌的污染，又不影响动物细胞的生长。现在一般采用青霉素

（50~100U/mL）和链霉素（50~100U/mL）联合作用，也可以添加一定浓度的两性霉素（fungizone）、制霉菌素（mycostatin）等。此外，为了防治支原体的污染，可以采用卡那霉素、金霉素、泰乐菌素等进行处理。

（4）动物细胞体积大，无细胞壁保护，对剪切力敏感，所以在培养过程中，必须严格控制温度、pH、渗透压、通风搅拌等条件，以免破坏细胞。

（5）大多数动物细胞具有锚地依赖性，适宜采用贴壁培养；有部分细胞，如来自血液、淋巴组织的细胞、肿瘤细胞和杂交瘤细胞等，可以采用悬浮培养。

（6）动物细胞培养基成分较复杂，一般要添加血清或其代用品，产物的分离纯化过程较繁杂，成本较高，适用于高价值药物的生产。

（7）原代细胞继代培养50代后，即会退化死亡，需要重新分离细胞。

三、动物细胞培养方式

动物细胞培养方式可以分为两大类。一类是来自血液、淋巴组织的细胞，肿瘤细胞和杂交瘤细胞等，可以采用悬浮培养的方式；另一类是存在于淋巴组织以外的组织、器官中的细胞，它们具有锚地依赖性，必须依附在带有适当正电荷的固体或半固体物质的表面上生长，要采用贴壁培养。

1. 悬浮培养

对于非锚地依赖性细胞，如杂交瘤细胞、肿瘤细胞以及来自血液、淋巴组织的细胞等，可以自由地悬浮在培养液中生长、繁殖和新陈代谢，与微生物细胞的液体深层发酵过程相类似。悬浮培养的细胞均匀地分散于培养液中，具有细胞生长环境均一、培养基中溶解氧和营养成分的利用率高、采样分析较准确且重现性好等特点。但是由于动物细胞没有细胞壁，对剪切力敏感，不能耐受强烈的搅拌和通风，对营养的要求复杂等特性，动物细胞悬浮培养与微生物培养在反应器的设计及操作、培养基的组成与比例、培养工艺条件及其控制等方面都有较大差别。此外，对于大多数具有锚地依赖性动物细胞，不能采用悬浮培养方式进行培养。

2. 贴壁培养

大多数动物细胞，如成纤维细胞、上皮细胞等，由于具有锚地依赖性，在培养过程中要贴附在固体表面生长。在反应器中培养时，贴附于容器壁上，原来圆形的细胞一经贴壁就迅速铺展，然后开始有丝分裂，很快进入旺盛生长期，在数天内铺满表面，形成致密单层细胞。常用的动物细胞系，如Hela、Vero、CHO等，都属于贴壁培养的细胞。

锚地依赖性细胞的贴壁培养，可以采用滚瓶培养系统。滚瓶系统结构简单、投资较少、技术成熟、重现性好，现在仍在使用。然而采用滚瓶系统培养动物细胞的劳动强度大，细胞生长表面积小，体积产率低，为此凡韦泽（Van Wezel）在1967年开发了微载体系统。

微载体系统是由葡聚糖凝胶等聚合物制成直径为50~250μm、密度与培养液的密度差不多的微球，动物细胞依附在微球体的表面，通过连续搅拌悬浮于培养液中，呈单层细胞生长繁殖的培养系统。这种系统具有如下显著特点：①微载体的比表面积大，单位体积培养液的细胞产率高，如1mL培养液中加入1mg微载体Cytodex 1，其表面积可达到5cm^2，足够10^8~10^9个动物细胞生长所需的表面剂；②由于微载体悬浮在培养液中，使其具有悬浮培养的优点，即细胞生长环境均一、营养成分利用率高、重现性好等。所以微载体培养系统现在已经广泛应用于贴壁细胞的大规模培养。

3. 固定化细胞培养

细胞与固定化载体结合，在一定的空间范围进行生长繁殖的培养方式称为固定化细胞培养。锚地依赖性和非锚地依赖性的动物细胞都可以采用固定化细胞培养方式。动物细胞的固定化一般采用吸附法和包埋法，上述微载体培养系统就是属于吸附法固定化细胞培养。此外，还有凝胶包埋固定化、微胶囊固定化、中空纤维固定化等。

四、动物细胞培养产酶的工艺条件及其控制

动物细胞培养首先要准备好优良的种质细胞。用于动物细胞培养的种质细胞主要有体细胞和杂交瘤细胞两大类。体细胞的获得方法是从动物体内取出部分组织，在一定条件下用胰蛋白酶消化处理，然后分离得到；杂交瘤细胞则首先分离肿瘤细胞和免疫淋巴细胞，再在一定条件下将肿瘤细胞和免疫淋巴细胞进行细胞融合，然后筛选得到。

动物细胞培养的工艺过程如下：将种质细胞用胰蛋白酶消化处理，分散成悬浮细胞；再将悬浮细胞接入适宜的培养液中，在人工控制条件的反应器中进行细胞悬

浮培养或者贴壁培养；培养完成后，收集培养液，分离纯化得到所需产物。

（一）动物细胞培养基的组成成分

动物细胞培养基的组分较为复杂，包括氨基酸、维生素、无机盐、葡萄糖、激素、生长因子等。

1. 氨基酸

在动物细胞培养基中，必须加进各种必需氨基酸（赖氨酸，苯丙氨酸、亮氨酸、异亮氨酸、缬氨酸、甲硫氨酸、组氨酸、色氨酸、苏氨酸），以及半胱氨酸、酪氨酸、谷氨酰胺等。其中谷氨酰胺为多数动物细胞作为碳源和能源利用，有些动物细胞则利用谷氨酸。

2. 维生素

动物细胞培养所需的各种维生素，在含血清的培养基中一般由血清提供；在血清含量低的培养基中或者在无血清的培养基中，必须补充B族维生素，有的还补充维生素C。

3. 无机盐

动物细胞培养基中必需添加含有大量元素的无机盐，如Na^+、K^+、Ca^{2+}、Mg^{2+}、PO_3^{3-}、SO_4^{2-}、Cl^-、HCO_3^-等，主要用于提高培养基的渗透压。而微量元素一般由血清提供，在无血清培养基或血清含量低的培养基中，则需要添加铁（Fe）、铜（Cu）、锌（Zn）、硒（Se）等元素。

4. 葡萄糖

大多数动物细胞培养基中含有葡萄糖，作为碳源和能源使用。但是葡萄糖含量较高的培养基在细胞培养过程中容易产生乳酸。研究表明，在动物细胞培养中，细胞所需的碳源和能源来自谷氨酰胺。

5. 激素

动物细胞培养过程中需要胰岛素、生长激素、氢化可的松等激素。其中，胰岛素可以促进细胞对葡萄糖和氨基酸的吸收和代谢；生长激素与促生长因子结合，有促进有丝分裂的效果；氢化可的松可促进细胞附着和增殖，然而当细胞浓度较高时，氢化可的松可抑制细胞生长并诱导细胞分化。动物细胞培养所需的激素一般在血清中已经存在，但在低血清或者无血清培养基中必须添加适当的激素。

6. 生长因子

血清中含有各种生长因子，可以满足细胞的需要。在无血清或者低血清培养基中，需要添加适量的表皮生长因子、神经生长因子、成纤维细胞生长因子等。

（二）动物细胞培养基的配制

动物细胞培养液的组分复杂，有些组分的含量很低。所以应首先配制各类母液，如100倍浓度氨基酸母液，1000倍浓度维生素母液，100倍浓度葡萄糖母液（溶解于平衡盐溶液）等；在使用前，分别吸取一定体积的母液，混匀得到混合母液，膜过滤除菌后，冷冻备用；使用时，取一定体积的混合母液，用无菌的平衡盐溶液稀释至所需浓度。

在母液配制时，要确保所有组分都能完全溶解，并在杀菌及保存过程中不产生沉淀。如果采用无血清培养基，则需要补充各种激素和生长因子等组分，如表4-7所示。

表4-7　无血清培养基的补充组分

组分	含量	组分	含量
激素和生长因子		前列腺素 E1（PG-E1）	1~100mg/L
胰岛素（INS）	0.1~10mg/L	前列腺素 F2α	1~100µg/L
胰高血糖素（GLU）	0.05~5mg/L	三碘甲腺原氨酸（T₃）	1~100µg/L
表皮生长因子（EGF）	1~100µg/L	甲状旁腺激素（PTH）	1µg/L
神经生长因子（NGF）	1~10µg/L	生长调节素 C	1µg/L
Gimmel 因子	0.5~10µg/L	氢化可的松（HC）	10~100nmol/L
成纤维细胞生长因子（FGF）	1~100µg/L	黄体酮	1~100nmol/L
促卵泡激素释放因子（FSH）	50~500µg/L	赤二醇	1~10nmol/L
生长激素（GH）	50~500µg/L	睾酮	1~10nmol/L
促黄体激素（LH）	0.5~2mg/L	结合蛋白	
促甲状腺激素释放因子（TRH）	1~10µg/L	转铁蛋白（TF）	0.5~100 µg/L
促黄体激素释放因子（LHRH）	1~10µg/L	无脂肪酸白蛋白	1g/L

续表

组分	含量	组分	含量
贴壁及辅展因子		$CdSO_4$	0.5μmol/L
冷不溶球蛋白	2~10μg/L	丁二胺	100μmol/L
血清辅展因子	0.5~5μg/L	维生素 C	10mg/L
胎球蛋白	0.5g/L	维生素 E	10mg/L
胶原胶	基底膜层	维生素 A	50mg/L
聚赖氨酸	基底膜层	亚油酸	3~5mg/L
小分子营养物质			
H_2SeO_3	10~100nmol/L		

现在常用的各种动物细胞培养基都已经商品化生产，一般有培养液、10倍浓度培养液、粉末状培养基等形式，可以根据需要选购使用。由于谷氨酰胺不稳定（在培养液中的半衰期，4℃时为三周，36.5℃时为一周），要单独配制并冷冻保存。

（三）温度的控制

温度对动物细胞的生长和代谢有密切关系。一般控制在36.5℃，允许温度波动范围在0.25℃之内。

温度的高低也会影响培养基的pH，因为在温度降低时，可以增加CO_2的溶解度，而使pH降低。

（四）pH的控制

培养基的pH对动物细胞的生长和新陈代谢有显著影响。一般控制在pH 7.0~7.6的微碱性范围内，通常动物细胞在pH 7.4的条件下生长最好。

在动物细胞培养过程中，随着新陈代谢的进行，培养液的pH将发生变化，从而影响动物细胞的正常生长和代谢。为此，在培养过程中需要对培养基的pH进行监测和调节。

培养基中pH的调节，通常采用CO_2和$NaHCO_3$溶液。增加CO_2的浓度，可使培养液的pH降低；添加$NaHCO_3$溶液，可使pH升高。然而，通过改变CO_2浓度的方法来调节pH，会对培养液中的溶解氧产生影响。所以在pH控制系统的设计和操作过程中，应当同时考虑溶解氧的控制。在细胞密度高时，由于产生CO_2和乳酸等物质，pH的变化较大，需要时可以采用流加酸液或碱液的方法，进行pH的调节，但是要注意局部pH的较大波动和渗透压的增加，会对细胞生长带来不利影响。

为了避免培养过程中pH的快速变化，维持pH的稳定，通常在培养液中加入缓冲系统。例如，CO_2与$NaHCO_3$系统，柠檬酸与柠檬酸盐系统等。此外，另一个被广泛采用的缓冲系统是HEPES（4-羟乙基哌嗪乙磺酸）。HEPES的添加浓度一般为25mmol/L，若浓度高于50mmol/L，则可能对某些细胞产生毒害作用。

监测动物细胞培养液中pH的变化，常用的指示剂为酚红。可以根据酚红颜色的变化确定pH。紫红色为pH 7.6，红色为pH 7.4，橙色为pH 7.0，黄色为pH 6.5。

（五）渗透压的控制

动物细胞培养液中渗透压应当与细胞内的渗透压处于等渗状态，一般控制在700~850kPa。在配制培养液或者改变培养基成分时，要特别注意。

（六）溶解氧的控制

溶解氧的供给对动物细胞培养至关重要。供氧不足时，细胞生长受到抑制；氧气过量时，也会对细胞产生毒害。

不同的动物细胞对溶解氧的要求各不相同，同一种细胞在不同的生长阶段对氧的要求有所差别，细胞密度不同，所要求的溶解氧也不一样，所以在动物细胞培养过程中要根据具体情况变化，随时对溶解氧加以调节控制。

在动物细胞培养过程中，一般通过调节进入反应器的混合气体的量及其比例的方法进行。混合气体由空气、氧气、氮气和二氧化碳四种气体组成。其中二氧化碳兼有调节供氧和调节pH的双重作用。

（七）动物细胞培养产酶实例

动物细胞培养广泛用于生产各种疫苗、激素、酶、单克隆抗体等功能性蛋白质。现以人黑色素瘤细胞培养生产组织纤溶酶原活化剂为例，说明动物细胞培养产酶的工艺过程及其控制。

组织纤溶酶原活化剂（tissue plasminogen activator，TPA）是一种丝氨酸蛋白酶。它可以催化纤溶酶原水解，生成纤溶酶。纤溶酶催化血栓中的血纤维蛋白水解，对血栓性疾病有显著疗效。

1. 人黑色素瘤细胞培养基

采用Eagle培养基，其主要组分（含量，mg/L）为：L-盐酸精氨酸（21），L-胱氨酸（12），L-谷氨酰胺（292），L-盐酸组氨酸（9.5），L-异亮氨酸（26），L-亮氨酸（26），L-盐酸赖氨酸（36），L-甲硫氨酸（7.5），L-苯丙氨酸（18），L-苏氨酸（24），L-色氨酸（4），L-酪氨酸（18），L-缬氨酸（24），氯化胆碱（1），叶酸（1），肌醇（2），烟酸（1），泛酸钙（1），盐酸吡哆醛（1），核黄素（0.1），硫胺素（1），生物素（1），氯化钠（6800），氯化钾（400），氯化钙（200），$MgSO_4 \cdot 7H_2O$（200），$NaH_2PO_3 \cdot 2H_2O$（150），$NaHCO_3$（2000），葡萄糖（1000）。此外，加入青霉素100U/mL，链霉素100U/mL，小牛血清10%。

2. 细胞培养

（1）将人黑色素瘤的种质细胞用胰蛋白酶消化处理，分散，用pH 7.4的磷酸缓冲液洗涤，计数，稀释成细胞悬浮液。

（2）在消毒好的反应器中装进一定量的培养液，将上述细胞悬浮液接种至反应器中，接种含量为（1~3）×10^3个细胞/mL，于37℃的CO_2培养箱中，通入含50%CO_2的无菌空气，培养至长成单层致密细胞。

（3）倾去培养液，用pH 7.4的磷酸缓冲液洗涤细胞2~3次。

（4）换入一定量的无血清Eagle培养液，继续培养。

（5）每隔3~4d，取出培养液进行TPA的分离纯化。

（6）然后再向反应器中加入新鲜的无血清Eagle培养液，继续培养，以获得大量TPA。

（八）常用的灭菌方式

1. 紫外线消毒

紫外线是一种低能量的电磁辐射，可杀死多种微生物。紫外线的直接作用是通过破坏微生物的核酸及蛋白质等而使其灭活，间接作用是通过紫外线照射分解空气中的氧气形成臭氧杀死微生物。

2. 蒸汽湿热灭菌法

蒸汽湿热灭菌法是目前最常用的一种灭菌方法。它利用高压蒸汽以及在蒸汽环境中存在的潜热作用和良好的穿透力，使菌体蛋白质凝固变性而使微生物死亡。蒸汽湿热灭菌法一般采用121℃，灭菌20~30min。

3. 高温干热灭菌法

高温干热灭菌法一般采用恒温干燥箱，120~150℃的高热。例如，果蝇培养瓶、玻璃试剂瓶等。

4. 过滤除菌

过滤除菌是将液体或气体通过有微孔的滤膜过滤，使大于滤膜孔径的细菌等微生物颗粒阻留，从而达到除菌的方法，一般用于培养基等的灭菌。

5. 化学消毒法

化学消毒法仅限于表面的消毒，用于不能用物理方法进行消毒的物品、空气、工作面、操作者皮肤以及某些实验器皿等。

五、动物细胞的新兴应用

人造肉作为2018年全球十大突破和新兴科技之一，因其来源可追溯、具有食品安全性和绿色可持续等优势得到广泛的关注。欧美等国家已经投入大量资源开展细胞培养人造肉研究，未来将对我国的肉制品及食品市场造成一定的冲击。现阶段，细胞培养人造肉生产的挑战在于如何高效模拟动物肌肉组织生长环境，并在生物反应器中实现大规模生产。尽管动物细胞组织培养技术已经得到深入的研究，并取得了不同程度的成功应用，但由于现有动物细胞组织培养成本与技术要求较高，仍不能实现大规模的产业化培养。因此，对于人造肉的生产来说，开发高效、安全的大规模细胞培养技术是亟须解决的问题，可以有效降低生产成本，实现产业化应用。

近年来，人造肉由于在营养、健康、安全、环保等方面均较传统养殖肉类有显著优势，引起广泛的关注。通常所说的人造肉一般可以分为植物蛋白肉和细胞培养肉两大类，是未来农产品生产的重要发展趋势。近年来，细胞培养肉（cultured meat）因其来源可追溯、绿色安全、口感更接近传统肉类等特性引起了广泛的关注。如图4-2所示，科研人员选择具有最佳遗传基因的动物，通过提取可高效增殖的干细胞或组织并放入培养皿中繁殖，进而分化成肌肉组织的原始纤维。

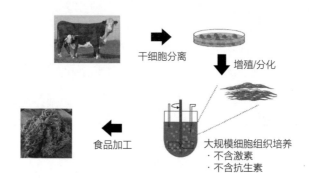

干细胞分离

增殖/分化

大规模细胞组织培养
· 不含激素
· 不含抗生素

食品加工

图4-2　人造肉的细胞培养

在动物细胞组织培养过程中如何选择合适的初始细胞来源一直是研究的热点和难点问题。其中人造肉细胞组织培养的主要挑战在于需要从组织中分离获得大量的、均一性的初始细胞，可以进行有效持续增殖分化，实现人造肉的大规模生产。目前动物组织工程细胞培养细胞来源主要是分离原生组织中的干细胞。例如，胚胎干细胞、肌肉干细胞、间充质干细胞、成体干细胞等。其中肌肉干细胞和间充质干细胞在人造肉研究中应用最为广泛，它们在增殖过程中可以经过特殊化学、生物诱导或机械刺激分化形成不同细胞。虽然在理论上讲，不同干细胞系建立后均可以进行无限增殖，但是在增殖过程中细胞突变的积累往往会影响组织培养的扩增能力，导致细胞衰老而终止生长。此外，为提高细胞持续增殖能力，科研工作者也通过基因工程或化学方法诱导原始组织或细胞系产生突变，促使细胞无限增殖，并培养出相应的细胞群体。这些持续增殖细胞可以减少对新鲜组织样本的依赖并加快细胞增殖分化速度，但是往往会带来细胞非良性增殖等安全性问题。

干细胞与组织工程领域的发展为大规模人造肉的生产提供了可能性。细胞培养人造肉的生产需要通过大量分裂分化的肌肉细胞形成组织，但是大多数细胞在自然死亡前的分裂次数是有限的，也被称为海弗利克极限，这就限制了实验室肌肉细胞组织的大规模培养。爱德曼（Edelman）等通过不断补充新鲜培养液，使用可持续增殖的细胞系等方法突破细胞增殖极限。虽然，这些策略也已经在细胞组织培养中得到应用，但是仍不能满足人造肉生产中对细胞持续繁殖能力的要求。

增加细胞的再生潜能是另一种增强动物细胞持续增殖能力的有效方式。例如，海弗利克极限是通过端粒长度来确定的，其中的端粒是位于线状染色体的末端富含鸟嘌呤的重复序列。在线性染色体不断复制过程中，端粒会随着每一轮复制而缩短，进而影响细胞再生能力。而端粒酶是一种能延长端粒的核酶，一般存在于抗衰老细胞系中。因此，通过端粒酶的表达调控或外源添加可以有效提升细胞再生潜能，有利于实现动物细胞的大规模、稳定快速增殖。

　　自然状态下的动物肌肉细胞为附着生长，并嵌入到相应组织中。为了模拟体内环境，体外肌肉细胞培养需要利用合适的支架体系进行黏附支撑生长，辅助形成细胞组织纹理及微观结构，维持肌肉组织三维结构。现有的支架因其形状、组成和特性分成不同类型，其中最为理想的支架系统应该具有相对较大的比表面积用于细胞依附生长，可灵活地收缩扩张，模拟体内环境的细胞黏附等因素，并且易于与培养组织分离。爱德曼（Edelman）等利用胶原蛋白构建的球状支架系统，可以增加细胞组织培养的附着位点，同时有效维持组织形成过程中的外部形态。拉姆（Lam）等通过利用微型波浪表面的支架进行细胞组织培养，实现了表面肌肉细胞的天然波形排列，具有天然肉的纹理特性。总的来说，支架系统可以改善细胞生长环境，但仍然存在回收困难、成本高、稳定性不足等问题。现在的研究热点主要集中在是否可以开发可食用或可降解的支架，使其成为肌肉组织的一部分，或者是开发可重复使用的支架，以节省材料。例如，使用食品级胶原蛋白、纤维蛋白、凝血酶或其他动物来源的水凝胶等材料模仿自然组织。因此，开发可食用、多孔隙或可重复利用生物支架系统，可以提高细胞组织的结构稳定性与表面结合率，有利于加速细胞生长速率，降低人造肉大规模组织培养成本。由于黏附细胞系具有接触抑制生长特性，这决定了其体外增殖能力不足，支架技术虽然可以部分改善细胞增殖性能，仍不能完全满足大规模快速增殖的要求。为突破这一技术瓶颈，科研工作者也开展了非黏附细胞系的研究，通过对贴壁细胞的驯化改造与筛选，获得具有高增殖能力的非贴壁细胞，进一步优化组织培养条件，实现动物细胞的大规模悬浮培养或微载体辅助的悬浮培养，如图4-3所示，该技术可以减少对支架等媒介系统的黏附和依赖性，进一步达到较高的培养密度，降低成本，有利于实现大规模的细胞组织培养。

　　大规模体外培养细胞面临着被微生物污染或受自身代谢物质影响的难题，因此，在进行体外细胞培养时，要及时清除细胞产生的代谢废物，为体外培养细胞提供无菌无毒的生存环境。传统的细胞培养阶段都使用动物血清提供细胞贴壁、增殖和分化所需的营养成分和生物因子，并且往往需要添加抗生素或抗有丝分裂剂，不

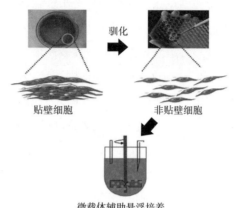

驯化

贴壁细胞　　　　　非贴壁细胞

微载体辅助悬浮培养

图4-3　大规模悬浮培养或微载体辅助悬浮培养

能满足食品安全要求。因此，如何优化培养条件是实现安全、大规模体外动物细胞组织培养的重要影响因素。随着动物细胞培养技术的发展，无血清培养体系因其培养基组分清晰明确、易于分离以及质控更为安全可靠等优势，使其在细胞生物学、药理学、肿瘤学和细胞工程领域得到广泛的应用。

　　无血清培养体系包括无血清培养基的开发、适应细胞株的驯化以及细胞规模化培养等关键技术。近年的研究证明，无血清培养基对细胞的生长速率、细胞密度、产物及蛋白质表达水平都不亚于血清培养基，并且可以通过精确控制无血清培养基组分调控细胞的增殖分化节点，其显著的优势将使无血清培养技术逐步取代含血清细胞培养。虽然现有无血清培养基需要外源添加生长因子、维生素、脂肪酸及微量元素等，成本仍然相对较高，但是随着合成生物学和代谢工程的快速发展，可以利用微生物有效合成外源营养因子，这将极大地降低生长因子等外源添加成本，进而实现无血清培养基的低成本产业化应用。动物细胞无血清培养技术的日趋成熟和应用将有效提高细胞培养浓度和产品的表达水平，促进动物细胞大规模培养技术的进一步发展。

　　随着人们对健康、环保及高品质食品的追求，如何创新发展未来农产品生产与其加工技术，是亟待解决的重大问题。利用细胞工厂作为种子，生物制造包括淀粉、蛋白质、肉类、牛乳以及鸡蛋等未来绿色农产品，不仅能为人类提供高品质的食品来源，而且无须大量种植作物和养殖动物，可以有效节约自然资源与能源。随着生物与食品技术发展，未来越来越多农产品将走向人工生物合成制造的道路，这也将是无激素及抗生素、无食品过敏原、绿色安全高品质农产品的发展趋势。

　　为实现人造肉的大规模、安全生产，动物细胞培养技术未来的发展方向将重点放在改良动物细胞增殖分化特性和优化细胞高密度生长环境等方面，最终提高细胞培养人造肉产量，降低成本。虽然目前动物细胞培养当中还存在着大量困难，但是通过进一步利用细胞生物学、分子生物学以及合成生物学等交叉学科基础，可望逐步解决现有动物组织培养技术中存在的问题。此外，随着动物细胞生物反应器不断改良，必将促进动物细胞大规模培养技术的发展，为人造肉等新一代农产品的绿色制造提供新的动力。

第五章

酶的提取与分离纯化

第一节　细胞破碎

第二节　酶的提取

第三节　沉淀分离

第四节　离心分离

　　酶的提取与分离纯化是酶工程的主要内容之一，是酶的生产方法中最早采用并沿用至今的方法，在采用不同方法生产酶的过程中，必须进行酶的提取与分离纯化。在酶学研究方面，为了研究酶的结构和功能、酶的催化机制，酶催化动力学和酶的生物合成及其调节控制规律，酶的提取与分离纯化是必不可少的环节。

　　酶的提取与分离纯化是指将酶从细胞或其他含酶原料中提取出来，再与杂质分开，从而获得符合研究或使用要求的酶制品的过程。主要内容包括细胞破碎、酶的提取、离心分离、过滤与膜分离、沉淀分离、层析分离、电泳分离、萃取分离、浓缩、干燥、结晶等。

第一节
细胞破碎

酶的种类繁多，已知的有几千种，它们存在于不同生物体的不同部位。

除了动物和植物体液中的酶和微生物胞外酶之外，大多数酶都存在于细胞内部。为了获得细胞内的酶就得收集组织或细胞并进行破碎，使细胞的外层结构破坏，才能进行酶的提取与分离纯化。

对于不同的生物体或同一生物体的不同组织的细胞，由于结构不同，所采用的细胞破碎方法和条件也有所不同，必须根据具体情况进行适当的选择，以达到预期的效果。

细胞破碎的方法有很多，可以分为机械破碎法、物理破碎法、化学破碎法和酶促破碎法等，见表5-1。工业上最常用的手段是机械破碎方法和非机械破碎方法，机械破碎方法是依靠固体的剪切力（珠磨机）和液体剪切力（高压均质）等进行大规模的细胞破碎。非机械破碎方法细胞破碎技术具有反应条件温和、设备简单等优势，因此，在实际应用过程中，经常考虑酶活性水平、细胞破碎率和操作的可实现性等因素来选择适宜的方法。

在实际使用中应当根据细胞的特性、酶的特性等具体的情况选用适宜的细胞破碎方法，有时也可以采用两种或两种以上的方法联合使用，以便达到细胞破碎的效果，又不会影响酶的活性。

表5-1　细胞破碎方法及其原理

分类	细胞破碎方法	细胞破碎原理
机械破碎法	捣碎法 研磨法 匀浆法	通过机械运动产生的剪切力，从而使组织、细胞破碎
物理破碎法	温度差破碎法 压力差破碎法 超声波破碎法	通过各种物理因素的作用，使组织、细胞外层结构破坏，从而使细胞破碎
化学破碎法	添加有机溶剂 添加表面活性剂	通过各种化学试剂对细胞膜的作用，从而使细胞破碎
酶促破碎法	自溶法 外加酶制剂法	通过细胞本身的酶系或外加酶制剂的催化作用，使细胞外层结构破坏，从而使细胞破碎

一、机械破碎法

通过机械运动所产生的剪切力的作用，使细胞破碎的方法称为机械破碎法。常用的破碎机械有组织捣碎机、细胞研磨器、匀浆器等。按照所使用的破碎机械的不同，可以分为捣碎法、研磨法和匀浆法三种。

（一）捣碎法

利用捣碎机的高速旋转叶片所产生的剪切力将组织细胞破碎的方法，称为捣碎法。此法常用于破碎动物内脏、植物叶芽等比较脆嫩的组织细胞，也可用于微生物，特别是细菌的细胞破碎。使用时，先将组织细胞悬浮于水或其他介质中，再置于捣碎机内进行破碎。

（二）研磨法

利用研钵、石磨、细菌磨、球磨等研磨器械所产生的固体间研磨剪切力和撞击将组织细胞破碎，是最有效的一种细胞物理破碎法。必要时可以加入精制石英砂、小玻璃球、玻璃粉、软化铝等作为助磨剂，以提高研磨效果。研磨法设备简单，可以采用人工研磨也可以采用电动研磨，常用于微生物和植物组织细胞的破碎。其中，电动球磨机可以在实验室也可以在工业生产中使用。珠磨机的主体一般是立式或卧式圆筒形腔体。磨腔内装钢珠或小玻璃珠以提高碾磨能力，一般而言，卧式珠磨破碎效率比立式高，因为立式机中向上流动的液体在某种程度上会使研磨珠流态化，降低其研磨效率。研磨法破碎细胞分为间歇或连续操作。研磨法操作的有效能利用率仅为1%左右，破碎过程产生大量的热能。设计时要考虑换热问题。研磨的细胞破碎效率随细胞种类而异，适用于绝大多真菌菌丝和藻类等微生物细胞的破碎。与匀浆法相比，影响破碎率的操作参数较多，操作过程的优化设计较复杂。

（三）匀浆法

利用匀浆器产生的剪切力将组织细胞破碎。匀浆器的破碎原理：细胞悬浮液在高压作用下从阀座与阀之间的环隙高速（可达到450m/s）喷出后撞击到碰撞环上细胞在受到高速撞击作用后，急剧释放到低压环境，从而在撞击力和剪切力等综合作用下破碎。操作压力通常为50~70MPa。影响因素：压力、循环操作次数和温度。高压匀浆法适用于酵母和细菌细胞的破碎。

匀浆器由一个内壁经磨砂的管和一根表面经磨砂的研杆组成，管和研杆必须配套使用，研杆与管壁之间仅有几百微米的间隙。通常用于破碎那些易于分散、比较柔软、颗粒细小的细胞组织。大块的组织或者细胞团需要先用组织捣碎机或者研磨器械捣碎分散后才能进行匀浆。匀浆器的细胞破碎程度较高，对酶活性影响也不大，但处理量较少。已有高压匀浆器可在工业生产中应用。

目前，机械破碎方法应用广泛，机械破碎方法因使细胞完全破碎，所有的细胞内容物都将被释放，所以目标产品必须从混有蛋白质、核酸、细胞壁的碎片和其他产品混合物中分离。除核酸会增加溶液黏度，这将使随后的分析过程复杂。机械破碎产生细胞碎片，使溶液很难澄清，影响粉碎设备中液体的循环，使用离心法无法完全去除微小的碎片。目前认为蛋白质能够承受匀质和高速球磨机产生的高压力，但如果没有有效的冷却措施，则会由于热量的产生，使蛋白质变性。

二、物理破碎法

通过温度、压力、声波等各种物理因素的作用，使组织细胞破碎的方法，称为物理破碎法。物理破碎法多用于微生物细胞的破碎。

常用的物理破碎法方法有温度差破碎法、压力差破碎法、超声波破碎法等，现简介如下。

（一）温度差破碎法

利用温度的突然变化，细胞由于热胀冷缩的作用而破碎的方法称为温度差破碎法。例如，将在-18℃冷冻的细胞突然放进较高温度的热水中，或者将较高温度的热细胞突然冷冻，都可以使细胞破坏。

温度差破碎法对于那些较为脆弱、易于破碎的细胞如革兰氏阴性菌等，有较好的破碎效果。但是在酶的提取时要注意不能在过高的温度下操作，以免引起酶的变性失活。此法难以工业化生产。

（二）压力差破碎法

通过压力的突然变化，使细胞破碎的方法称为压力差破碎法。常用的有高压冲击法、突然降压法及渗透压变化法等。

（1）高压冲击法　在结实的容器中装入细胞和冰晶、石英砂等混合物。然后用活塞或冲击锤施以高压冲击，冲击压可达50~500MPa，从而使细胞破碎。

（2）突然降压法　将细胞悬浮液装进高压容器，加压至30MPa甚至更高，打开出口阀门，使细胞悬浮液迅速流出，出口处的压力突然降到常压，细胞迅速膨胀而破碎。

突然降压法的另一种形式称为爆炸式降压法，是将细胞悬浮液装入高压容器，通入氮气或二氧化碳，加压到5~50MPa，振荡几分钟，使气体扩散到细胞内，然后突然排出气体，压力骤降，使细胞破碎。

突然降压法对细胞的破碎效果取决于下列因素。

①压力差：一般压力差要达到3MPa以上，才有较好的破碎效果。

②压力降低速率：压力降低的速率越快，破碎效果越好，压力若在瞬间骤降，可以达到爆炸性效果。

③细胞的种类和生长期：此法对大肠杆菌等革兰氏阴性菌的破碎效果较佳，最好使用对数生长期的细胞。

（3）渗透压变化法　利用渗透压的变化使细胞破碎。使用时，先将对数生长期的细胞分离出来，悬浮在高渗透压溶液（如20%左右的蔗糖溶液等）中平衡一段时间。然后离心收集细胞，迅速投入4℃左右的蒸馏水或其他低渗溶液中，由于细胞内外的渗透压差而使细胞破碎。

采用渗透压变化法进行细胞破碎，特别适用于膜结合酶、细胞间酯酶等的提取，但是对革兰氏阳性菌不适用，革兰氏阳性菌的细胞壁由肽多糖组成，可以承受渗透压的变化而不致细胞破裂。

（三）超声波破碎法

利用超声波发生器所发出的声频高于10~25kHz的声波或超声波的作用在高强度声能输入下可以进行细胞破碎，使细胞膜产生空穴作用而使细胞破碎，与空化现象引起的冲击波和剪切力有关。空化现象是在强超声波作用下，气泡形成、长大和破碎的现象。超声破碎与声频、声能、处理时间、细胞浓度、菌种类型等因素有关。

超声波破碎的效果与输出功率、破碎时间有密切关系。同时受到细胞浓度、溶液黏度、pH、温度以及离子强度等的影响，必须根据细胞的种类和酶的特性加以选择。

超声波细胞破碎的一般操作条件为：频率10~26kHz；输出功率100~150W；温度0~10℃；pH 4~7；处理时间3~15min。为了减少发热，防止温度升高对酶产生不利影响，可以在冷库中进行操作，或者将样品置于冰浴中，并采用间歇操作。如破碎30~60s，间歇1min，如此反复进行。超声波破碎其有简便、快捷、效果好等特点，特别适用于微生物细胞的破碎。最好采用对数生长期的细胞进行破碎。超声破碎在实验室规模应用较普遍，处理少量样品时操作简便，液量损失少；但是超声波产生的化学自由基团能使某些敏感性活性物质变性失活，噪声令人难以忍受，而且大容量装置的声能传递、散热均有困难，因而超声破碎的工业应用潜力有限。

三、化学破碎法

通过各种化学试剂对细胞膜的作用，而是细胞破碎的方法称为化学破碎法。用表面活性剂或有机溶剂处理细胞，增大细胞壁的通透性，降低胞内产物的相互作用，使之容易释放。常用的化学试剂有甲苯、丙酮、丁醇、氯仿等有机溶剂和四丁酚醛（triton）、吐温（tween）等表面活性剂。

有机溶剂可以使细胞膜的磷脂结构破坏，从而改变细胞膜的通透性，使胞内酶等细胞内物质释放到细胞外。为了防止酶的变性失活，操作时应当在低温条件下进行。

表面活性剂可以和细胞中的磷脂以及脂蛋白相互作用，使细胞膜结构破坏，从而增加细胞膜的通透性。表面活性剂有离子型和非离子型之分，离子型表面活性剂对细胞的破碎效果较好，但是会破坏酶的空间结构，从而影响酶的催化活性，所以在酶的提取方面，一般采用非离子型的表面活性剂，如吐温、四丁酚醛等。化学破碎法与机械破碎法相比，速度低，效率差，且化学或生化试剂的添加形成新的污染，给进一步的分离纯化增添麻烦。但化学破碎法选择性高，胞内产物的总释放率低，可有效抑制核酸的释放，料液黏度小，有利于后处理。

四、酶促破碎法

通过细胞本身的酶系或外加酶制剂的催化作用而使细胞外层结构受到破坏，而达到细胞破碎目的的方法称为酶促破碎法。利用细胞本身的酶系的作用或者外加酶制剂的催化作用，在一定的pH和温度条件下保温一段时间，使细胞的外层结构遭到破坏，从而达到细胞破碎的方法。利用细胞本身的酶系的作用，在一定的pH和温度条件下保温一段时间，使细胞破坏，而使细胞内物质释放出的方法，称为自溶法。自溶法效果的好坏取决于温度、pH、离子强度等自溶条件的选择与控制。为了防止其他微生物在自溶细胞液中生长，必要时可以添加少量的甲苯、氯仿、叠氮化钠等防腐剂。

根据细胞外层结构的特点，还可以外加适当的酶作用于细胞，使细胞壁受到破坏，并在低渗透压的溶液中使细胞破裂。在酶催化过程中，要根据细胞壁的结构特点选择使用适宜的酶，并根据酶的动力学性质，控制好各种催化条件。例如，革兰氏阳性菌主要依靠肽多糖维持细胞壁的结构和形状，外加溶菌酶，作用于肽多糖的 β-1,4-糖苷键，而使其细胞壁破坏；酵母细胞的破碎是外加 β-葡萄糖酶，使其细胞壁的 β-1,3-葡聚糖水解；霉菌可用几丁质酶进行细胞破碎；纤维素酶，半纤维素酶和果胶酶的混合使用，可使各种植物的细胞壁受到破坏，对植物细胞有良好的破碎效果。用组织自溶或用溶菌酶、脱氧核糖核酸酶、磷脂酶等降解细胞膜结构，然后再进行提取。但应知道组织自溶法对某些酶的提取是不利的，如胰蛋白是以酶原形式纯化后再激活成胰蛋白酶，若用自溶法提取，酶原已转成酶，纯化就很困难；而用纯的工具酶降解法无此缺点，但成本较高。

第二节
酶的提取

　　酶的提取是指在一定条件下，用适当的溶剂处理含酶原料，使酶充分溶解到溶剂中的过程，也称为酶的抽提。

　　酶提取时首先应根据酶的结构和溶解性质，选择适当的溶剂，一般来说，极性物质易溶于极性溶剂中，非极性物质易溶于非极性的有机溶剂中；酸性物质易溶于碱性溶剂中，碱性物质易溶于酸性溶剂中。酶都能溶解于水，通常可用水或稀酸、稀碱、稀盐溶液等进行提取，有些酶与脂质结合或含有较多的非极性基团，则可用有机溶剂提取，酶提取的一般方法见表5-2。

表5-2　酶提取的一般方法

提取方法	使用的溶剂或溶液	提取对象
盐溶液提取	0.02~0.5mol/L 的盐溶液	用于提取在低浓度盐溶液中溶解度较大的酶
酸溶液提取	pH 2~6 的酸溶液	用于提取在稀酸溶液中溶解度较大且稳定性较好的酶

续表

提取方法	使用的溶剂或溶液	提取对象
碱溶液提取	pH 8~12 的碱溶液	用于提取在稀碱溶液中溶解度较大且稳定性较好的酶
有机溶剂提取	可与水混溶的有机溶剂	用于提取那些与脂质结合牢固或含有较多非极性基团的酶

从细胞、细胞碎片或其他含酶原料中提取酶的过程还受到扩散作用的影响。酶分子的扩散速度与温度、溶液黏度、扩散面积、扩散距离以及两相界面的浓度差有密切关系。一般说来，提高温度、降低溶液黏度、增加扩散面积、缩短扩散距离、增大浓度差都有利于提高酶分子的扩散速度，从而增大提取效果。

为了提高酶的提取率并防止酶的变性失活，在提取过程中还要注意控制好温度、pH等提取条件。

一、酶提取的方法

酶的提取也可以称为酶的抽提，是指在一定的条件下，将含有酶的原料用适当的溶剂处理，使原料中的酶充分溶入溶剂的过程。根据酶提取时所采用的溶剂或溶液的不同，近年来常用的酶提取方法有盐溶液提取、酸溶液提取、碱溶液提取、有机溶剂提取、超声辅助提取等。这些方法的区别在于溶剂的不同，因此在提取之前应该首先了解酶的结构和溶解性，然后选择合适的溶剂。一般选取溶剂的原则为"相似相溶"原理，即用极性溶剂提取极性较强的酶，碱性溶剂提取酸性酶，酸性溶剂提取碱性酶非极性的有机溶剂提取非极性酶等。由于酶的本质是蛋白质，遇高温、酸和碱等容易失活，因此，选择提取工艺条件的合理性直接影响到酶提取的效果。

（一）盐溶液提取

溶液中高浓度的中性盐离子有很强的水化能力，会夺取蛋白质分子的水化层，使蛋白质胶粒失水，发生凝集而沉淀析出。盐浓度较低时，酶的溶解度随着盐浓度的升高而增加，这称为盐溶现象。不同的蛋白质在同一浓度盐溶液中的溶解度不同，而在盐浓度达到某一界限后，酶的溶解度随盐浓度升高而降低，可利用不同浓度的盐溶液使每个蛋白质成分分别析出，这称为盐析现象。所以一般采用盐析溶液进行酶的提取，许多中性盐都能使蛋白质盐析，如硫酸铵、硫酸钠、硫酸镁、氯化钠和磷酸盐等，盐的浓度一般控制在0.02~0.5mol/L。例如，固体发酵生产的麸曲中的淀粉酶、蛋白酶等胞外酶，用0.14mol/L的氯化钠溶液或0.02~0.05mol/L的磷酸缓冲液提取；酵母醇脱氢酶用0.5mol/L的磷酸氢二钠溶液提取；6-磷酸葡萄糖脱氢酶用0.1mol/L的碳酸钠溶液提取；枯草杆菌碱性磷酸酶用0.1mol/L氯化镁溶液提取等。有少数酶，如霉菌脂肪酶，用不含盐的清水提取效果较好。将含酶的原料与盐溶液混合后置于恒温水浴中提取一定时间，过滤得到滤液和滤渣，将滤渣多次提取后，合并滤液，弃滤渣即可得到粗酶提取液。

核酸类酶的提取，一般在细胞破碎后，用0.14mol/L的氯化钠溶液提取，得到核糖核蛋白提取液，再进一步与蛋白质等杂质分离，而得到酶RNA。

（二）酸溶液提取

有些酶在酸性条件下溶解度较高，而且酶的且稳定性较好，此时则易用酸溶液提取。提取时要注意溶液的pH不能太低，即酸的浓度不能太高，以免使酶变性失活。此外、考虑到某些酶蛋白常以离子键形式与其他物质结合，提取时一般选用的范围为pH 3~6，则可使离子键分离，有利于酶的提取。pH太低可能会导致酶变性失活，因此需要根据酶的性质选取合适的值。例如，胰蛋白酶可用0.12mol/L的硫酸溶液提取。酸溶液提取法与盐溶液提取法类似，只是溶剂为酸性溶液。

（三）碱溶液提取

有些在碱性条件下溶解度较高且稳定性较好的酶，此时则可选用碱溶液提取法，提取一般选用的pH范围为8~12。例如，细菌L-天冬酰胺酶可用pH 11~12.5的碱溶液提取。操作时要注意pH不能过高。需要根据酶的性质选取合适的值，以免影响酶的活性。同时加碱液的过程要一边搅拌一边缓慢加入，以免出现局部碱性过强现象，而引起酶的变性失活。碱溶液提取法与盐溶液提取法类似，只是溶剂变成了碱性溶液，在操作中需要注意的是在加碱溶液的同时应该进行搅拌，防止局部碱性过强而使酶失活。

（四）有机溶剂提取

有些与脂质结合牢固或分子中含有较多非极性基团的酶，难溶于水、稀盐溶液、酸溶液和碱溶液中，应该采用有机溶剂提取法。可以采用能与水可以混溶的乙醇、丙酮、丁醇等有机溶剂提取。例如，琥珀酸脱氢酶、胆碱酯酶、细胞色素氧化酶等，采用丁醇提取，都取得良好效果。这些溶剂可以与水互溶或部分互溶，使得混合溶剂既具有亲水性又具有亲脂性，大大提高了酶的溶出量，提取效果较好。

在核酸类酶的提取中，可以采用苯酚水溶液。一般是在细胞破碎，制成匀浆后加入等体积的90%的苯酚水溶液，振荡一段时间，结果DNA和蛋白质沉淀于苯酚层，而RNA溶解于水溶液中。

（五）超声辅助提取

除上述四种传统提取方法以外，超声辅助提取法在近些年被广泛应用于提取，取得了良好的效果，它是在传统提取方法中加入超声的一种新型提取方法。超声波是频率在 20kHz 以上的声波，它不能引起人的听觉，是一种机械振动在媒质中的传播过程，具有聚束、定向、反射、透射等特性，它在媒质中主要产生两种形式的振动即横波和纵波，前者只能在固体中产生，而后者可在固、液、气体中产生。超声辅助提取法是应用超声波强化提取酶的有效成分，是一种物理破碎过程。

超声波对媒质主要产生独特的机械振动作用和空化作用。超声的作用原理主要有三点：一是超声的空化作用可以破坏细胞壁，使细胞内的物质更容易溶出。当超声波振动时能产生并传递强大的能量，引起媒质质点以大的速度和加速度进入振动状态，使媒质结构发生变化，促使有效成分进入溶剂中；同时在液体中还会产生空化作用，即在有相当大的破坏应力的作用下，液体内形成空化泡的现象；二是超声可以加快介质质点的运动，使溶出速度变快；三是超声波的振动可以使样品介质内各点受到的作用一致，整个提取过程更加均匀。利用超声辅助提取不仅可以增加酶的溶出量，还大大缩短了提取所需的时间。但需要注意的是并不是所有的酶都可以用于超声辅助提取，有些酶稳定性较差，在超声波的作用下容易变性失活。

二、影响酶提取的主要因素

在酶的提取，即酶从含酶原料中充分溶解到溶剂中的过程中，受到各种外界条件的影响，其中主要影响因素是酶在所使用的制剂中的溶解度以及酶向溶剂相中扩散的速度。同时受到溶解度、扩散速度、温度、pH、提取液的体积等提取条件的影响。

（一）溶解度

一种物质在某一种溶剂中的溶解度大小与该物质的分子结构及所使用的溶剂的理化性质有密切关系。一般来说，极性物质在极性溶剂中溶解度较大，非极性物质在非极性溶剂中才能较好地溶解。碱性溶剂中酸性物质的溶解度大，而酸性溶剂中碱性物质的溶解度较大。两性电解质在其等电点的条件下溶解度最低。

酶的化学组成是蛋白质或核糖核酸，属于极性分子，易溶于极性溶剂中，所以大多数酶可以采用水溶液提取。然而有一些酶与脂质结合牢固或是分子中含有较多的非极性基团，易溶于有机溶剂，可以采用有机溶剂提取。

（二）扩散速度

酶从含酶原料溶解到溶剂的过程是一种扩散过程，其扩散速度直接关系到提取效果。扩散速度越大，提取效果越好。

酶在溶剂中的扩散速度与温度、黏度、扩散面积、扩散距离以及两相间的浓度差有密切关系。一般来说，适当提高溶液温度，降低溶液黏度，增加扩散面积，减少扩散距离，增大两相界面的浓度差，有利于提高扩散速度，从而增强提取效果。

（三）温度

提取时的温度对酶的提取效果有明显影响。一般来说，适当提高温度，可以提高酶的溶解度，也可以增大酶分子的扩散速度，但是温度过高，则容易引起酶的变性失活，所以提取时温度不宜过高。特别是采用有机溶剂提取时，温度应控制在0~10℃的低温条件下。有些酶对温度的耐热性较高，可在室温或更高一些的温度条件下进行提取，例如，酵母醇脱氢酶、细菌碱性磷酸酶、胃蛋白酶等。因为在不影响酶活性的条件下，适当提高温度，有利于酶的提取。

（四）pH

溶液的pH对酶的溶解度和稳定性有显著影响。酶分子中含有各种可离解基团，在一定条件下，有的可以离解为阳离子，带正电荷；有的可以离解为阴离子，带负电荷，在某一个特定的pH条件下，酶分子上所带的正负电荷相等，静电荷为零，此时的pH即为酶的等电点。在等电点的条件下，酶分子的溶解度最小。不同的酶分子有各自不同的等电点。为了提高酶的溶解度，提取时pH应该避开酶的等电点。但是溶液的pH不宜过高或过低，以免引起酶的变性失活。

（五）提取液的体积

增加提取液的用量可以提高酶的提取率，但是过量的提取液会使酶的浓度降低，对进一步的分离纯化不利。提取液的总量一般为原料体积的3~5倍，最好分几次提取。此外，在酶的提取过程中含酶原料的体积越小，则扩散面积越大，有利于提高扩散速度；适当的搅拌可以使提取液中的酶分子迅速离开颗粒表面，从而增大两相界面的浓度差，有利于提高扩散速度；适当延长提取时间，可以使更多的酶溶解出来，直至达到平衡。

在提取过程中，为了提高酶的稳定性，以免引起酶的变性失活，可适当加入某些保护剂，如酶作用的底物、辅酶、某些抗氧化剂等。

第三节
沉淀分离

沉淀分离是通过改变某些条件或添加某种物质。使酶在溶液中的溶解度降低，从溶液中沉淀析出，而与其他溶质分离的技术过程。大多数酶的本质是蛋白质，因此可用分离纯化蛋白质的方法纯化酶。传统的分离纯化蛋白质的方法是利用沉淀原理进行分离，目前已广泛应用于实验室及工业规模蛋白质等生物产物的回收、浓缩和纯化。

沉淀分离是酶的分离纯化中经常采用的方法。沉淀分离的方法有多种，如盐析沉淀法、等电点沉淀法、有机溶剂沉淀法、复合沉淀法、选择性变性沉淀法，见表5-3。

表5-3　沉淀分离方法

沉淀分离方法	分离原理
盐析沉淀法	利用不同蛋白质在不同的盐浓度条件下溶解度不同的特性，通过在酶液中添加一定浓度的中性盐，使酶或杂质从溶液中析出沉淀，从而使酶与杂质分离
等电点沉淀法	利用两性电解质在等电点时溶解度最低，以及不同的两性电解质有不同的等电点这一特性，通过调节溶液的pH，使酶或杂质沉淀析出，从而使酶与杂质分离
有机溶剂沉淀法	利用酶与其他杂质在有机溶剂中的溶解度不同，通过添加一定量的某种有机溶剂，使酶或杂质沉淀析出，从而使酶与杂质分离
复合沉淀法	在酶液中加入某些物质，使它与酶形成复合物而沉淀下来，从而使酶与杂质分离
选择性变性沉淀法	选择一定的条件使酶液中存在的某些杂质变性沉淀而不影响所需的酶，从而使酶与杂质分离

一、盐析沉淀法

盐析沉淀法简称盐析法，是利用不同蛋白质在不同的盐浓度条件下溶解度不同的特性，通过在酶液中添加一定浓度的中性盐，使酶或杂质从溶液中析出沉淀，从而使酶与杂质分离的过程。盐析法是在酶的分离纯化中应用最早，而且至今仍在广泛使用，用于蛋白质类酶的分离纯化，是许多酶初纯阶段经常采用的方法。

蛋白质在水中的溶解度受到溶液中盐浓度的影响。一般在低浓度的情况下，蛋白质的溶解度随盐浓度的升高而增加，这种现象称为盐溶。而在盐浓度升高到一定浓度后，蛋白质的溶解度又随盐浓度的升高而降低，结果是蛋白质沉淀析出，这种现象称为盐析。在某一浓度的盐溶液中，不同蛋白质的溶解度各不相同，由此可达到彼此分离的目的。

盐析中常用的中性盐有硫酸铵、硫酸钠、硫酸镁、磷酸钠、磷酸钾、氯化钾、乙酸钠、硫氰化钾等，在酶的分离纯化中常用的是硫酸铵。由于高离子浓度对酶的活性有很大的影响，故盐析后需脱盐，常用的脱盐处理方法有透析法、电渗析法和葡萄糖凝胶过滤法，酶的分离过程最常用的是透析法。

一般在酶的提取过程中，只考虑酶的比活而不考虑酶的回收的话，只需采用使酶的比活性达到最高的盐的饱和度进行盐析。

盐之所以会改变蛋白质的溶解度，是由于盐在溶液中离解为正离子和负离子。反离子作用使蛋白质分子表面的电荷改变，同时由于离子的存在改变了溶液中水的活度，使分子表面的水化膜改变。可见酶在溶液中的溶解度与溶液的离子强度关系密切。

它们之间的关系可用式（5-1）表示：

$$\lg \frac{S}{S_0} = -K_s I \tag{5-1}$$

式中　S——酶或蛋白质在离子强度为I时的溶解度，g/L；

S_0——酶或蛋白质在离子强度为0时（即在纯溶剂中）的溶解度，g/L；

K_s——盐析系数；

I——离子强度，mmol。

在温度和pH一定的条件下，S_0为一常数。所以式（5-1）可以改写为：

$$\lg S = \lg S_0 - K_s I = \beta - K_s I \tag{5-2}$$

其中$\beta = \lg S_0$，主要决定于酶或蛋白质的性质，也与温度和pH有关，当温度和pH一定时，β为一常数。

K_s为盐析系数，主要决定于盐的性质。K_s的大小与离子价数成正比、与离子半径和溶液的介电常数成反比，也与酶或蛋白质的结构有关。

对于某一种具体的酶或蛋白质，在温度和pH等盐析条件确定（即β确定），所使用的盐确定（即K_s确定）之后。酶或蛋白质在盐溶液中的溶解度决定于溶液中的离子强度I。

离子强度I是指溶液中离子强弱的程度，与离子质量分数和离子价数有关。即：

$$I = \frac{1}{2} \sum m_i Z_i^2 \qquad\qquad (5-3)$$

式中　m_i——离子强度，mol/L；

Z_i——离子价数。例如，0.2mol/L的硫酸铵溶液，其中铵离子质量分数为

　　　　2×0.2mol/L，价数为+1。

硫酸根离子质量分数为0.2mol/L，价数为+2，其离子强度为：

$$I = \frac{1}{2}(2 \times 0.2 \times 1^2 + 0.2 \times 2^2) = \frac{1}{2}(0.4 + 0.8) = 0.6$$

对于含有多种酶或蛋白质的混合液，可以采用分段盐析的方法进行分离纯化。

在一定的温度和pH条件下（β为常数），通过改变离子强度使不同的酶或蛋白质分离的方法称为K_s分段盐析；而在一定的盐和离子强度的条件下（K_s、I为常数），通过改变温度和pH使不同的酶或蛋白质分离的方法，称为分段盐析。

在蛋白质的盐析中，通常采用的中性盐有硫酸铵、硫酸钠、硫酸钾、硫酸镁、氯化钠和磷酸钠等。其中以硫酸铵最为常用，这是由于硫酸铵在水中的溶解度大而且温度系数小（如在25℃时其溶解度为767g/L，在0℃时其溶解度为697g/L），不影响酶的活性，分离效果好，而且廉价易得。然而用硫酸进行盐析时，缓冲能力较差，而铵离子的存在会干扰蛋白质的测定，所以有时也用其他中性盐进行盐析。

硫酸钾和硫酸钠的盐析系数虽然较大，但是由于在温度较低时溶解度低，所以应用不多。

在盐析时，溶液中硫酸铵的浓度通常以饱和度表示。饱和度是指溶液中加入的饱和硫酸铵的体积与混合溶液总体积之比值。例如，70mL溶液中加入30mL饱和硫酸铵溶液，则混合溶液中硫酸铵的饱和度为30/（30+70）=0.3。饱和硫酸铵溶液的配制方法如下：在水中加入过量的固体硫酸铵，加热至50~60℃，保温数分钟，趁热滤去过量未溶解的硫酸铵，滤液在0℃或25℃平衡1~2d，有固体析出此溶液即为饱和硫酸铵溶液，其饱和度为1。在盐析过程中，需要加入的饱和硫酸铵溶液的体积，可以从有关文献中直接查表获得所需的数据。

由于不同的酶有不同的结构，盐析时所需的盐浓度各不相同，此外，酶的来源、酶的浓度、杂质的成分等对盐析时所需的盐浓度也有所影响。在实际应用时，可以根据具体情况，通过实验确定。

盐析时，温度一般维持在室温左右，对于温度敏感的酶，则应在低温条件下进

行，溶液的pH应调节到欲分离的酶的等电点附近。经过盐析得到的酶沉淀含有大量盐分，一般可以采用透析、超滤或层析等方法进行脱盐处理使酶进一步纯化。

二、等电点沉淀法

利用两性电解质在等电点时溶解度最低以及不同的两性电解质有不同的等电点这一特性，通过调节溶液pH使酶或杂质沉淀析出，从而使酶与杂质分离的方法称等电点沉淀法。

在溶液的pH，等于溶液中某两性电解质的等电点时，该两性电解质分子的净电荷为0。分子间的静电斥力消除，使分子能聚集在一起而沉淀下来。

由于在等电点时两性电解质分子表面的水化膜仍然存在，酶等大分子物质仍有一定的溶解性，而使沉淀不完全。所以，在实际使用时，等电点沉淀法往往与其他方法一起使用。例如，等电点沉淀法经常与盐析沉淀法、有机溶剂沉淀法和复合沉淀法等一起使用，有时单独使用等电点沉淀法，主要是用于从粗酶液中除去某些等电点相距较大的杂蛋白。

在加酸或加碱调节pH的过程中，要一边搅拌一边慢慢加入以防止局部过酸或过碱而引起的酸变性失活。

pH调节剂的选择：一般选用盐酸、氢氧化钠进行pH调节，在分离酶时也用到乙酸或提取酶的缓冲液进行调节。

主要的应用如凝乳酶的等电点在5.0~5.5，利用蛋白质在等电点的pH条件下，溶解度最低的性质，可以对其分离，血浆必须经过稀释后才能用于凝血酶原的制备，稀释度对酶活有一定的影响。稀释好的血浆用冰乙酸调pH至凝血酶的等电点，静置过夜可产生沉淀，收集沉淀，该沉淀用缓冲液溶解，去除沉淀，即得到凝血酶原粗样品液。这是最简单易行的分离方法，但是纯度不高。对于等电点不明的酶，我们需要首先对一定范围pH沉淀时的酶活情况进行考察，确定最佳的pH范围后再进行沉淀或分级沉淀。

三、有机溶剂沉淀法

有机溶剂沉淀法具有分辨率高的特点，是酶蛋白初步纯化的常用方法。

利用酶与其他杂质在有机溶剂中的溶解度不同，通过添加一定量的某种有机溶剂，使酶或杂质沉淀析出，从而使酶与杂质分离的方法称为有机溶剂沉淀法。

有机溶剂之所以能使酶沉淀出来，主要由于有机溶剂的存在会使溶液的介电常数降低。例如，20℃时水的介电常数为80，而82%乙醇水溶液的介电常数为40。溶液的介电常数降低，就使溶质分子间的静电引力增大，互相吸引而易于凝集。同时，对于具有水膜的分子来说，有机溶剂与水互相作用，使溶质分子表面的水膜破坏，也使其溶解度降低而沉淀析出。

选择的沉淀剂必须是能与水相溶并且不与酶发生任何作用的有机溶剂，常用于酶的沉淀分离的有机溶剂有乙醇、丙酮、异丙酮、甲醇等。有机溶剂大多数都带有一定的毒性，易使蛋白质构象发生变化而导致变性，所以在纯化过程中一般采用毒性较小的丙酮以尽量消除这种副作用。溶剂沉淀后不需要专门的方法去除沉淀剂，只需通过自然挥发除去，必要时采用真空抽滤脱除。有机溶剂的用量一般为酶液体积的2倍左右，有机溶剂的含量约为70%，但是不同的酶和使用不同的有机溶剂时，使用浓度也有所不同。

有机溶剂沉淀法的分离效果受到溶液pH的影响，一般应将酶液的pH调节到目标分离酶的等电点附近。有机溶剂沉淀析出的酶沉淀，一般比盐析法析出的沉淀易于分离或过滤分离，不含无机盐，分辨率也较高。但是有机溶剂沉淀法容易引起酶的变性失活，所以必须在低温条件下操作，而且沉淀析出后要尽快分离，尽量减少有机溶剂对酶活性的影响。

该法现在已广泛用于各种酶的提取分离中。采用单一浓度沉淀剂沉淀时，必须先确定最适的溶剂浓度即提取液与沉淀剂的体积比。在酶法生产甘露低聚糖过程中，为防止酶发酵液中的杂质带入产品中，影响产品质量，以及便于酶的保存、运输及使用，有必要把液体粗酶提纯制成固体酶制剂，而丙酮沉淀法是非常有效实用的。相对于工业上普遍采用的盐析法，丙酮很容易去除，不会带来过多的外来杂质，所得酶制剂适用范围广，工艺操作也比较简单，控制一定的丙酮用量〔1∶（1.0~1.6）〕可以得到高酶活性的固体酶制剂干粉，其纯度和提取率都可以达到应用的要求。而对于工业生产来说，必须同时考虑提取率和纯度，二者都要兼顾，这样一来1∶1.6的丙酮用量就更适宜。用-20℃丙酮在低温下提取率可以达到90%左右，而用30℃丙酮如果时间控制好（4h以内提取率在78.93%以上），也可以达到提取酶制剂的要求。这在无冷冻设备的情况下是十分有用的，可以节约能源，适合于

大规模制取中性 β-甘露聚糖酶制剂。但在实际应用中，往往不会只用单一浓度沉淀剂，而经常采用不同浓度进行分级沉淀。

四、复合沉淀法

在酶液中加入某些物质，使它与酶形成复合物沉淀下来，从而使酶与杂质分离的方法称为复合沉淀法，分离出复合物沉淀后，有时可以直接应用，如菠萝蛋白酶用单宁沉淀法得到的单宁菠萝蛋白酶复合物可以直接作为药品，用于治疗咽喉炎症等，也可以再用适当的方法使酶从复合物中进一步纯化。

常用的复合沉淀剂有单宁、聚乙二醇、聚丙烯酸等高分子聚合物。

五、选择性变性沉淀法

选择一定的条件使酶液中存在的某些杂蛋白等杂质变性沉淀，而不影响所需的酶，这种分离方法称为选择性变性沉淀法。例如，对于热稳定性好的酶，如α-淀粉酶等，可以通过加热进行处理，使大多数杂蛋白受热变性沉淀而被除去。此外，还可以根据酶和所含杂质的特性，通过改变pH或加进某些金属离子等使杂质沉淀而除去。

选择性变性沉淀法的原理是利用蛋白质对某些物理或化学因素敏感性的不同，而有选择地使之变性沉淀，达到分离提纯的目的。不同蛋白质在不同的条件下有不同的稳定性，改变温度、pH或加入有机溶剂，许多杂蛋白发生变性沉淀，而目的蛋白不形成沉淀，就可以分离出比较纯的目的蛋白。

利用对热的稳定性不同，加热破坏某些蛋白质，而保留目的蛋白，可以达到除去杂蛋白的目的。比如利用杂蛋白在不同温度下产生沉淀，将样品溶液升温至45~65℃，保温一定时间，使杂蛋白形成最大程度的沉淀，同时，目的蛋白的活性损失最少。由于不少蛋白酶在此温度范围内比较稳定，为了避免样品中发生酶解而造成目的蛋白的活性损失，操作前可适当加入蛋白酶抑制剂。

利用酸碱变性有选择地除去杂蛋白。很多蛋白质在pH 5.0或以下被沉淀，只有少数蛋白质在中性或碱性条件下形成沉淀。如果目的蛋白在此pH范围内能够保持稳定，就可以通过调节pH来除去杂蛋白。这样的例子很多，比如用2.5%的三氯乙酸处理胰蛋白酶、抑肽酶或细胞色素C粗提液，均可除去大量杂蛋白，而对所提取的酶活性没有影响。该方法还适用于初步纯化原核微生物表达的重组蛋白质，因为很多细菌蛋白质的等电点在pH 5.0左右，通过调节pH至其等电点可以先除去这部分蛋白质。调节pH时，常用乙酸、柠檬酸或碳酸钠，也可采用高氯酸、三氯乙酸等强酸，但是需要注意安全。加入10%的三氯乙酸可以沉淀大部分的蛋白质，20%的三氯乙酸可以沉淀分子质量低于20000的蛋白质，操作时需在冰水浴中进行。

由于选择性变性沉淀法是使杂质变性沉淀，而又要对酶没有明显影响，所以在应用该法之前，必须对欲分离的酶以及酶液中的杂蛋白等杂质的种类、含量及其物理、化学性质有比较全面的了解。

第四节
离心分离

离心分离是借助于离心机旋转产生的离心力，使不同大小、不同密度的物质分离的技术过程。在离心分离时，要根据目标分离物以及杂质的颗粒大小、密度和特性的不同，选择适当的离心机、离心方法和离心条件。

一、离心机的选择

离心机多种多样，按照分离形式的不同可以分为沉降式和过滤式两大类；按照操作方式有间歇、连续和半连续之分；按照用途有分析用、制备用、分析-制备两用之别；按照离心机的结构特点则有管式、吊篮式、转鼓式、碟式等多种；通常按照离心机的最大转速的不同进行分类，可以分为常速离心机、高速离心机和超速离心机三种。

（一）常速离心机

常速离心机又称为低速离心机，其最大转速在8000r/min以内，相对离心力在$10^4 \times g$以下，在酶的分离纯化过程中，主要用于细胞、细胞破碎和培养基残渣等固形物的分离，也用于酶的结晶等较大颗粒的分离。

（二）高速离心机

高速离心机的最大转速为$（1～2.5）\times 10^4$ r/min，相对离心力达到$10^4～10^5 \times g$，在酶的分离中主要用于沉淀、细胞破碎和细胞器等分离。为了防止高速离心过程中温度升高而造成酶的变性失活，有些高速离心机装有冷冻装置，称为高速冷冻离心机。

（三）超速离心机

超速离心机的最大转速为$（2.5～12）\times 10^4$ r/min，相对离心力可以高达$5 \times 10^5 \times g$，甚至更高。超速离心主要用于DNA、RNA、蛋白质等生物大分子以及细胞器、病毒等的分离纯化；样品纯度的检测；沉降系数和相对分子质量的测定等。

超速离心机主要由机械转动装置、转子和离心管组成。此外，还有一系列附设装置。为了防止样品液溅出，一般附有离心管帽；为了防止温度升高，超速离心机均有冷冻系统；为了减少空气阻力和摩擦，均设有真空系统；此外还有一系列安全保护系统、制动系统以及各种指示仪表。

超速离心机按照其用途可以分为制备用超速离心机、分析用超速离心机和分析-制备两用超速离心机三种，可以根据需要进行选择。

二、离心方法的选用

对于常速离心机和高速离心机，由于所分离的颗粒大小和密度相差较大，只要选择好离心机速度和离心时间，就能达到分离效果；如果希望从样品液中分离出2种以上大小和密度不同的颗粒，需要采用差速离心法。而对于超速离心，则可以根据需要采用差速离心、密度梯度离心或等密度梯度离心等方法。

（一）差速离心

差速离心法指采用不同的离心速度和离心时间，使不同沉降速度的颗粒分批分离的方法。在操作时，将均匀的悬液装进离心管，选择好离心速度（离心力）和离心时间，使大颗粒沉降，分离出较小的颗粒，如此离心多次，使不同沉降速度的颗粒分批分离出来。

差速离心主要用于分离那些大小和密度相差较大的颗粒，操作简单、方便，但分离效果较差，分离的沉淀物中含有较多的杂质，离心后颗粒沉降在离心管底部，并使沉降的颗粒受到挤压。

（二）密度梯度离心

密度梯度离心是样品在密度梯度介质中进行离心，是沉降系数比较接近的物质分离的一种区带分离方法。

为了使沉降系数比较接近的颗粒得以分离，必须配制好适宜的密度梯度系统。密度梯度系统是在溶剂中加入一定的溶质制成的，这种溶质称为梯度介质。梯度介质应具有足够大的溶解度，以形成所需的密度梯度范围，不会与样品中的组分发生反应，也不会引起样品中组分的凝集、变性或者失活。常用的梯度介质有蔗糖、甘油等。使用最多的是蔗糖密度梯度系统，其适用范围：蔗糖含量5%~60%，密度范围$1.02~1.30g/cm^2$。

密度梯度一般采用密度梯度混合器进行制备。制备得到的密度梯度可以分为线性梯度、凸形梯度和凹形梯度等（图5-1）。当贮液室与混合室的截面积相等时，形成线性梯度；当贮液室的截面积大于混合室的截面积时，形成凸形梯度；而当贮液室的截面积小于混合室的截面积时，形成凹形梯度。密度离心常用的是线性梯度。

密度梯度混合器由贮液混合室电磁搅拌器和闸门等组成，如图5-2所示。配制时，将稀溶液置于贮液室B，浓溶液置于混合室A，两室的液面必须在同一水平。操作时，首先开动搅拌器，然后同时打开阀门a和b，流出的梯度液经过导管小心地收集在离心管中，也可以将浓溶液置于B室，稀溶液置于A室，但此时梯度液的导管必须直插到离心管的管底，让后来流入的浓度较高的混合液将先流入的浓度较低的混合液顶浮起来，形成由管口到管底逐步升高的密度梯度。

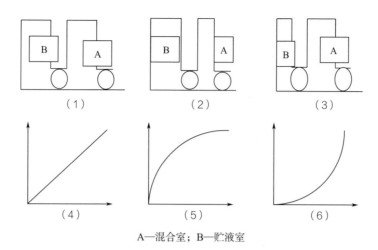

A—混合室；B—贮液室

图5-1 三种梯度形式示意图

（1）（4）线性梯度 （2）（5）凸形梯度 （3）（6）凹形梯度

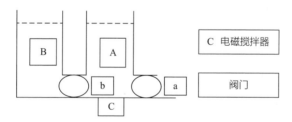

a、b—阀门；A—混合室；B—贮液室；C—电磁搅拌器

图5-2 密度梯度混合器示意图

不同形状、具有一定沉降系数差异的颗粒在密度梯度溶液中形成若干条界面清楚的不连续区带，再通过虹吸、穿刺或切割离心管的方法将不同区带中的颗粒分开收集，得到所需的物质。

在密度梯度离心过程中，区带的位置和宽度随离心时间的不同而改变。若离心时间过长，由于颗粒的扩散作用，会使区带越来越宽。为此，适当增大离心力、缩短离心时间，可以减少由于扩散而导致的区带扩宽现象。

（三）等密度梯度离心

当欲分离的不同颗粒的密度范围处于离心介质的密度范围内时，在离心力的作用下，不同浮力密度的颗粒或向下沉降，或向上漂浮，只要时间足够长，就可以一直移动到与它们各自的浮力密度恰好相等的位置（等密度点），形成区带。这种方法称为等密度梯度离心，或称为平衡等密度离心。

上述密度梯度离心，由于受到离心介质的影响，欲分离的颗粒并未达到其等密度位置，而等密度梯度离心则要求欲分离的颗粒处于密度梯度中的等密度点。为此两种梯度离心所采用的离心介质和密度梯度范围有所不同。

等密度梯度离心常用的离心介质是铯盐，如氯化铯（CsCl）、硫酸铯（Cs_2SO_4）、溴化铯（CsBr）等。有时也可以采用三碘苯的衍生物作为离心介质。

操作时，先把一定浓度的介质溶液与样品液混合均匀，也可以将一定量的铯盐加到样品液中使之溶解，然后在选定的离心力的作用下，经过足够时间的离心分离，铯盐在离心力场中沉降，自动形成密度梯度，样品中不同浮力密度的颗粒在其各自的等密度点位置上形成区带。

必须注意的是在采用铯盐作为离心介质时，它们对铝合金的转子有很强的腐蚀作用，要防止铯盐溶液溅到转子上，使用后要将转子仔细清洗和干燥，有条件的最好采用钛合金转子。

三、离心条件的确定

离心分离的效果好坏受到多重因素的影响，除了上述离心机的种类、离心方法、离心介质以及密度梯度以外，在离心过程中，应该根据需要，选择好离心力（或离心速度）和离心时间，并注意离心介质的pH和温度等条件。

（一）离心力

在说明离心条件时，低速离心一般可以用离心速度，即转子每分钟的转数表示，如5000r/min等。而在高速离心，特别是超速离心时，往往以相对离心力（RCF）表示，如6000×g等。相对离心力是指颗粒所受到的离心力与地心引力的比值。

即：

$$RCF = F_C/F_g = 1.12 \times 10^{-5} \cdot n^2 \cdot r \tag{5-4}$$

式中　RCF——相对离心力，以g表示；

　　　F_C——离心力，以g表示；

F_g——地心引力，以g表示；

n——转子转速，r/min；

r——旋转半径，cm。

由此可见，离心力的大小与转子转速的平方（n^2）以及旋转半径（r）成正比。在转速一定的条件下，颗粒距离离心轴越远，其所受到的离心力越大。在离心过程中，随着颗粒在离心管中移动，其所受到的离心力也在变化。一般离心力的数据是指其平均值，即是指在离心溶液中各处颗粒所受的离心力。

（二）离心时间

在离心分离时，为了达到预期的分离效果，除了确定离心力以外，还必须确定离心时间。

离心时间的概念，依据离心方法的不同而有所差别。对于常速离心、高速离心和差速离心来说，离心时间是指颗粒从离心管中样品液的液面完全沉降到离心管底的时间，称为沉降时间或澄清时间；对于密度梯度离心而言，离心时间是指形成界限分明的区带的时间，称为区带形成时间；而等密度梯度离心所需的离心时间是指颗粒完全达到等密度点的平衡时间，称为平衡时间。其中最常用到的是沉降时间。

沉降时间是指颗粒从样品液面完全沉降到离心管底所需的时间。沉降时间取决于颗粒沉降速度和沉降距离。

（三）温度和pH

在离心过程中，为了防止欲分离物质的凝集、变性和失活，除了在离心介质的选择方面加以注意以外，还必须控制好温度和pH条件。

离心温度一般控制在4℃左右，对于某些耐热性较好的酶，也可以在室温条件下进行离心分离。但是在超速离心和高速离心时，由于转子高速旋转会发热而引起温度升高，必须采用冷冻系统，使温度维持在一定范围内。

离心介质的pH必须是处于酶稳定的pH范围内，必要时可以采用缓冲溶液。过高或过低的pH可能引起酶的变性失活，还可能引起转子和离心机其他部件腐蚀，应当加以注意。

第六章

酶在油脂
工业中的应用

第一节　油料水酶法预处理制油技术

第二节　酶法油脂改性技术

第三节　磷脂酶及固定化脱胶技术

第四节　酶法大豆蛋白肽制取技术

第五节　微生物油脂

第六节　酶法制取生物柴油

第一节
油料水酶法预处理制油技术

随着对酶研究的深入，酶在油脂工业中的应用也逐步加深，从油脂的生产到提高油脂的质量都可以利用酶这种生物催化剂。油脂的生产包括油料水酶法预处理制油和利用微生物制油。目前，酶法制取生物柴油和酶在生产植物甾醇酯中的应用也受到了广泛的关注。

油料预处理、制坯工序主要作用是为了尽量破坏油料籽细胞，取得最佳出油条件。传统工艺预处理过程采用的主要是机械和热力学处理方法。其中机械处理对油籽细胞破坏程度有限，而湿热处理则又会使蛋白质剧烈变性，影响其进一步的利用价值。将酶应用于油料制取油脂，以提高得油率，在20世纪60年代末至70年代已有工作开展，但当时受酶制剂工业发展水平的限制，研究难以深入。1979年，奥尔森（Olsen）为解决低含油量油料水提取油脂得率低的问题，将微生物蛋白酶运用到大豆油脂和蛋白质的水法分离中，开始了水相酶解提取植物油的研究工作。随着生物技术的发展，酶制剂工业突飞猛进，从而为酶法提取植物油的研究创造了良好的条件。

经过多年对多种油料，尤其高油分软质油料（如花生仁、卡诺拉籽、葵花籽、油梨、可可豆、椰子、玉米胚芽等）的应用试验，业已取得长足进展。对大豆的酶法预处理、直接浸出制油应用试验也做了深入研究。其结果初步证明，酶法预处理制油工艺具有以下明显的特点：①不仅可以提高出油效率（表6-1与表6-2），而且所得到的毛油质量较高，色泽浅、易于精炼；②酶法处理条件温和，脱脂后的饼粕蛋白质变性率低，可利用性好；③油与饼粕（渣）易分离，如采用离心分离油、粕，从而大大提高设备处理能力；④生产过程相对能耗低、废水中生化需氧量（BOD）与化学需氧量（COD）大为下降（35%~75%）易于处理。由此可见，水酶法预处理制油技术具有广泛的应用前景。

表中，PG为多聚半乳糖醛酸酶，α-AM为α-酸性麦芽糖酶，PR为蛋白酶，CE为氯乙酸酯酶，PE为果胶酯酶，HC为肝素辅因子，α-PG为α-多聚半乳糖醛酸酶，β-PG为β-多聚半乳糖醛酸酶，β-GL为β-甘草酸，α-PF为α-人穿孔素。

表6-1　某些油料采用水酶法预处理制油工艺与传统工艺对比出油率的增加值

单位：%

油籽	酶制剂	高水分酶法工艺[①]	溶剂–水相工艺[②]	低水分酶法工艺[③]
椰子	PG+α-AM+PR	68.0		
油梨	α-AM	68.0		
可可豆	PG+CE+HC	14.0		
葵花籽	CE（+PE+CE 分解酶）	14.0	3.2	3.1（5%~8%）
油菜籽	CE	6.0		2.1
	HC		18.3	5.1
花生仁	PE+CE	4.0-8.0		
大豆	CE	10.0	3.0	8.3
	PE+CE		13.9	
	CE+HC			10.0

注：① 以g/100g种子计，浸出溶剂为正己烷和水，己烷：水=1：2。
　　② 以总出油率的百分数计。
　　③ 与水剂法工艺比较。

表6-2　卡诺拉籽（油菜籽）采用水酶法预处理制油工艺效果的改善

酶制剂	一次压榨制油工艺效果				直接浸出制油工艺效果[②]	
	处理量/（kg/h）	油流速/（kg/h）	出油效率/%	干基残油/%	出油效率/%	干基残油/%
未加处理	18.0	6.4	78.7	16.8	89.0（90.98）	6.10（4.95）
PE	16.5	6.5	86.2	11.3		
CE	21.8	8.9	89.3	9.1	96.07（99.95）	4.76（2.65）

续表

酶制剂	一次压榨制油工艺效果				直接浸出制油工艺效果[2]	
	处理量 / （kg/h）	油流速 / （kg/h）	出油效率 /%	干基残油 /%	出油效率 /%	干基残油 /%
PR	19.9	8.2	90.8	7.6		4.98 （4.25）
α-PG	27.0	11.4	11.2	92.4	7.1	
混合酶[1]	25.8	11.2	93.6	6.5		

注：①混合酶为 CE+β-GL+HC+PE+α-PF+XY（木聚糖酶）+AR（阿拉伯聚糖酶）。
②浸出时间 80min，括号内为萃取 140min 的试验结果。原料含油 41.47%，颗粒度 0.2mm。

一、油料水酶法预处理的作用机制

在植物油籽中油脂通常以球状脂类体形式存在于油籽细胞中，如大豆脂类体直径0.2~0.5μm，脂类体直径花生仁约1μm，该脂类体是油脂与其他大分子（如蛋白质、糖类）结合构成脂蛋白、脂多糖等复合体的存在形态。因此，只有将油籽细胞结构及这些脂类复合体破坏，才能提取其中的油脂。

以酶法预处理制取大豆油为例，因为酶水解大豆主要是破坏大豆的细胞壁，从大豆的细胞构造来讲，大豆细胞壁的物质组成大致如下：纤维素约占24%，半纤维素占28%，果胶占30%，阿拉伯半乳聚糖占12%，其他占6%。由于所研究的水相酶法提油工艺是在知道细胞壁的组成成分及其含量的基础上使用相应的种类与数量的酶来破坏细胞壁，研究表明利用纤维素酶处理油料可降解植物细胞壁中的纤维素结构而破坏细胞壁。对于大豆酶法制油来讲，破壁酶主要是破坏细胞壁，蛋白酶主要是水解蛋白与油脂的脂蛋白复合体释放结合态油脂，从而进一步提高得油率，同时提高了蛋白质的品质。在大豆乳液用纤维素酶、果胶酶、蛋白酶等多种酶复合时会比单一的一种酶作用更加彻底，破坏细胞壁和释放结合态油脂的能力相对较强，因而除了提高酶量这种方法来提高得油率以外，我们还可以用多种酶复合来提高酶解破壁作用，进而可以在降低酶总用量的条件下达到较好的破壁效果。之所以单一酶的破壁效果不好是因为植物细胞壁以纤维素、半纤维素结合为骨架，并与果胶、少量蛋白质等不溶性大分子结合而成，所以单一的酶就不能使游离态与结合态的油脂充分释放出来。

二、油料水酶法预处理的基本技术方案

油料水酶法预处理制油工艺，与原料品种、成分、性质及产品质量要求等密切相关。根据需要，一般可供选择的技术方案有以下三种。

1. 高水分酶法预处理制油工艺

高水分酶法预处理制油工艺即将脱皮、壳后的高油分油籽先磨成浆料，同时加水［料、水比为1∶（4~6）］，而后加酶。水作为分散相，酶在此水相中进行水解，使油从固体粒子中分离出来。而固粒中的亲水性物质到水相中，与油脂分离（重力、离心力或滗滤）。酶还可以防止脂蛋白膜形成的乳化，有利于油水分离，同时水相又能分离出磷脂等类脂物，提高了油脂的纯度。该工艺属于改进型"水代法"制油范畴，适用于大多数高油分油料（如葵花籽仁、花生仁、棉籽仁、可可豆、牛油树果及玉米胚芽等），并取得良好效果。大豆则主要用来生产大豆蛋白质。高水分酶法预处理制油工艺流程如图6-1所示。

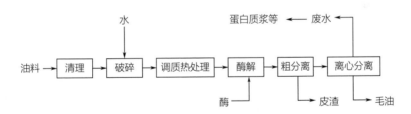

图6-1　高水分酶法预处理制油工艺流程

2. 溶剂-水酶法预处理制油工艺

溶剂-水酶法预处理制油工艺即在上述水相酶处理的基础上，加入有机溶剂，作为油的分散相萃取油脂，目的在于提高出油效率。溶剂可以在酶处理前或后加入，有报道称在酶处理前加溶剂出油率高些。酶解的作用既使油能容易从固相中（蛋白质）分离，也容易和水相有效地分离。形成溶剂相的"混合油"与"水相"，一般用滗析或离心机进行分离。此法适用范围同上述水相酶处理工艺，一般却不适于低油分油料（如大豆等）。溶剂-水酶法预处理制油工艺流程如图6-2所示。

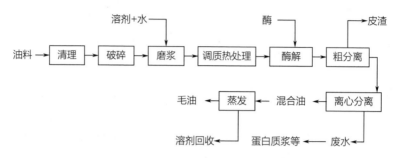

图6-2　溶剂-水酶法预处理制油工艺流程

3. 低水分酶法预处理制油工艺

低水分酶法预处理制油工艺即酶解作用在较低水分条件下进行的一种技术方案。这是对传统制油工艺的优化与完善。由于酶解作用所需要的水分较低（20%~70%），工艺中不需油水分离工序。比较上述两种工艺则无废水产生。但水分低也会引起酶作用效率的下降，粉碎颗粒大不宜于酶处理。因此，该法仅适用于高油分软质油料（如葵花籽仁、脱皮卡诺拉籽等）。低水分酶法预处理制油工艺流程如6-3所示。

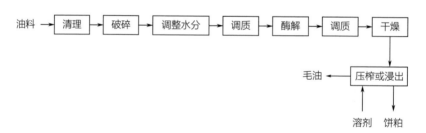

图6-3　低水分酶法预处理制油工艺流程

三、影响水酶法预处理制油工艺效果的主要因素

1. 料坯的破碎度

油籽的破碎度对酶处理提高出油率影响很大。一般地说，破碎度大，出油率高。采用机械粉碎，最大程度地破坏油籽细胞，作为水酶处理的前道工序十分关键。据测定：未经破碎的油籽进行酶解出油率极低（油菜籽约6.9%）；轧胚（0.8mm）后酶解出油率最高，可达39.8%；轧胚、磨碎的可达40.4%。因此，油籽必须进行粉碎或研磨成细的颗粒才能有效地进行酶解作用。一般认为低水分工艺颗

粒度要求0.75~1.0mm；高水分酶解工艺要求颗粒度0.2mm以下，有些油籽（如可可豆、牛油树籽、花生仁、芝麻、椰子等）则要求研磨成微粒（5.9~7.9目/mm）。

2. 酶的种类与浓度

酶解作用的效果与底物油籽细胞的组成密切相关。酶的专一性，决定了采用单一纯酶在酶解工艺中有很大的局限性。这是油籽细胞组成的复杂多变所决定的。因此，选择合适的几种酶混合使用，将会使细胞降解更彻底、效果更好。例如，高水分酶处理制取椰子油时，可供选择的酶，其作用效果的顺序依次为：混合酶>α-AM>PR；采用低水分酶法预处理制取菜籽油工艺时，混合酶>β-PG>>PE>HC>CE。混合酶应用的商品化越来越受到油脂界的关注。

酶浓度（用量）的确定，是直接影响工艺效果和经济成本的一项重要技术参数。一般认为，酶浓度的增加，会提高出油率和分离效果。但也存在一个适度，即所谓"经济浓度"，须按油籽品种、含油率、制油方式等因素，经过试验来确定酶的种类和用量。例如，用CE处理油橄榄果肉时，浓度为25%~30%（质量分数）出油率最高；PR高达50%（g/100g油橄榄）；PE为4%，但对出油率作用不大；而HE更无明显的最适浓度。应注意：当酶用量大于最适浓度时，效果也将会不明显，甚至变差。一般商品酶多数属于混合酶，活性高、用量较低（0.5%~11%）。

3. 酶处理温度、pH与时间

这些参数一般取决于酶的种类、特性和来源，参考必要的试验而定。

（1）酶处理温度一般为40~55℃，也有采用变温操作程序者，例如，常用的升温程序：50℃，60min；63℃，120min；80℃，13min灭酶（大豆、油菜籽）。

（2）酶处理pH为3~8，最适为4.5~6.5。一般不加调整，可利用料浆本来的pH。

（3）酶处理时间，须经过生产实践，综合考虑出油率、经济性等诸多因素而定。多数情况酶的主作用时间为1~1.5h，总范围为0.33~3h，也有长达6h者。

4. 料水比和溶剂加入量的影响

酶处理时的加水量与确定的工艺有关。一般高水分酶处理工艺的加水量较多，对提高出油率影响较大。料水比的确定以达到最大出油率为基准，低的仅1∶1（如可可豆），1∶2（花生仁）；高的可达1∶4（椰子、蓖麻籽）、1∶5（油梨），甚至1∶6（花生仁提取蛋白质时）。溶剂水相制油工艺中溶剂的作用，仅仅是协助水提取油脂，加量一般较少，为加水量的一半左右。在低水分酶法预处理制油工艺中，控制水分在15%~50%，但应注意操作过程。首先将料坯调质、干燥使水分在10%

以下，然后加入用缓冲介质稀释的酶液，要达到确保酶解作用活力的最高水分含量，如油橄榄为35%，大豆仅15%~20%。同时，要注意在酶解后制油前，仍应将料坯调节到入榨（3%~6%）或浸入水分（约10%），必须烘干；或者膨化成型后冷却、干燥。同时也能起到后阶段灭酶的作用。表6-3列出了不同油料水酶法预处理制油工艺条件。

5. 其他影响因素

（1）后续制油方式的影响　高水分酶法预处理制油工艺一般采用离心分离法，要比传统振荡浮选法（滗析法）的出油率高3.5%（如牛油树籽）。

（2）离心机的类型及其参数（转速、分离因素等）　例如，提取椰子油，转速在10000r/min（分离因数12298；分离时间10min）以上时，出油率最高；蓖麻籽料浆离心机转速4000r/min以上，分离时间15min，出油率可提高至92.1%；玉米胚芽油浆分离机转速3500r/min以上即可。

（3）酶液中添加助剂的影响　在一定的条件下添加助剂对提高酶的相对活力、改善出油工况相当有效。例如，一价或二价的阳离子（如2%~4%的NaCl、0.5%~1.5%的$CaCl_2$）可以活化果胶酶，而在一定浓度下对CE和PR无影响，对于处理较黏稠呈乳胶状的油橄榄料浆时，提高出油率很有效。经过实践应用的助剂有：甲基纤维素、鸡蛋白、不溶性聚乙烯氯戊环酮等。

表6-3　不同油料水酶法预处理制油工艺条件

油料	酶的种类	酶活力/（U/g）	酶的含量	温度/℃	时间/h	料水比（质量）
椰子	PG+α-AM+PR	—	10g/L	40	0.33	1:4
油梨	α-AM	—	10g/L	65	1	1:5
可可豆	PR+（CE+HC）	50000+1500	1%（质量分数）	37	6	1:1
葵花籽	CE	—	1%（质量分数）	45	8（6）	30%~40%
卡诺拉籽	PE	—	0.12%（质量分数）	50	6	30%
油菜籽	CE、PR[①]	—	约5%	50	12	1:1.5

续表

油料	酶的种类	酶活力 /（U/g）	酶的含量	温度 /℃	时间 / h	料水比（质量）
油菜籽	中性 PR		200U/g 料	50	4	1：4~5
大豆	CE+HC	16.7[②]	约 1%（质量分数）	50	3	30%~70%（50%）
花生仁[③]	PE+CE	—	0.3%（质量分数）	49	4	1：2（1：6）
蓖麻籽仁	CE+HE[④]+PE+PR[⑤]	222.73	约 1%（质量分数）	45~50	约 3.5	14%
玉米胚芽[⑥]	CE+α-AM	—	0.8%（质量分数）	约 55	约 6	1：5

注：①酶处理后直接浸出小试，采用国产酶，单用，CE 比 PR 出油率高 2.6%。

②纤维素酶的活力。

③括号内为提取花生蛋白时的加水量，pH 6.4，复合纤维素酶来自丹麦诺维信公司，出油率与水剂法相比提高 4%~8%。

④ HE 为全酶。

⑤ pH 6.5 的国产中性蛋白酶（加量 3%），最高出油率达 95.23%，表中为进口酶量。

⑥原料含油 45.4%，出油率 89.75%，蒸汽处理 20min，中性 α-淀粉酶（0.5%）+纤维素酶。

四、水酶法预处理提取油脂与蛋白质工艺应用

1. 水酶法预处理提取花生仁油脂与蛋白质

水剂法提取花生油和花生蛋白质是20世纪80年代在我国发展起来的一项新技术。与传统浸出法工艺相比，具有以下特点：①水作溶剂无易燃易爆危险，减少了空气污染；②可以同时生产油脂和蛋白质粉，工艺简化，一般出油率可以在92% ~ 94%，蛋白质回收率70%以上；③花生油纯度高，磷脂含量低，色泽浅，品质好。水剂法也存在着限制其发展的技术障碍。例如：①蛋白质浆与油脂间的乳化现象造成离心分离困难，不仅影响得率而且需要多次破乳、分离，能耗大，工艺路线长，卫生要求高；②水消耗量大且产生的大量乳清液及废水需要回收；③蛋白质产品中含油的问题限制了花生蛋白质的品质和应用。为了克服乳、油分离的难题，采用水酶法预处理正是一条有效的途径。

（1）基本工艺流程　如图6-4所示。

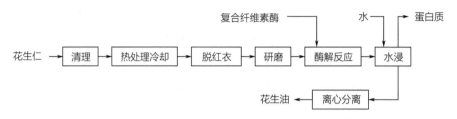

图6-4　水酶法预处理提取花生仁油脂与蛋白质工艺流程

（2）工艺条件与结果说明

①原料花生组成：水分7.53%、粗脂肪48.76%（干基）、粗蛋白质26.42%（干基）。

②酶处理条件：酶制剂为复合纤维素酶，加酶量0.3%，酶处理时间4h，最佳温度49℃，pH 6.4。

③结果分析：离心分离出油率95.4%、蛋白质得率74.6%，与原水剂法相比分别提高4%~8%和3%~9%，花生蛋白质中的油脂含量明显下降。

2. 水酶法预处理提取玉米胚芽油与蛋白质

在提取富含营养、功能性玉米胚芽蛋白的同时，将玉米油充分分离，采用湿磨-蛋白质分离酶解提油法也是一条可供选择的途径。

（1）基本工艺流程　如图6-5所示。

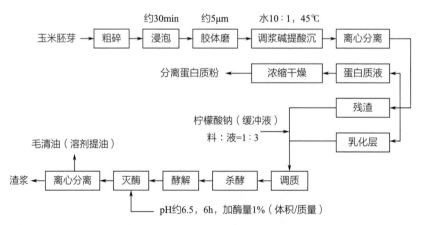

图6-5　水酶法预处理提取玉米胚芽油与蛋白质工艺流程

（2）工艺条件与结果说明

①该工艺是在分离出蛋白质浆液后再进行酶解提油，采用单一纤维素酶（活性

20000U/g）即可有效分离渣液细胞中的油脂。但经过球磨粉碎后的浆液，已经有部分油脂游离出来与蛋白质、多糖结合呈乳化体，虽然后续用酶法离解，也难以完全分离。因此，造成油脂、蛋白质提取率均未达到最佳点（仅80%左右，尚需进一步从渣浆中进行分离）。

②原料玉米胚芽组成为水分6.1%，淀粉21.4%，粗脂肪45.4%，蛋白质17.5%。酶解工序一般条件：首先将离心（或沉降）分离得到的乳化液与渣用柠檬酸（钠）缓冲液（pH 5.5）进行调配，料液比为1:（3~4），然后蒸汽杀酶（100~120℃，10~15min）致脂肪酶、过氧化酶失活，疏松细胞壁利于出油。纤维素酶添加量1%（体积/质量），在温度55℃、pH 6左右的环境下酶解约6h。然后灭酶、离心分离取得轻相毛油和重相乳清液浆渣。毛油也可以再经一次水洗、分离净化。

③水酶法提取的玉米胚芽油与压榨油品质的比较见表6-4。

表6-4　水酶法提取的玉米胚芽油与压榨油品质的比较

油脂	酸值/（mgKOH/g）	过氧化值/（mmol/kg）	色泽R（红）	水分及挥发物/%	磷脂/%	生育酚/（mg/kg）	氧化稳定性/h
压榨油	2.65	1.35	3.8	0.15	1.55	1145	14.5
酶解油	3.45	0.80	3.2	0.18	0.022	1350	34.2

由表6-4可知，除了酸值由于水处理过程略为升高以外，水酶法提取的玉米胚芽油各项指标均优于压榨油，尤其磷脂含量很低，能达到国家四级油标准。

第二节
酶法油脂改性技术

油脂是人体必需的七大营养素（蛋白质、脂类、碳水化合物、维生素、矿物质、膳食纤维和水）之一，它的主要功能是提供给人体热量和其自身无法合成的必需脂肪酸，赋予食品独特的风味。油脂在人们的日常饮食中不可或缺，但是它的高热量及高含量的胆固醇，是导致肥胖、心脏病、高血压等疾病的重要原因。

目前，分提、氢化和重构是油脂改性的三种主要方法。分提是利用油脂中的不同种类甘油三酯的熔点和溶解度的不同将其分为固、液两部分来生产专用油脂。氢化是用催化剂催化油脂酰基中的不饱和键与氢发生加成反应，改性成为稳定性及塑性更好的油脂，从而提高其应用价值。重构则是通过改变甘油分子连接的脂肪酸结构及位置来改变油脂的功能，从而产生营养功能更优的新油脂，称为结构脂质（或重构脂质），根据需要能生产出不同的甘油三酯、甘油二酯、甘油单酯和脂肪酸甲酯，现已广泛应用于各个领域，如人造奶油、食品乳化剂、生物柴油等方面。脂质重构的方法有化学法和酶法两种。化学法是用碱金属或碱金属烷基化合物作催化剂在高温、无水条件下催化油脂进行随机酯交换反应。

油脂酶法改性则是利用脂肪酶（lipase，EC3.1.1.3）选择性地催化甘油酯的分解或合成，从而改变油脂的结构和组成，提高其营养性和适用性。与化学催化剂相比，酶法催化的专一性强，副产物少，分离纯化容易，反应条件温和，因而酶法油脂改性是极具研究开发前景的油脂改性方式。

一、脂肪酶简介

脂肪酶根据其来源可分为动物脂肪酶、植物脂肪酶、微生物脂肪酶三大类。微生物脂肪酶种类多，来源广，易选育培养，因而是商业用脂肪酶的主要来源。不同来源的脂肪酶具有不同的催化特性，包括酶的活性、最适的pH和温度、最佳的底物浓度及底物专一性等。脂肪酶的专一性可分为脂肪酶专一性、醇专一性、甘油酯专一性、位置专一性等。而在油脂改性中脂肪酶的脂肪酸专一性和位置专一性尤为重要。磷脂酶中比较有价值的是专一性较强的磷脂酶A1、磷脂酶A2、磷脂酶C、磷脂酶D四种酶，它们分别专一性地水解磷脂的Sn-1、Sn-2、Sn-3 位酰基和磷酸与胆碱等的结合位。

二、油脂酶法改性的方法

脂肪酶用于油脂改性的催化反应主要有以下5种。

①水解反应：$ROOCR_1 + H_2O \longrightarrow ROH + R_1COOH$

②酯交换反应（酯+醇）：$R_1OOCR + R_2OH \longrightarrow R_2OOCR + R_1OH$

③酯化反应：$R_1OH + R_2COOH \longrightarrow R_1OOCR_2 + H_2O$

④酯交换反应（酯+酸）：$ROOCR_1 + R_2COOH \longrightarrow ROOCR_2 + R_1COOH$

⑤酯交换反应（酯+酯）：$R_1OOCR_2 + R_3OOCR_4 \longrightarrow R_1OOCR_4 + R_3OOCR_2$

1. 水解（或醇解）法

油脂水解是用脂肪酶催化油脂水解生成脂肪酸和甘油。油脂醇解是用脂肪酶催化低级醇和甘油三酯反应生产甘油单酯、甘油二酯，同时生成副产物脂肪酸低级醇酯。这两种方法的优点是反应速率快，产物容易分离，副产物价值高。水解或醇解反应都是可逆反应。一般认为油脂水解反应分三步进行，如图6-6所示。

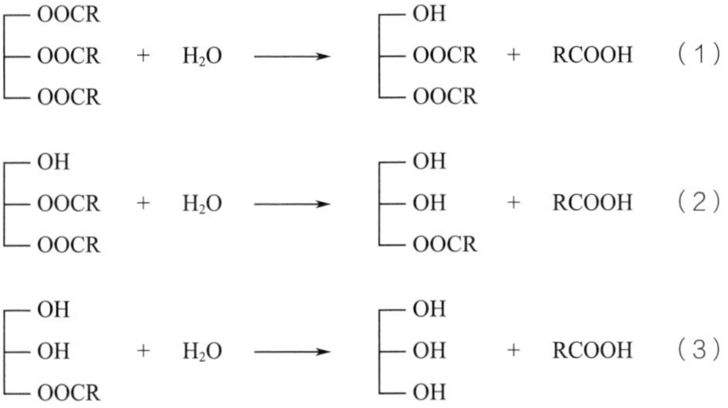

图6-6 油脂水解反应

以上反应均是双分子反应。可通过控制反应速率控制产品种类，将反应控制在第一步，即得甘油二酯，控制在第二步，即得甘油单酯。反应速率取决于催化剂和温度，利用甘油三酯在脂肪酶的催化作用下选择性水解可生产高纯度的1,3-甘油二酯，该方法极大地缩短了甘油二酯的制备过程，为天然油脂经过简单工艺即转化为化工原料提供了新的可能性。然而水解法的主要缺点是甘油单酯（MAG）产率低，因为每产生1mol甘油单酯就生成2mol脂肪酸，脂肪酸会通过抑制酰基转移从而阻止水解反应的继续进行，所以芥末油等种子油料只能部分水解。

2. 直接酯化法

直接酯化法是以酰基供体和甘油为原料，利用1,3位特异性脂肪酶在微水相条件下通过控制二者比例催化合成甘油单酯或甘油二酯的反应。其反应式如图6-7

所示。

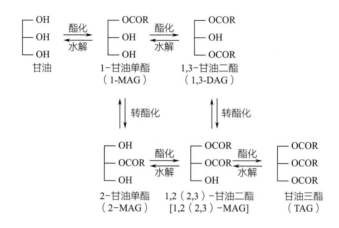

图6-7 甘油酯化反应式

甘油与脂肪酸的直接酯化按二级动力学分两步进行。通过控制反应过程中的反应速率之差，可以控制反应产物是甘油单酯或甘油二酯的其中一种。反应速率之差与甘油和脂肪酸的比例有关：当脂肪酸和甘油为等物质的量时，反应速率之差与脂肪酸在甘油中的溶解度有关，当脂肪酸和甘油等质量时，反应速率相近；而在共溶剂中反应物为等物质的量与等质量的酯化反应速率相近。水是酯化反应的产物，因此及时除去产生的水可以促进反应的进行；高温能加速酯化反应，因为温度高时甘油在酸中的溶解度也高。

直接酯化法的优点是反应步骤少，反应时间短，酶反应器利用率高，产物纯度高，易分离。但要求反应原料的纯度要高，因此费用较高，不一定适合大规模生产。

3. 转酯化法

转酯化法是利用脂肪酸组成不同的甘油三酯与脂肪酸酯或甘油单酯之间发生酰基转移合成甘油单酯或甘油二酯的方法，其反应式如图6-8所示。

转酯化反应包括水解和酯化两步。通过在水解和酯化反应中建立动态平衡，可以优化转酯化反应。然而由于反应中的水含量难以控制，过高有利于水解反应，过低则有利于酯化反应，建立动态平衡是很困难的。而且反应如果以甘油单酯为原料时，价格昂贵成本太高，而以甘油三酯为原料时，转化率低且反应时间长，因此不适合生产甘油二酯。

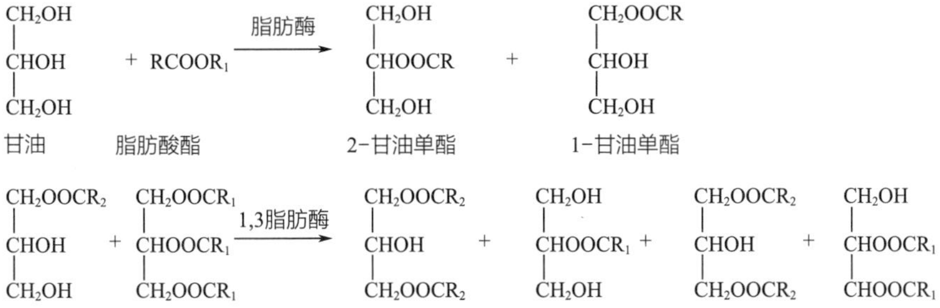

$$
\begin{array}{l}
\text{CH}_2\text{OH} \\
| \\
\text{CHOH} \\
| \\
\text{CH}_2\text{OH}
\end{array}
\;+\; \text{RCOOR}_1
\;\xrightarrow{\text{脂肪酶}}\;
\begin{array}{l}
\text{CH}_2\text{OH} \\
| \\
\text{CHOOCR} \\
| \\
\text{CH}_2\text{OH}
\end{array}
\;+\;
\begin{array}{l}
\text{CH}_2\text{OOCR} \\
| \\
\text{CHOH} \\
| \\
\text{CH}_2\text{OH}
\end{array}
$$

甘油　　　　脂肪酸酯　　　　　　　　　2-甘油单酯　　　　　　1-甘油单酯

$$
\begin{array}{l}
\text{CH}_2\text{OOCR}_2 \\
| \\
\text{CHOH} \\
| \\
\text{CH}_2\text{OH}
\end{array}
\;+\;
\begin{array}{l}
\text{CH}_2\text{OOCR}_1 \\
| \\
\text{CHOOCR}_1 \\
| \\
\text{CH}_2\text{OOCR}_1
\end{array}
\;\xrightarrow{\text{1,3脂肪酶}}\;
\begin{array}{l}
\text{CH}_2\text{OOCR}_2 \\
| \\
\text{CHOH} \\
| \\
\text{CH}_2\text{OOCR}_2
\end{array}
\;+\;
\begin{array}{l}
\text{CH}_2\text{OH} \\
| \\
\text{CHOOCR}_1 \\
| \\
\text{CH}_2\text{OH}
\end{array}
\;+\;
\begin{array}{l}
\text{CH}_2\text{OOCR}_2 \\
| \\
\text{CHOH} \\
| \\
\text{CH}_2\text{OOCR}_2
\end{array}
\;+\;
\begin{array}{l}
\text{CH}_2\text{OH} \\
| \\
\text{CHOOCR}_1 \\
| \\
\text{CHOOCR}_1
\end{array}
$$

图6-8　转酯化法制备甘油单酯、甘油二酯的反应式

4. 甘油解法

甘油解法是目前工业上生产甘油单酯的主要方法，一般是由硬化油甘油解生产，其中甘油二酯是作为高纯甘油单酯的副产品得到。脂肪酸酰基在油脂分子和游离甘油分子之间重新分布，生成的部分甘油酯的脂肪酸组成与原料脂肪酸相同，因此甘油解过程不发生质量损失。利用特异性脂肪酶选择性催化，可获得特定结构的甘油二酯。利用甘油解法可生产纯度较高的甘油单酯、甘油二酯，成本低但反应速率慢且产率较低，工业生产效果不是十分令人满意。

$$
\begin{array}{l}
\text{CH}_2-\text{OH} \\
| \\
\text{CH}-\text{OH} \\
| \\
\text{CH}_2-\text{OH}
\end{array}
\;+\;
\begin{array}{l}
\text{CH}_2\text{OOCR}_1 \\
| \\
\text{CHOOCR}_1 \\
| \\
\text{CH}_2\text{OOCR}_1
\end{array}
\;\xrightarrow{\text{1,3脂肪酶}}\;
\begin{array}{l}
\text{CH}_2\text{OOCR}_1 \\
| \\
\text{CHOH} \\
| \\
\text{CH}_2\text{OOCR}_1
\end{array}
\;+\;
\begin{array}{l}
\text{CH}_2\text{OH} \\
| \\
\text{CHOOCR}_1 \\
| \\
\text{CH}_2\text{OH}
\end{array}
$$

图6-9　甘油解法制备甘油单酯、甘油二酯的反应式

人乳脂的生产方法如下所示。

1. 酯交换

酯交换即甘油三酯和另一种酯（包括另外一种甘油三酯）进行酶促酰基交换，此反应不形成副产物（如甘油、水、脂肪酸和醇等）。酯交换的目的是降低产物与起始物之间的差别，因此不能像其他反应一样通过去除副产物而反应向合适的方向移动。但可以利用起始油脂的熔点不同将其分成固、液两相，在反应中将固相组分除去，而使这种组分不断生成。

联合利华公司的人乳脂生产即用棕榈油和棕榈仁油在1，3位选择性脂肪酶催化下进行酯交换后再将酯交换产物与高油酸含量的葵花籽油、高亚油酸含量的菜籽油和椰子油按一定比例进行调配，得到的甘油三酯混合物中饱和脂肪酸占30%，其中 Sn-2位上的饱和脂肪酸占总饱和脂肪酸的40%，低于母乳脂肪70%的比例。马尔杜克（Maduko）等用Lipozyme RM IM专一性脂肪酶催化三棕榈酸甘油酯与椰子油、红花籽油和大豆油进行酯交换反应，反应产物与山羊乳脂进行调配后得到母乳化脂肪产品。

2. 酸解反应

酸解反应是在脂肪酶的作用下催化游离脂肪酸与甘油三酯进行酰基交换。酶法酸解是可逆反应，一般认为是水解、酯化两步。达平衡时产物产率取决于脂肪酸和酯的比例，可将产物移出反应体系使平衡向产物方向移动。酸解反应的产品分离容易，通过蒸馏即可将游离脂肪酸分离出去。

荷兰Leders Croklaan公司用Lipozyme RM IM催化棕榈硬脂（PPP）与油酸连续酸解反应生产的母乳脂替代品已用于商业化生产并获得我国新资源食品批准。

内塞（Nese）等用Lipozyme RM IM催化榛子油脂肪酸经尿素富集后的多不饱和脂肪酸（二十二碳六烯酸，二十碳五烯酸）与棕榈酸三甘油酯酸解反应生产人乳脂替代品。并采用响应面法优化得到最优实验条件为：反应温度55℃，底物比为12.4∶1（摩尔比），反应时间24h。生产出 Sn-2位的棕榈酸质量分数达76.6%的人乳脂替代品。杨天奎等用 Sn-1,3特异性脂肪酶Lipozyme IM催化游离脂肪酸与猪油酸解反应制备出脂肪酸组成基本符合人乳脂组成的人乳脂替代品。经过响应面法优化后得到最优条件为：水分含量3.7%（以酶量计），反应温度61℃，脂肪酸与猪油的摩尔比2.4∶1，酶量10%（以底物质量计），反应时间1h。

3. 乙醇解反应

乙醇解反应是用 Sn-1,3特异脂肪酶催化甘油三酯醇解成 Sn-2甘油单酯（MAG）后，再用 Sn-2 MAG与特定脂肪酸酯化可形成ABA型的结构酯。

施密德（Schmid）等用专一性脂肪酶先催化棕榈硬脂（PPP）与乙醇醇解反应生产 Sn-2甘油单酯，甘油单酯再在1,3-专一性脂肪酶作用下与油酸酯化生成高纯度的OPO型人乳脂替代品。产物OPO中 Sn-2位棕榈酸含量达96%， Sn-1,3位油酸占有率达90%。但是由于该过程使用了高纯度的甘油三酯作为原料，成本昂贵，工业化的可能性不大。

三、油脂酶法改性的产品

油脂酶法改性经过多年的发展已从最初的实验室想法变成了现在的工业现实。在世界范围内这一领域已发表了很多研究成果。这也使得在油脂加工及其应用的各个环节中有了生产各种新产品的可能。相关的工业部门也都对油脂酶法改性技术的应用非常重视，越来越多的公司下大力气去探索使用酶技术的可能性。目前已有多家国际公司将油脂酶法改性技术应用于生产。下面对三种甘油酯进行详细介绍。

（一）甘油单酯

甘油单酯（MG或MAG）即脂肪酸单甘油酯，有1-MAG和2-MAG两种构型。象牙色或淡黄色，存在形式有油状、脂状或蜡状等，根据其脂肪酸基团的大小及饱和程度可以无味或有油脂味。与油脂类似，甘油单酯以多种晶型或变晶型存在，同一种一单硬脂酸甘油酯会出现不同的熔点。甘油单酯不溶于水和甘油，但是在水中能形成稳定的水合分散体，亲水疏水平衡值（HLB）一般为2~3，其值可通过改变其组成的脂肪酸碳链长度和饱和性而调整。

一个亲油的长链烷基和两个亲水的羟基使甘油单酯具有良好的表面活性，又因为它可以100%被生物降解为甘油和脂肪酸，安全无毒，是公认的"绿色"环保产品，所以作为乳化剂被广泛应用于食品、化妆品、医药、洗涤剂、塑料、纺织和高分子加工工业中。如含有多不饱和脂肪酸（EPA、DHA）的甘油单酯可预防心血管疾病。

甘油单酯是世界上用量最大的食品乳化剂，占乳化剂总量的1/2~2/3。其中50%用于面粉类产品的加工。目前市场上主要有甘油单酯含量30%~45%和经过分子精馏后含量90%以上两种规格的产品。

（二）甘油二酯

甘油二酯（DG或DAG）是油脂的天然成分，是由两个脂肪酸取代甘油骨架与甘油酯化后得到的。

甘油二酯是油脂摄入体内后代谢产生的中间体。营养学研究表明富含1，3-DAG的食用油具有同等量的甘油三酯（TAG）相似的热值，小鼠食用后不仅能抑制血清中的血脂含量升高，而且能减少其内脏脂肪的积累，这是因为1, 3-DAG的代谢产物是1-MAG或3-MAG，其在小肠黏液中不会重新合成甘油三酯，而是直接经门静脉进入肝脏后经 β-氧化释放能量，从而防止体内脂肪的积累；另外乳糜微粒及由它转运经淋巴循环进入血液中的甘油三酯及胆固醇量也由于甘油三酯在小肠内的合成减少而相应减少，从而降低血脂浓度，起到预防和治疗高血脂及与其相关的心脑血管疾病的作用，经血液吸收甘油三酯的减少会进一步降低皮下、内脏、肌肉等组织对外源甘油三酯的吸收；另外还可抑制相关合成甘油三酯的酶并激活 β-氧化酶，进而减少内源甘油三酯的合成。

甘油二酯除可作为健康食用油外，还广泛应用在食品添加剂、制药、化工等领域。如甘油二酯可以改善面包、蛋糕等焙烤食品的风味，使其口感更加油润，硬化速度减缓，从而延长储存期。作为促溶剂，可加速固体饮品溶解，使产品更加润滑并具有期望的泡沫。作为增塑剂用于果蔬保鲜涂层具有抑菌作用。另外1, 3-DAG可以作为磷脂、树脂、糖脂、酯蛋白、重构脂质等许多化工产品的起始合成原料；也可用在生物工业合成中，如酶激活剂、抑制剂等；在化妆品工业中可用作乳化剂、稳定剂和润湿剂等。

（三）人乳脂

人乳被认为是婴幼儿健康成长和发育的最理想食品。人乳中脂质成分占3%~5%，其中甘油三酯含量占脂质的8%，这部分甘油三酯称为人乳脂，可给0~6个月的婴儿提供45%左右的能量，还可提供人体必需的脂肪酸和长链多不饱和脂肪酸，且可促进脂溶性维生素的吸收。人乳脂中有大量的长链脂肪酸，如亚油酸、油酸、棕榈酸和硬脂酸，这种甘油三酯有着与植物油和反刍动物乳不同的结构，其棕榈酸的60%~70%分布在 Sn-2位，Sn-1, 3位主要由不饱和脂肪酸占据，这种特殊的结构使得 Sn-2位的饱和酸在婴幼儿体内以甘油单酯的形式被吸收，而不是形成钙皂，因此促进了钙的吸收。而普通牛乳或植物油制成的脂肪在婴幼儿的消化吸收过程中会形成不溶水的饱和脂肪酸钙或镁盐，导致脂肪和矿物质的吸收率低，容易产生便秘或大便干结等病症。因此人乳脂比牛乳等动植物脂肪的功能优越。但是由于个人、社会等外界因素的影响，母乳不足、缺乏母乳喂养条件或母乳营养缺乏等现象普遍存在，因此母乳替代品——婴幼儿配方乳粉的研究备受重视。

四、改性产品的分离纯化

甘油单酯、甘油二酯、人乳脂均属于甘油酯类，因此其分离方法大同小异，目前已报道过的甘油酯提纯方法主要有5种：分子蒸馏法、溶剂结晶分离法、柱层析分离法、超临界CO_2萃取法和液液萃取法。

（一）分子蒸馏法

分子蒸馏又称短程蒸馏，是一种在高真空度下进行液液分离操作的连续蒸馏过程，加热面上的物料蒸汽分子通过较短路程的飞行即可到达冷凝面。与一般的常规蒸馏不同，分子蒸馏是在不同物质的挥发度不同的基础上，在低于物料沸点下进行的分离操作。图6-10所示为分子蒸馏分离原理示意图。

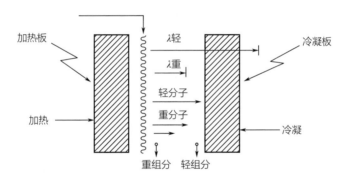

图6-10 分子蒸馏分离原理示意图

分子蒸馏特别适合分离油脂等高沸点、高黏度、热敏性的天然产物，因为在高真空度下，待分离组分在远低于常压沸点的温度下即挥发，并且各组分在受热时的停留时间很短。多级分子蒸馏用来制备高纯度且色泽理想的产品，可分离混合甘油酯中的甘油、脂肪酸、甘油单酯、甘油二酯和甘油三酯等多种组分（图6-11）。

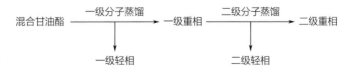

图6-11 多级分子蒸馏工艺流程

其中，一级轻相有甘油、脂肪酸、甘油单酯，一级重相有甘油二酯和甘油三酯。二级轻相有甘油二酯，二级重相有甘油三酯。经过多级分子蒸馏以后，可得甘油单酯90%以上，甘油二酯85%~90%。孟祥河等在无溶剂体系中用酶催化亚油酸和甘油合成1，3-甘油二酯的工艺中，最后酯化所得的产品中有甘油二酯、游离脂肪酸及少量的甘油三酯、甘油单酯。经400Pa、195℃的分子蒸馏后可一步除去98%的游离脂肪酸和甘油单酯，剩余90%的甘油二酯和10%的甘油三酯，分离相对困难。因此，分子蒸馏可方便地分离脂肪酸和甘油单酯，但是由于甘油单酯的蒸气压很低，需要较高的真空度才能分离，设备费用较贵，且由于高温操作，会色泽变深、质量变差并产生苦味。

（二）溶剂结晶分离法

溶剂结晶是利用混合物中各组分在某种溶剂和不同温度下的溶解度差异，通过控制温度而使各组分结晶分离。选用合适的溶剂及结晶温度是最关键的。在50g含甘油单酯、甘油二酯、油脂的粗酯中加入混合溶剂（75mL醇和25mL水），55~57℃搅拌使酯溶解，冷却至43~46℃时大部分油脂和甘油二酯结晶析出；继续冷却至15~17℃时甘油单酯又可结晶析出，此法得甘油单酯纯度达91.2%，甘油二酯纯度达90%以上。溶剂结晶分离法对设备要求不高，操作简单，成本低廉，且各组分都能得以利用，可降低生产成本，工业应用前景良好，但只适用于如碘价小于2的饱和油脂等脂肪酸组成的产品，而且其脂肪酸组成最好是单一种类脂肪酸（如硬脂酸、棕榈酸等）。因此，该方法不适合不饱和脂肪酸组成的脂肪。产品主要是按饱和程度分离，而不是按酯化程度分离。

（三）柱层析分离法

柱层析分离法是利用吸附剂对预分离组分吸附能力和脱附能力的差异，经过柱内填料的连续吸附及脱附作用，用液体洗脱剂使各组分依次被洗脱下来从而实现分离的方法。此法的关键在于选取合适的固体吸附剂及液体洗脱剂。据报道，在65℃、0.345MPa压力下用钾或钠型X分子筛、钾或钠型Y分子筛或钾型L分子筛作吸附剂，丙酮作洗脱剂，可将甘油单酯与甘油二酯及少量油脂分离。模拟移动床也是采用柱层析的原理得以连续进行分离，若应用到甘油二酯的提纯中，会大大降低其生产成本。

（四）超临界CO$_2$萃取法

超临界CO$_2$是甘油二酯的最新分离方法，超临界CO$_2$无毒、不燃烧、无腐蚀、纯度高、传质性能优良、价格低、扩散系数大、黏度低，与其他用作超临界流体的溶剂相比，有着相对较低的临界压力（7.38MPa）和临界温度（31.1℃），更适合分离热敏性生物制品和天然产品。通过调节压力或温度改变CO$_2$密度，利用不同密度下的CO$_2$对物质的溶解能力之间存在差异来实现萃取与分离操作。但是维持超临界状态需要很高的操作压力，而且载荷量小，因此生产成本较高。且使用非极性萃取剂时会将甘油二酯、甘油三酯带入萃取相甘油单酯中，造成甘油二酯的损失。许鹏等考察了温度梯度、压力对超临界CO$_2$萃取分离共轭亚油酸甘油酯的影响及萃取对甘油酯分布和酸值的影响，得到结果为：温度梯度为0时，分离较快但效果较差；温度梯度为10℃、压力为12.75~16MPa时，甘油二酯含量最高为67.08%，产物的酸值最小为3.94，且几乎无色。

（五）液液萃取法

液液萃取法即利用待分离组分在某种溶剂中的溶解度不同而选择性萃取的方法。孟祥河等在酶法合成甘油二酯的精制研究中用乙醇水溶液萃取酯化产物中的副产物甘油单酯，萃取选择性随温度的增加、载荷量的减少、萃取剂中水含量的加大而增加。当采用二级萃取，萃取温度60℃，萃取阶段载荷量40g/100mL，萃取剂水分含量25%（体积分数），回收阶段载荷量15g/10mL，萃取剂水分含量30%（体积分数），所得甘油二酯油中甘油二酯、甘油单酯、甘油三酯的含量分别87.67%、1.1%、11.23%。选择性萃取甘油单酯，而甘油二酯、甘油三酯留在萃取相中，以实现甘油二酯与甘油单酯的分离。该方法的优点是反应在常温下进行，避免了高温高压等极端环境，而且采用的萃取剂符合绿色工艺要求。

五、油脂酶法改性的应用

自20世纪90年代以来，人类对ALA（α-亚麻酸）、GLA（γ-亚麻酸）、ARA（花生四烯酸）、EPA（二十碳五烯酸）、DHA（二十二碳六烯酸）等多不饱和脂肪酸（PUFA），以及中链脂肪酸（MCFA）营养价值的认识取得了长足进展。在天然油脂中，这些脂肪酸含量相对较少。GLA只在乳脂和几种野生油料种子中存在，ARA、EPA、DHA主要存在于海洋动物脂内，而中链甘油三酯（MCT）主要来源是以月桂酸（C12：0）、肉豆蔻酸（C14：0）为主的椰子油和棕榈仁油等少数油种。其数量还不到世界油脂总量的1/10。市场需要的是这类脂肪酸的纯度高、在甘油三酯中位置适宜的产品。同时，也希望能利用长链动植物油脂转变成MCT（如辛酸酯、癸酸酯），这对改变油脂产品结构意义重大。油脂酶法改性的实际应用，目前多数应用PUFA的浓缩富集和对油脂结构化处理的方法来获得这类产品。此外，从富含油酸的天然动植物油脂中，用酶法制取高纯度的油酸（99%以上）及"无溶剂体系"酶催化酯交换生产类可可脂等研究与应用备受人们关注。

（一）多不饱和脂肪酸的酶法富集

从油脂中分离精制PUFA的方法有物理法（包括分子蒸馏、低温溶剂分提、低温分提结晶、色谱法、膜分离、超临界CO_2萃取法等）和化学法（包括酶选择性水解、醇解、银配合法、尿素包络、碘内酯化法等）。但由于PUFA对热和氧化的不稳定性，采用常温、常压、处于氮气流条件下反应的酶法富集PUFA，优点十分明显。其原理主要是利用多数脂肪酸对长碳链PUFA的作用性弱的特点进行富集。富集方法主要有以下几种。

1. 二步酶法

二步酶法，即酶催化水解、酯化分离法。第一步利用对脂肪酸专一性差的脂肪酶将含PUFA的油脂完全水解；第二步采用对PUFA催化性弱的脂肪酶，催化其中非PUFA的游离脂肪酸酯化，然后分离得到富集的PUFA。具体应用示例如下。

（1）黑加仑籽油富集GLA 第一步采用单孢菌脂肪酶水解原料黑加仑籽油（含GLA 22.2%），工艺条件：油水比3/2（质量比），加酶量1000U/g（反应液），35℃，24h，水解率92%。第二步用代氏根霉脂肪酶，催化水解液中的脂肪酸与月桂醇进行酯化反应，工艺条件：脂肪酸/月桂醇（1mol/2mol），含水量20%，脂肪酶/反应液（200U/g），30℃，24h，分离，一次酯化纯度达70%，二次酯化纯度93%。

（2）含25% ARA（花生四烯酸）油脂的富集 第一步采用Psedida rugosa脂肪酶将其水解成FFA（40℃，40h）；第二步用Candida rugosa脂肪酶，专一性地催化除

ARA以外的FFA与十二烷醇进行酯化（36℃，16h，酯化率55%）；然后用尿素分离法而得到含63%的ARA产品；再一次酯化纯度可提高到75%。此外，用同样方法，可纯化金枪鱼油中的DHA。

2.　选择性酶催化水解法

（1）采用Crugosa脂肪酶对琉璃苣油（含22% GLA）进行选择性水解（35℃，15h）得到含46% GLA的甘油酯；再用分子蒸馏法除去游离脂肪酸后二次水解，可使GLA含量提高到54%，应用的脂肪酶还有葡萄籽脂酶等。

（2）用假丝酵母脂肪酶（活力140000U/g）选择性水解鳕鱼油制取EPA、DHA基本条件：温度35~40℃、油水比1∶1、酶浓度400~700U/g、溶剂为异辛烷、缓冲溶液pH 6~8.5、时间16~20h、水解率控制在53%左右、经低温脱酸分离得到含EPA、DHA 50%以上的鱼油甘油三酯产品；富集苏籽油、月见草油中的ALA和GLA。

3.　专一性脂肪酶催化醇解法

（1）采用Rhizo-mucor miehei脂肪酶或R.delemar 脂肪酶催化金枪鱼油，选择性地与十二烷醇进行醇解，可使油中的DHA含量从23%提高为50%~52%，然后进行分离。若进一步醇解，DHA含量能提高至80%~93%。

（2）采用固定化脂肪酶Lipozyme RM IM（Rhizo-mucor miehei）催化鱼油与乙醇产生醇解反应，并且与分子蒸馏相结合富集EPA、DHA醇解反应条件：料溶比1∶2.5（摩尔比，分批加入），加酶量5%（油重），温度50℃，搅拌振荡速度200r/min，反应时间3h。结果油中的DHA含量从26.1%提高到43%。然后进行短程蒸馏（150℃，2Pa）分离提纯，去除乙酯得到富含EPA、DHA的甘油酯（含96.7%）型鱼油产品。

（二）油脂的酶法结构化处理

结构化改性油脂是指将具有特殊营养作用或组成性能的脂肪酸进行酯化，使其接到同一个甘油分子的特定位置上形成油脂。这种改性油脂具有特殊营养或药用价值。例如，生产具有与天然可可脂独特甘油三酯结构、熔点非常接近的油脂，代可可脂或类可可脂；中链甘油三酯（MCT）；富含EPA、DHA的甘油三酯，富含EPA、DHA的磷脂；适宜于生产人造奶油、起酥油的专用油脂；用于酶法精炼等。

油脂的酶法结构化处理的方法和步骤包括：①采用合适的酶催化甘油与目的脂

肪酸进行酯化。②先对甘油三酯选择性局部水解，脱除不需要的脂肪酸，再将所需要脂肪酸酯化接到经局部水解的甘油酯上。③采用酯交换，将所需脂肪酸置换到甘油三酯特定的位置上。

1. 酶法合成葵酸甘油酯

（1）MCT的制备　一般以椰子油、棕榈仁油、山苍籽油等为原料，经水解、分馏切割，得到辛酸、葵酸。然后根据需要，调整二者比例，与甘油或甘油三酯进行酶催化酯化、精制而得。该法1991年起就已经由Kim等采用Mucor miehei和Rhizopus arrhiei等脂肪酶在无溶剂体系催化甘油与葵酸的酯化反应，转化率为85%~90%。也有人用Candida antarctic 脂肪酶取得96.9%的转化率。尹春华等采用Candidasp固定化酶（即利用织物直接吸附假丝酵母发酵液），在甘油：葵酸=1：1.5（摩尔比），温度40℃，甘油含水量4%，加酶量0.25g/g葵酸的优化条件下，葵酸转化率能达98%。产品规格：无色、无味的透明液体，酸值低于0.5mgKOH/g，酯含量大于99%，符合国家卫生标准，MCT的氧化稳定性（100℃ Rancimat法，诱导期）大于180h。

（2）同时含有中链和长链脂肪酸的甘油三酯制品（其中长链在甘油Sn-2位的"MLM型"甘油三酯）具有很高的生产和应用价值。一般采用两步法制取，先将甘油三酯与甘油醇解（选择R.delemar脂肪酶，40℃，30h，Meobur己烷溶剂），生成的甘油二酯从己烷中结晶纯化后，在R.delemar脂肪酶催化下，与辛酸（或葵酸）酸化（己烷，分子筛蒸馏，38℃）。最后产品是甘油三酯在Sn-1和Sn-3位上约94%含有的辛酸，在Sn-2位上98%含有不饱和脂肪酸（如亚油酸，则可配置用于静脉注射油剂）。又例如，采用R. delemar 脂肪酶，催化葵酸与米糠油进行酸化反应（工艺条件：米糠油/葵酸/正己烷/酶为100mg/39mg/3mL/10mg，55℃，24h，200r/min），所得产品中85.5%为"MLM型"甘油三酯（L主要是亚油酸和油酸）。

2. 富集EPA、DHA甘油三酯

由于游离脂肪酸形式的EPA、DHA产品容易被氧化、酸味较重、口感差。虽然容易被人体吸收，但一般仍选择甘油酯型EPA、DHA为最佳食用形式。通常利用甘油三酯富集EPA、DHA。例如，可将甘油与从鱼油中富集的PUFA浓缩液原料（含24% EPA、53%DHA）在有机溶剂中，用C.viscosum 脂肪酶进行催化反应，可得到14%的甘油单酯（含25% EPA、50% DHA）及37%甘油三酯（含21% EPA、50% DHA）的混合物；继而采用C.antarctica 脂肪酶催化（60℃，96h）可得到85%甘油三酯（含26% EPA、45% DHA）的产品。此外，也可以直接将甘油三酯或经过局部水解后与富含EPA、DHA的脂肪酸浓缩液，进行酸化反应取得。此法也可以被用来提高花生油、大豆油、高油酸葵花籽油的EPA、DHA的含量。

3. 富含EPA、DHA磷脂的制取

人体从磷脂中吸收PUFA的速度大于从甘油三酯中的吸收速度，而且磷脂中的PUFA氧化稳定性好。用1,3位专一性的脂肪酶，在有机溶剂中，催化磷脂与PUFA或鱼油进行酯交换反应，可制备富含PUFA的磷脂。此外，用磷脂酶A2催化蛋黄磷脂酰胆碱，使其水解成溶血磷脂酰胆碱（30℃，16h）；然后再与PUFA混合物（含41% EPA、30% DHA）进行酸化，最后得到含11%~16% PUFA的磷脂酰胆碱。

4. 酶解磷脂的制备

在磷脂浓度为150mmol/L、Ca^{2+}浓度180mmol/L、pH 9、温度50℃的反胶团体系中，加入磷脂酶A2（100U/g），水解7h，酶解磷脂的生成率可为65%以上。与普通磷脂相比，溶解度上升，黏度下降至原先的一半，乳化能力提高3~4倍，而乳化液的稳定性明显提高，还具有较强的广谱抗菌性能。

天然油脂的组成和结构在满足人们的营养需求上或多或少地存在着某些方面的不足，为提高油脂的营养性和适用性，需要探寻改进油脂性能的方法。经过几十年来酶科学和酶工程技术的发展，酶法油脂改性技术已成为油脂研究的热点。甘油单酯、甘油二酯均是高效的多元醇型非离子表面活性剂，安全、营养、加工适应性好、人体相容性高，在食品、医药、化妆品、化工行业有广泛应用。人乳脂由于其特殊的结构避免了牛乳引起的婴幼儿消化吸收过程中形成不溶水的饱和脂肪酸钙或镁盐，脂肪和矿物质吸收率低等问题。

当前脂肪酶用于油脂营养改性尚处于实验阶段，而实际在油脂工业中应用很少。主要是目前的脂肪酶产量和种类有限，价格较贵，以及一些工程技术尚未完全成熟。但用脂肪酶和其他酶来催化生化反应，可获得非酶促反应所不能获得的结果，具有非常高的研究和应用价值，因而酶技术代表了食品和日化工业的发展趋势。

第三节
磷脂酶及固定化脱胶技术

油脂是人类生存不可缺少的食品，油脂加工业也备受关注，随着油脂工业的发展及人们对油脂加工原理的进一步认识，油脂加工技术有了新的进展。在油脂加工工业中，油脂脱胶一直是人们关注的焦点之一，良好的脱胶效果是植物油物理精炼的前提，脱胶不完全会加重后道工序的负担，严重时还会造成设备结焦损坏，影响油脂的质量和精炼的经济效益。同时胶质的存在还会影响成品油的稳定性和加工特性，含有胶质较高的油脂不但在高温加热时容易冒烟，而且经反复煎炸会生成致癌物质，影响人体的健康。因此，必须进行脱胶。脱胶就是脱除油中的胶溶性杂质，主要成分是磷脂。磷脂主要分为水化磷脂和非水化磷脂，水化磷脂可通过传统的水化脱胶方法除去，但非水化磷脂具有显著的疏水性，很难脱除。酶法脱胶工艺可以有效地脱除大豆油中的非水化磷脂。与传统脱胶相比，酶法脱胶工艺精炼率提高了0.5%，同时还节省了水洗工序，减少工业废水的产生。因此，酶法脱胶工艺不但提高了企业的经济效益，还减少了对环境的污染，具有很强的推广价值。但是，在实践生产中，酶法脱胶工艺还有很多问题亟待解决，包括磷脂酶对环境敏感，对热和pH稳定性差容易失活，反应条件不易控制，游离酶价格昂贵不能重复利用等。

一、油脂酶法脱胶

油脂脱胶是油脂精炼的主要工艺之一，随着脱胶技术的进步，油脂脱胶在理论研究和工业实践上已有许多新的进展。经过几十年的发展，特别是物理精炼的成功实施，人们已经推出了多种脱胶方法，如利用传统水化脱胶、酸法脱胶、超级（super）脱胶、特殊（special）脱胶、超滤脱胶（Iwama，1987）、顶级（top）脱胶、硅胶吸附法（Welsh，1989）、S.O.F.T脱胶和酶法脱胶（Buchold，1996）处理油料而降低油脂中胶质含量的方法。一般各种方法都有自身的特点及应用范围，具体选用何种脱胶方法要根据不同的精炼工艺要求、毛油质量、操作复杂度、设备投资等多种因素综合考虑。在众多的脱胶工艺中，不断改良的酶法脱胶以其良好的经济环保性能受到越来越多的重视。酶制剂在油脂行业的应用，相对于其他粮食工业来说，虽然起步较晚，但其发展势头和潜力非常巨大。随着粮食市场的国际化、经济化，市场竞争带动了对技术进步的迫切需求。酶法脱胶是油脂精炼的一项高新技术，该技术在提高油脂工业的经济效益和环保效益方面具有巨大的应用价值。

最早提出酶法脱胶工艺的是德国Lurgi公司，称为EnzyMax process，但是未能实现大规模的工业生产。20世纪后期国内也进行了相关的研究，采用的是一种猪胰脏来源的磷脂酶A2，磷脂酶A2存在于蜂蜜、蛇毒、牛和猪的胰脏中和一些链霉菌属的微生物中，但是产量较低，也没有实现工业化生产。近几年来，诺维信公司推出了几种可以商业化生产的磷脂酶，这为酶法脱胶技术的工业化推广提供了条件，但是应用固定化酶脱胶都在积极研究和开发中。

二、大豆磷脂

脱胶工序主要除去油脂中的胶溶性杂质，因毛油中胶溶性杂质主要是磷脂，所以工业生产中常把脱胶称为脱磷。磷脂（phosphatide）是含磷类脂的总称，具有疏水的脂端和亲水的磷酸、有机胺端。因此，它是两性表面活性剂，是天然乳化剂，其广泛存在于动物组织中。其中大豆毛油含有1.1%~3.2%的磷脂，它们对油脂制品风味性和稳定性及在使用时与油的起泡现象等均有直接关系。大豆磷脂结构见图6-12。

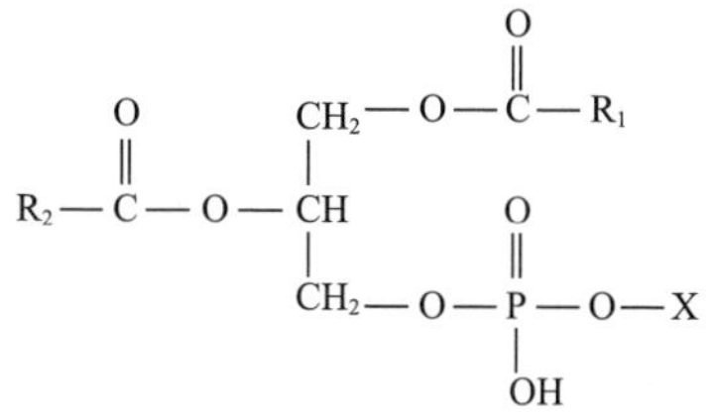

图6-12　大豆磷脂结构

（X可为胆碱、胆胺、肌醇、丝氨醇、氢）

脱胶工艺中将欲脱除的磷脂分为水化磷脂（hydratable phospholipids，HP）与非水化磷脂（non-hydratable phospholipids，NHP）。水化磷脂含有极性较强的基团，所形成的磷脂分别为磷脂酰胆碱（卵磷脂，PC）、磷脂酰乙醇胺（脑磷脂，PE）、磷脂酰肌醇（肌醇磷脂，PI）和磷酯酰丝氨酸（丝氨酸磷脂，PS）。这些磷脂的复合物共同的特征就是与水接触后能形成水合物，可在水中析出，经过离心分离除去。水化磷脂可以通过水化脱胶、酸法脱胶、特殊脱胶等传统的脱胶方法除去。

非水化磷脂包括具有非脂类性质的含磷物质，非水化磷脂的产生与原料的成熟度、储藏、运输和加工过程中原料的水分含量有关。在此期间，由于磷脂酶D的活性使磷脂水解成不易水化的磷脂酸。另外，当磷脂酸与钙、镁金属离子结合时就会形成非水化磷脂钙、镁的复盐，使毛油中非水化磷脂含量增高。在植物油中非水化磷脂是以磷脂酸和溶血磷脂酸的钙镁盐的形式存在的。非水化磷脂具有明显的疏水性，在水化脱胶中较难与水结合，去除较为困难。

三、磷脂酶

天然磷脂的亲水疏水平衡值（HLB）小，亲水性差，在水相中不易分散。磷脂的酶法改性是磷脂在磷脂酶的作用下失去一分子脂肪酸而成，在其分子结构中保留了普通磷脂的亲水亲油基团外，又因为疏水基团的减少而明显增加了它的亲水性能。酶改性则具有反应物不需纯化、反应条件温和、速度快、进行完全、副产物少、酶制剂作用部位准确、来源方便等特点。用于磷脂改性的酶有专一性较宽的酯酶和磷酸酯酶，但最有意义的是专一性较强的磷脂酶（PLA），包括磷脂酶A1、磷脂酶A2、磷脂酶C、磷脂酶D等。磷脂酶能催化磷脂的水解反应，并在一定酰基的受体和供体存在下催化酯化反应和酯交换反应，对磷脂的结构进行各种改变或修饰，得到不同结构和用途的磷脂。磷脂酶水解磷脂的原理见图6-13。

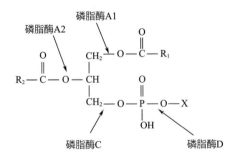

图6-13　磷脂酶水解磷脂的原理

（X代表胆碱、乙醇胺、肌醇、氢等）

1. 磷脂酶A1

磷脂酶A1是专一性水解天然磷脂Sn-1位酰基的酶。磷脂酶A1主要在蛇毒、动物胰脏以及与细胞结合的微生物提取。磷脂酶A1专一性催化水解磷脂Sn-1位酰基，生成Sn-2位酰基溶血磷脂酰乙醇胺和溶血磷脂酰胆碱。磷脂酶A1催化水解磷脂是界面反应，磷脂酶A1的活性部位在水中与磷脂胶束结合进行水解反应，反应过程中不需要金属离子的参与。磷脂酶A1催化水解磷脂得到的溶血磷脂能保留磷脂Sn-2位的不饱和脂肪酸，最大限度地保留磷脂本身的营养价值。水解产物溶血磷脂具有比一般磷脂更好的乳化性能和热稳定性，而且溶血磷脂还可以进一步应用于油脂脱胶的步骤中，溶血磷脂还具有广谱的抗菌性能。总之，溶血磷脂大大拓宽了磷脂的应用范围，溶血磷脂的生产意义显著。

2. 磷脂酶A2

磷脂酶A2是专一性催化水解磷脂Sn-2位酰基的酶。它存在于蜂蜜、蛇毒、牛和猪的胰脏中和一些链霉菌属的微生物中。

磷脂酶A2能专一性催化水解磷脂Sn-2位酰基，生成溶血磷脂和脂肪酸。磷脂酶A2催化水解的效率很高，在同等条件下其活性是脂肪酶水解磷脂作用的76倍。磷脂酶A2对大豆磷脂进行改性，将磷脂分子上的酯键水解生成大豆溶血磷脂。改性后的大豆磷脂的亲水性和乳化性都明显提高。溶血性磷脂用于烘焙食品中，与支链淀粉形成复合物，能有效延长面包的老化。天然磷脂的Sn-2位一般结合的是不饱和脂肪酸，磷脂酶A2对磷脂进行水解反应，可以得到溶血卵磷脂和不饱和脂肪酸。大豆磷脂中不饱和脂肪酸占总脂肪酸的60%以上，主要是亚油酸和亚麻酸，如果可以有效分离回收它们，那么就经济效益而言是非常可观的。

磷脂酶A2的水解作用被用于植物油脂的酶法脱胶，用磷脂酶A2处理就可以将非水化的PE、PA水解成易水化的溶血磷脂，从而减少油脂中磷脂的残留量，提高油脂质量。酶法脱胶工艺：在毛油中混合加入适量柠檬酸（45%，质量/体积）和NaOH（3%，质量/体积），调pH为5.0，保温60℃，立即与0.2%（体积分数）稀释的酶液混合，然后泵入酶反应器，保温反应时间取决于毛油中磷脂含量和产品指标，一般为1~6h，反应后离心分离，得油脂和水化油脚。磷脂水解时磷脂酶A2游离到胶束和水的界面，酶的活性部位和磷脂胶束结合，磷脂酶A2催化的反应需要Ca^{2+}参与。

3. 磷脂酶C

磷脂酶C是一类可催化水解磷脂酰键的水解酶，也是含有Zn^{2+}、Mg^{2+}等金属诱导的酶，通过对各种细胞的膜磷脂的催化水解作用来影响其代谢和信息传递。因此，能水解神经鞘磷脂磷酸二酯键，生成神经酰胺和磷脂酰胆碱。根据其不同的氨基酸序列分为五大类：PLC-β、PLC-γ、PLC-δ、PLC-ε和新近发现的PLC-ζ。其中PLC-β有PLC-β1、PLC-β2、PLC-β3和PLC-β4四种亚型；PLC-γ有PLC-γ1和PLC-γ2两种亚型；PLC-δ有PLC-δ1、PLC-δ2、PLC-δ3和PLC-δ4四种亚型。

PLC的基因广泛存在于动物、植物和微生物的组织和细胞中，已发现20多个不同结构的PLC分子。如在细菌、酵母、黏菌、果蝇、蛙及各种哺乳动物体中均有发现，只是其分子结构和分子质量稍有所差异。原核生物，尤其是大多数细菌，除了自身细胞膜上含有一定量的磷脂酶C外，还可分泌大量的磷脂酶C于胞外培养液中，这种磷脂酶C称为外源性磷脂酶C或胞外磷脂酶C。这为磷脂酶C的纯化制备提供了极大的便利。微生物磷脂酶C由于产量相对较高、易于分离纯化等优点，使得广大科研人员对许多微生物的磷脂酶C进行广泛深入的研究，包括其培养、纯化及各种特性的研究。真核生物，如各种哺乳动物，其组织细胞所合成的磷脂酶C主要分布在细胞膜上，含量非常有限。由于真核生物的磷脂酶C主要分布在细胞内，故称为内源性磷脂酶C或胞内磷脂酶C。内源性磷脂酶C是细胞内信号传递的重要物质，与胞内其他信号传递途径之间相互作用，组成了极其复杂的信号调控网络。

磷脂酶C作用于磷脂时生成甘油二酯、磷酸胆碱、磷酸肌醇等。反应生成的甘油二酯是一种生理活性物质，能影响细胞的代谢，是细胞信号传导途径上的第二信使。一般认为磷脂酶C的水解作用是对天然磷脂结构的破坏，所以对它的应用研究不多。磷脂酶C也可用来水解大豆毛油中的磷脂来提高油脂的精炼率。

4. 磷脂酶D

磷脂酶D能将磷脂酰胆碱水解成磷脂酸和胆碱，在醇存在的微水体系中它可催化转酰基反应，使多种含伯、仲位羟基的分子与磷脂上的乙醇胺或胆碱基团进行交换，生成新磷脂。这一性质可在定向改性磷脂、药物合成等方面得到应用，使磷脂酶D改性磷脂的研究备受关注。转酰基反应的选择性与酶的来源、醇的反应性和浓度有关，反应同时伴有水解反应，最终产物是磷脂酸和一种新的磷脂。不同来源的磷脂酶D都能十分迅速地催化磷脂与乙醇的转酰基反应生成磷脂酰乙醇。伯醇无论结构复杂与否，都可作为转酰基反应的受体，仲醇作为唯一受体时也能以较慢的速度反应。环烷醇可以被微生物磷脂酶D作为酰基受体，但肌醇除外。磷脂酶D

可催化两种反应：水解磷脂酸胆碱（PC），一种PLD的主要作用底物，生成磷脂酸（PA）和胆碱（Cho），即水解反应；除水解作用外，在特定条件下，PLD还能催化磷脂酰基转移反应，使各种含羟基的极性头部基团结合到磷脂的碱基上，形成新型磷脂产品。利用这一特性可对粗品大豆磷脂进行酶法改性，来制备高纯度的单一磷脂和稀有磷脂，来填补市场上对高纯度磷脂产品的需求空缺。

磷脂酶D的高度专一性、磷脂转移特性和在磷脂改性、制备稀有磷脂等方面表现出巨大的潜力和优势，引发了人们的研究兴趣，特别是高产磷脂酶D微生物菌种的选育、酶的作用机制和工业应用研究，已成为重要的研究方向。

四、磷脂酶脱胶

罗淑年等对酶法脱胶进行了研究，其工艺使用的磷脂酶是诺维信公司最新推出的Lecitase Ultral磷脂酶A1，是一种微生物来源的酶。磷脂酶A1对水解脂肪酸酯1-位酰基具有专一性，而对脂肪酸和磷脂的类型没有严格的专一性。水解掉1-位酰基的磷脂极性增大，遇水时可形成液态水合晶体，从油中析出脱除。由于磷脂酶A1对磷脂的类型不具有专一性，为了减少磷脂酶A1的用量，降低生产成本，工业生产中先将水化磷脂脱除，利用磷脂酶A1水解非水化磷脂。

具体工艺过程（图6-14）：将水化脱胶油加热至85℃，加入油重0.1%左右的45%柠檬酸缓冲液进行酸反应，之后降温至50℃，相继加入一定量的热软水和一定浓度的NaOH溶液，调节体系pH为5（体系pH对酶水解是十分关键的），再加入20mg/kg油左右的磷脂酶A1溶液混合、滞留反应3h后，加热至75℃后进入离心机分离，得到高质量的脱胶油。商业化供应的脱胶磷脂酶见表6-5。

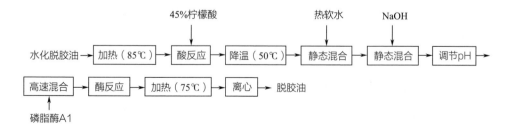

图6-14　磷脂酶脱胶工艺过程

表6-5　商业化供应的脱胶磷脂酶

项目	磷脂酶商品名称		
	磷脂酶 A1 （Lecitase10L）	磷脂酶 A1 （Lecitase Novo）	磷脂酶 （Lecitase Ultra）
来源	猪胰脏	恶性疟原虫	羊毛脂糖 / 恶性疟原虫
特异性	A2	A1	A1
耐热性 /℃	70~80	50	60
最适脱胶温度 /℃	65~70	40~45	50~55
最适脱胶 pH	5.5~6.0	4.8	4.8
离子依赖性	Ca^{2+}	无	无
脱胶效果	一般	好	非常好
Kosher/Halal 认证	否	是	是

注：表中三种酶是丹麦诺维信公司植物油脱胶用酶。

其中猪胰脏来源的磷脂酶Lecitase 10L已不用于植物油脱胶，目前已被更具有优势的微生物磷脂酶Lecitase Novo和Lecitase Ultra所代替。Lecitase Novo和Lecitase Ultra相比，在多数情况下，Lecitase Ultra具有相对较好的热稳定性和脱胶效果。利用Lecitase Ultra脱胶，在良好的控制条件下脱胶油中磷含量可以降到10mg/kg左右，经后续的吸附脱色后，油中磷含量可降低至5mg/kg以下，完全满足物理精炼的要求。

但是，在实际生产中，Lecitase Ultra磷脂酶A1对环境还是比较敏感，易失活，对反应条件要求比较严格。因此，通过试验研究，对磷脂酶进行固定化，可以提高它的热稳定性和pH稳定性，扩大它的最适反应条件范围，为酶法脱胶工艺的大规模推广创造更有利的条件。

五、固定化酶法脱胶工艺

固定化酶（immobilized enzyme），是指在一定的空间范围内起催化作用，并能反复和连续使用的酶。固定化酶的出现，解决了酶在工程化应用中存在的问题，极大地提高了酶的应用价值。

固定化酶与游离酶相比，具有以下优点。

（1）固定化酶可重复使用，使酶的使用效率提高、使用成本降低。一般在反应完成后，采用过滤或离心等简单的方法就可回收、重复使用，大大降低成本。

（2）固定化酶极易与反应体系分离，简化了提纯工艺，而且产品收率高、质量好，避免了其他溶剂的残留。

（3）在多数情况下，酶经固定化后稳定性得到提高。如对热、pH等的稳定性提高，对抑制剂的敏感性降低，可较长时间地使用或贮藏，并可以多次使用。

（4）固定化酶具有一定的机械强度，可以用搅拌或装柱的方式作用于底物溶液，便于酶催化反应的连续化和自动化操作。

（5）固定化酶的催化反应过程更易控制。例如，当使用填充式反应器时，底物不与酶接触，既可使酶反应终止。

（6）固定化酶与游离酶相比更适于多酶体系的使用，不仅可利用多酶体系中的协同效应使酶催化反应速率大大提高，而且还可以控制反应按一定顺序进行。

固定化酶的这些优点为其在各个领域的应用开辟了新途径，尤其是对于食品工业而言，酶的固定化，不仅可反复使用，而且易于产物分离，产物不含酶。因此省去了热处理使酶失活的步骤，这对于提高食品的质量极为有利。所以很多人把固定化酶称为"长效的酶"和"无公害催化剂"。

罗淑年等将磷脂酶A1固定于海藻酸钠-壳聚糖载体上，得到固定化酶微球。采用固定化酶进行脱胶实验，也取得了良好的效果，其工艺过程如下（图6-15）：

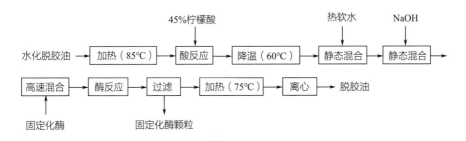

图6-15 固定化酶法脱胶工艺过程

在该工艺中，先将大豆油加热到85℃左右，然后按每吨油0.65kg柠檬酸的比例加入45%的柠檬酸缓冲液进行酸反应，酸反应的目的是络合油中的金属离子，保证精炼油的稳定性。然后降温到60℃以下，加入水、NaOH和酶。加NaOH的目的是和前期加入的柠檬酸形成缓冲体系，有利于酶发挥作用，每吨油NaOH的添加量为0.20~0.25kg，水的添加量为1%~5%，固定化磷脂酶每吨油添加量为100g（固定化酶的载酶量为0.25g/g载体），搅拌反应时间为4~6h，然后进入过滤器，内置60目的筛网，因为固定化酶凝胶颗粒的粒径一般在2~5mm，很容易过滤回收，回收的固定化酶可以进行重复利用。

第四节
酶法大豆蛋白肽制取技术

"大豆肽"是相对分子质量小于5000的小分子大豆蛋白。其主要理化性质与功能特性表现为：①酸溶特性。大豆肽虽然与蛋白质均由氨基酸构成，但大豆肽具有与蛋白质完全不同的理化性质，例如大豆肽与大豆球蛋白不同，不存在明显的等电点，蛋白质在pH约4.5的酸性条件下，可产生沉淀析出现象，而大豆肽在酸性溶液（pH 4.2~4.6）中仍可保持约100%的溶解度，大豆肽的高溶解性为生产高蛋白质酸性透明饮品提供了可靠的原料基础。②快速吸收。可直接口服摄入，作为康复期病人、消化功能衰退的老年人及消化吸收功能未成熟的婴幼儿等特殊人群营养剂，对于患者恢复蛋白质正常营养状态能比静脉注射氨基酸取得更好的效果。③热稳定性。大豆肽在高温条件下，不像蛋白质产生"热变性"而沉淀，可保持溶解状态，在生产上为将肽与蛋白质分离创造了可靠的技术依据。大豆肽不具有大豆分离蛋白、大豆浓缩蛋白和大豆蛋白粉在溶液状态下，伴随温度升高黏度相应提高的特性，以大豆肽为原料生产高蛋白质流体食品，浓度大于30%，温度大于80℃时也不会产生黏稠感。④高吸水性。大豆肽吸水性极强，不受pH变化而影响其吸水性，伴随温度变化大豆蛋白在升温到30℃以上时，吸水能力下降，而大豆肽在0~90℃吸水性反而伴随温度升高而增强，利用大豆肽的强吸水生物学特性可用于开发护发、皮肤保湿等多种化妆品。⑤抗氧化性。相对分子质量小于2000的大豆肽具有清除"羟基自由基"、强抗氧化作用。实验证明，以8%的比例向食品中添加，抗氧化效果最佳。⑥发泡性。大豆肽与大豆蛋白的发泡能力与分子大小密切相关，伴随相对分子质量降低，大豆肽起泡能力增强，大豆蛋白相对分子质量为$5 \times 10^3 \sim 1 \times 10^4$时，发泡力达到峰值，但泡沫稳定性呈持续下降趋势，相对分子质量分布为$（1 \sim 4）\times 10^4$的大豆蛋白发泡力与泡沫稳定性处于最佳平衡点。⑦解酒防醉功能。大豆肽摄入人体后，经代谢产生丙氨酸与亮氨酸，丙氨酸可提高乙醇脱氢酶与乙醛脱氢酶的含量与活性、在辅酶Ⅰ参与下，加速乙醇降解为乙酸排出体外，未降解的乙醇与乙酸反应生成乙酸乙酯，乙酸乙酯的香气还可消除或减轻呼吸酒臭味。以大豆肽为原料，可以开发醒酒饮料、解酒饮料、大豆肽酒等。⑧促进微生物生长发育。大豆肽是小分子蛋白，不仅人体易于吸收，在发酵工业中，大豆肽是微生物的理想蛋白质源、大豆肽具有促进微生物生长发育的功能，用于生产酸奶、干酪、醋、酱油、发酵火腿和酶制剂等，均具有提高生产效率、改善品质的作用。⑨大豆肽具有良好的吸湿和保湿功能，添加于豆制品中，可使产品风味改善、蛋白质营养强化、产品口感软化、易于吸收。⑩改善啤酒与冰制品的功能。由于大豆肽具有高水溶性、高发泡性、溶液黏度低。大豆肽将成为生产蛋白质营养啤酒、冰淇淋、乳制品等食品的最佳添加剂。

一、以大豆分离蛋白为原料的高纯度大豆肽酶法加工技术

1. 调浆

将大豆分离蛋白放入带有搅拌器的控温酶反应器罐中，加水调浆，浆料含量约10%。

2. 加酶反应

调浆后，按底物蛋白质量的1%加入碱性蛋白酶，边加酶边搅拌，随时加碱，保持pH约7.8，搅拌速度60r/min，酶解温度保持在55℃左右，酶解时间2~6h。

3. 分离提取

将酶解后的混合液调至pH为4.5，使未酶解蛋白质沉淀析出，混合液泵入离心机，进行固液分离，流出物全部为酸溶大豆肽，固相物为非水溶性成分，加碱中和，烘干后可作豆渣饲料。

4. 脱除无机盐类

经过离心流出的大豆肽液，泵入脱盐装置，脱盐后电导率≤35μS/cm^2。

5. 脱除异味

大豆肽在酶解度低或大豆中呈味物质——异黄酮、皂苷等未经分离提取处理时，常具有令人难以接受的异味。为脱除异味，可将大豆肽液通过活性炭柱进行处理，大豆肽液与活性炭比约为1∶10（即通过时的大豆肽液流量是活性炭粒体积的1/10）过柱温度约40℃，经过活性炭处理后，即可得到色泽透明、基本无味的大豆肽液。

6. 杀菌灭酶

由于在生产分离蛋白时，已将大部分水溶性非蛋白质物质及无机盐去除，所以有助于肽纯度的提高。经脱味处理后的大豆肽液，为杀灭有害菌和酶，将滤过液泵入135℃的高温瞬时灭酶杀菌装置，通过时间为5~7s。

7. 浓缩、喷雾干燥

经过杀菌灭酶的大豆肽液，泵入蒸汽压力为180kPa、真空度为90kPa、温度为55℃的双效浓缩装置，浓缩浓度达到约40%，泵入压力式喷雾干燥塔中，进口温度为170℃，出口温度80℃，所得产品为肽纯度≥90%的大豆肽粉。

二、降血压大豆肽酶法加工技术

我国高血压患者占总人口约13.6%，人数超过1亿，原发性高血压占高血压患者的90%以上。医疗实践证明使用降压药不可能完全治愈高血压病，而且长期服药，均对患者产生不同程度的毒副作用，所以近年来高血压患者与医药界均倾向于采用非药物方法进行高血压治疗。

近代研究发现高血压是通过人体高血压素原、血管紧张素、血管紧张素转移酶共同作用结果，使血压上升。大豆蛋白经蛋白酶水解，可生成血管紧张素转移酶抑制剂，其主要成分为肽，食用安全性极高，长期服用，既可达到降血压的目的，又无任何毒副作用。

1. 原料配制

将大豆分离蛋白加纯净水，配制成7.5%的大豆分离蛋白水溶液，同时加NaOH调pH约为9.0。

2. 酶解

将配制完成的大豆分离蛋白水溶液加热至50~55℃，加入碱性蛋白酶，加酶量为溶液的4%，酶解12h。

3. 灭酶、杀菌

酶解完成后，加热至75~80℃，保持20min，杀灭细菌和酶。

4. 离心分离

将灭酶后的混合液泵入离心机中，进行固液分离，固相豆渣烘干后作饲料。

5. 过滤

将离心清液通过10^{-8}m超滤机过滤，滤过液经凝胶柱过滤，浓缩装瓶即为"降血压大豆肽口服液"。

6. 喷雾干燥

将过滤液浓缩、喷雾干燥即为降血压大豆肽粉。

降血压大豆肽相对分子质量分布主要集中在155.00~668.81，二肽至六肽占65.30%。对血管紧张素转移酶抑制率≥70%。游离氨基酸组成成分中天冬氨酸、谷氨酸、精氨酸、亮氨酸总计占51.06%，半胱氨酸、甲硫氨酸、酪氨酸、组氨酸总计占7.64%。

三、大豆肽酶法加工技术

分离大豆中油和蛋白质的传统方法是先用加热、压榨或浸出提取油，然后再从粕中提取蛋白质的两步工艺路线，虽然油的得率高达95%以上，但是提油过程都会不同程度地引起蛋白质的变性，从而影响蛋白质的产量和质量。浸出法还要有脱溶剂过程，因而所需设备多，投资大。1956年，美国内森·休格曼（Nathan Sugarman）首先使用水提法（aqueous extraetion），即以水作溶剂沿用浓缩蛋白的生产工艺从花生中同时分离油和蛋白质。1972年，李（K.C.Rhee）等又沿用分离蛋白的生产工艺分离花生中油和蛋白质取得成功。近30年来，美国、英国和日本等国先后将此法运用于芝麻、棉籽、可可豆和菜籽等加工中，都取得了较为满意的结果。但当此法运用于含油量较低的油料（如大豆）时，油的得率极低（<30%），部分油为蛋白质所结合使产品极易氧化变质。1978年，奥尔德·尼森（Alder Nissen）提出了大豆蛋白酶法改性制备等电点可溶大豆水解蛋白（ISSPH）的工艺，

为酶法分离大豆油和蛋白质奠定了基础。1979年，奥尔森（Olsen）将微生物蛋白酶Alcalase运用到大豆油和蛋白质的水法分离中，用酶降解蛋白质分子以释放其所吸附的油，使油的得率接近60%，蛋白质的得率接近40%。

酶法比传统工艺具有以下优点：

（1）从全脂大豆中同时分离油和蛋白质。

（2）设备简单，操作安全，无溶剂污染和投资少。

（3）能除去豆中的豆腥成分、营养抑制因子和产气因子。

（4）由酶法分离得到的等电点可溶大豆水解蛋白是含量很高（约90%）的大豆深加工产品，能广泛应用于多种食品体系。

（5）由酶法分离得到的乳化油经转相法破乳后无须处理即可获得高质量的油。

四、酶法改性

大豆蛋白酶法改性是通过切断肽键降解蛋白质，增加分子内或分子间的极性或特殊基团的暴露，进而达到改变蛋白质的功能特性，提高营养价值的目的。蛋白酶可分为外切酶和内切酶，外切酶通过降解使疏水性基团分解成小肽或氨基氮的同时保证溶液中苦味肽不被分解，使风味更佳；内切酶的作用是把亲水基团（—CO—、—NH—）暴露出来，使大豆蛋白的氨溶指数、溶解度等大大提高。

酶法改性在蛋白质改性上的应用较化学改性和物理改性具有以下几个方面的优点：①相对于化学改性和物理改性，酶解过程温和，对蛋白质原有的功能性质影响较小；②蛋白质经酶解改性后其产物含盐量极低，且可通过选择特定的酶和控制反应因素确保蛋白质的功能特性；③蛋白质经酶解改性后容易被人体消化吸收，同时具有特殊的生理功能和保健功能。酶解产物是小分子肽和氨基酸，更适合食品加工领域应用。因此酶法改性大豆分离蛋白现已成为大豆分离蛋白深加工的一个重要方向，但当大豆分离蛋白被酶解后，由于产生相对分子质量小于5000的多肽而使酶解液存在不同程度的苦味，其中以相对分子质量500~1000的大豆多肽苦味最强；当相对分子质量大于5000时对产品风味无明显影响。根据酶的不同来源，可分为动物蛋白酶、植物蛋白酶和微生物蛋白酶。

（1）动物蛋白酶　动物蛋白酶如常见的胃蛋白酶、胰蛋白酶等，有价格昂贵、副反应多等缺点。以胃蛋白酶的水解为例，其反应条件虽然温和，但其酶解效率较低，反应时间过长，而且水解产物的苦味会随着水解时间的延长而增加。因此动物蛋白酶目前应用较少。

（2）植物蛋白酶 植物蛋白酶常用的菠萝蛋白酶和木瓜蛋白酶，而其中以木瓜蛋白酶报道最多。其主要存在于番木瓜。

（3）微生物蛋白酶 目前报道较多的微生物蛋白酶有碱性内切蛋白酶，枯草杆菌 AS1.398中性蛋白酶，黑曲霉3350中性蛋白酶和转谷氨酰胺酶等蛋白酶；还有从环状芽孢杆菌分离出来的肽谷氨酰胺酶，其能在不影响整个蛋白质结构的同时快速水解谷氨酰胺中的酰胺基，增加蛋白质的溶解性、乳化性和起泡性。研究发现采用碱性内切蛋白酶水解大豆分离蛋白，当其水解度小于 6%时，产物乳化性随其溶解性增加而得到改善；且在相同加酶量时功能特性都稍优于其他蛋白酶，而且当酶/底物之比为1.5×10^{-3}mL/g 时，乳化强度达到最高值（376.31 ± 15.89）g，远远超过索宝公司研发的 S110 高功能性 SPC 的乳化强度（205.63 ± 12.83）g，因此碱性内切蛋白酶较适合工业化生产。转谷氨酰胺酶（transglutaminase，TGase）是一种酰基转移酶，具有催化蛋白质分子之间的交联和聚合的作用，进而形成新的共价键。目前还已知有多种酶可以催化蛋白质分子交联，形成凝胶的弹性和强度较好，这其中以转谷氨酰胺酶最具代表性。唐乃核等系统研究了转谷氨酰胺酶对大豆蛋白其他功能特性影响，转谷氨酰胺酶改性显著提高大豆蛋白对 pH 稳定性、改善乳化和泡沫稳定性，但降低了蛋白质的溶解度和乳化性。

枯草杆菌AS1.398中性蛋白酶是一种较为常用的微生物蛋白酶，其作用底物广泛，酶解能力强，能将大豆分离蛋白水解成小分子肽。有研究发现，采用此酶水解大豆分离蛋白，可以很大程度的提高溶解性、乳化性、起泡性和持水性等功能特性，改性后的产品氨基酸含量增加，更易于消化吸收；同时随着水解度的提高，大豆分离蛋白的豆腥味逐渐减少，而苦味则逐渐增强。

五、酶法提取米糠蛋白的依据

相关资料研究表明，目前用于提取米糠蛋白的酶主要有：糖酶、细胞破壁酶、蛋白酶、植酸酶，各种酶有其不同的作用方式和作用机制，下面进行阐述。

（1）糖酶 糖酶的作用方式是通过破碎植物细胞壁，使其中内容物充分游离出来而提取蛋白质。植物细胞壁分为三层，即胞间层、初生壁和次生壁，主要由纤维素、半纤维素、果胶质、木质素等组成。胞间层主要为果胶质，把相连的细胞连成一个整体。初生壁是在细胞生长时所形成的，由纤维素、半纤维素、果胶质和蛋白质组成。其中，纤维素和半纤维素构成了细胞壁的分子骨架。纤维素是构成初生壁的基本结构物质，占初生壁物质的20%~30%，它是线性α-1，4-糖苷键连接的D-葡聚糖，此外还可能有甘露糖残基。约100个纤维素分子聚集成束，称为微胶团，再由约20个微胶团以长轴平行排列构成微纤丝，再由许多微纤丝聚集成大纤丝，构成基础骨架。微纤丝的间隙充满着半纤维素和果胶质。半纤维素由葡聚糖和葡糖醛酸或阿拉伯木聚糖组成，它通过氢键连于纤维素的骨架上。分散的果胶质由鼠李糖聚半乳糖醛酸组成，通过中性多聚半乳糖醛酸，阿拉伯聚糖和半乳糖连接在纤维素和半纤维素复合体上。次生壁则是指细胞近乎停止生长以后沉积在初生壁里面的部分结构。次生壁由纤维素、半纤维素、木质素和果胶组成。与初生壁相比，次生壁中纤维含量增加，木质素沉积较多，果胶含量降低。高等植物的初生壁含有各种蛋白质，其中多数为糖蛋白，例如伸展素（extensin）是细胞壁中重要结构蛋白质，已有比较全面的研究。此外还含有富含甘氨酸的蛋白质，富含苏氨酸和羟脯氨酸的糖蛋白质，富含组氨酸和羟脯氨酸的糖蛋白，富含羟脯氨酸重复单位的蛋白质，以及阿拉伯半乳聚糖蛋白，阿拉伯胶糖蛋白，含硫蛋白，瘤素和嵌合蛋白。这些蛋白质镶嵌在植物细胞壁中，采用糖酶处理细胞壁组织，可以降解植物细胞壁的纤维素骨架以及分解果胶质，使植物细胞壁崩溃，使植物细胞内有效成分游离，提高胞内物质的提取率。

（2）细胞破壁酶   根据植物细胞壁的组成特点，可以采用细胞破壁酶类对其进行水解。细胞破壁酶类主要含纤维素酶、半纤维素酶、果胶酶等，它们具有很强的降解纤维和崩溃植物及种子细胞壁的功能，能够通过破碎细胞壁而达到提取其中有益成分的目的。目前，对细胞破壁酶研究较多的是纤维素酶。纤维素酶并不是一种简单的酶，而是由若干种相互关联的酶组成的相当复杂的酶系。一般来说纤维素酶主要由三类组分构成：α-1，4内切葡聚糖酶（endo-1，4-p-glucanase，EC3.2.1.4），又称羧甲基纤维素酶，其底物为羧甲基纤维素（CMC），中间产物为一些水溶性的纤维寡聚糖，终产物则是葡萄糖和纤维二糖；纤维二糖水解酶（cellobiohydrolase，EC3.2.1.91），此酶是从非还原端将其水解为纤维二糖；第三种是β-葡萄糖苷酶（β-glucosidase，EC3.2.1.21），此酶水解纤维二糖和水溶性的纤维寡聚糖形成葡萄糖。虽然它对纤维素无作用，由于它可以消除上述两种酶催化的反应终产物对反应的抑制作用，从而大大促进反应进程，因此β-葡萄糖苷酶在纤维素酶系中具有非常重要的作用。纤维素酶系统具有"协同作用"，这是它的一个显著特点。所谓"协同作用"，是指几种酶的总和效能远远大于各单个酶作用效能之和。纤维素酶的作用方式：首先由内切葡聚糖酶作用于微纤维的非结晶区，使其露出许多末端供外切型酶作用，纤维二糖酶从非还原性末端依次分解，产生纤维二糖，然后，部分降解的纤维素进一步由内切葡聚糖和纤维二糖酶协同作用，分解生成纤维二糖、纤维三糖等低聚糖，最后由β-葡萄糖苷酶作用分解成葡萄糖。研究表明，纤维素酶在浸泡大豆时起到很好的降解大豆细胞壁的作用。

（3）蛋白酶　目前对蛋白酶的研究有很多，蛋白酶自身种类也很多，不同蛋白酶有不同的作用机制。蛋白酶在水解蛋白质的同时也会将与蛋白质相连的其他物质水解掉，从而提高蛋白质的得率。利用各种酶制剂（蛋白酶、糖酶、植酸酶等）提取米糠蛋白的研究显示，蛋白酶是提取米糠蛋白的有效手段。在pH 9，45℃作用条件下，水解度（DH）为10%时，米糠蛋白的提取率达到92%，与对照组相比，提取率可增加30%。经过蛋白酶部分水解的米糠蛋白，其功能性质也发生了一些有利的变化，溶解性增加，乳化性和乳化稳定性也均有提高，适合于各种加工食品，特别是那些在酸性条件下具有较高溶解性和乳化性的食品。

（4）植酸酶　在米糠中存在植酸盐，含量（干基）9.5%~11%。米糠中蛋白质分子与植酸阴离子结合会引起结构上的改变，导致形成不溶性的蛋白质-植酸复合体。1980年，Cheryan研究发现，植酸酶水解植酸的磷酸盐残基，有利于增加蛋白质的溶解性和提高蛋白质的纯度。植酸是一种强酸，具有很强的螯合能力，其6个带负电的磷酸根基团，除与金属阳离子结合外，还可与蛋白质分子进行有效地络合，从而降低动物对蛋白质分子的消化率。当pH低于蛋白质的等电点时，蛋白质带正电荷，由于强烈静电作用，易与带负电的植酸形成不溶性复合物。蛋白质上带正电荷的基团，很可能是赖氨酸的α-氨基、精氨酸和组氨酸的肌基。当pH高于蛋白质等电点时，蛋白质的游离羧基和组氨酸上未质子化的咪唑基带负电荷，此时蛋白质则以多价阳离子为桥，与植酸形成三元复合物。植酸蛋白二元或三元复合物的形成，会改变蛋白质的结构，降低其溶解度，并进而影响其消化率和功能。从理论上讲，植酸酶水解植酸释放出磷酸的同时，可将与植酸络合的蛋白质释放出来，便于消化道分泌的各种蛋白酶作用，从而使其消化率得到提高。另外植酸可与内源性蛋白酶、淀粉酶、脂肪酶等络合，降低酶活性，从而导致蛋白质等消化率降低。研究表明，向酪蛋白、豆粕、米糠中加入植酸会降低其蛋白质的溶解率，若植酸在加入蛋白质溶液前，先与过量植酸酶水浴，则可阻止络合物沉淀的产生，其米糠蛋白质溶解率提高到57%，远高于未水解时的溶解率。

第五节
微生物油脂

目前，用于生产食用油脂的原料主要来自动植物，随着世界人口的膨胀，地球上耕地面积有限，动植物的养殖和种植业日益饱和，人类对食用油脂的需求将成为一个日益突出的问题。经过研究人员长期的探索和研究，发现利用微生物发酵法生产油脂是一个很好的获得油脂的新途径。利用微生物生产油脂的研究，从20世纪40年代德国人发现高产油脂的斯达凯依酵母、黏红酵母、曲霉属以及毛霉属等微生物开始。到20世纪80年代初，日本成功地建立了发酵法工业化生产长链二元酸新技术，结束了用蓖麻油裂解合成十三碳二元酸的历史。1986年日本、英国又首先推出含 γ-亚麻酸（GLA）微生物油脂的保健食品、功能饮料、高级化妆品等。自20世纪90年代以后，特种油脂的发展越来越受到重视。而且相继从丝状真菌、细菌、酵母和微藻类中，找到了能生产许多特种油脂的菌种，并取得突破。为进一步形成生产力提供了技术依据。然而，就微生物油脂生产成本而言，主要取决于培养基的价格和从培养物中提取油脂的费用。显然，其成本高于一般植物油脂的生产成本。为此，该项技术的应用，主要集中在生产高附加值的油脂产品方面，如富含棕榈油酸、γ-亚麻酸（GLA）、花生四烯酸（ARA）、EPA、DHA的油脂，羟基脂肪酸以及糖脂、可可脂替代物等。

一、微生物油脂概述

微生物油脂主要是由多不饱和脂肪酸（polyunsaturated fatty acids，简称PUFA）

组成的甘油三酯。多不饱和脂肪酸是指含有两个或两个以上碳碳双键的脂肪酸，主要包括亚油酸（LA）、γ-亚麻酸（GLA）、α-亚麻酸（ALA）、花生四烯酸（ARA）、二十碳五烯酸（EPA）和二十碳六烯酸（DHA）等。PUFA主要来源于动植物，LA分布较广且在植物油脂中含量很丰富，GLA主要从月见草等天然植物中获得，ARA少量存在于动物油中，EPA和DHA存在于深海鱼油中。

（一）微生物油脂的特点

油脂是微生物生命活动的代谢产物之一，微生物中油脂也和动植物一样以两种形式存在，一种是体质脂形式，即作为细胞的结构组成部分而存在于细胞质中，在微生物中含量非常恒定，如微生物细胞膜上的磷脂；另一种形式是贮存脂形式，油脂在微生物细胞内以脂滴或脂肪粒形式贮存于细胞质中。某些微生物如酵母、霉菌、微藻、细菌的细胞内能积累大量油脂，有的菌体干基内含油脂达70%以上，这些油脂与一般植物油脂有类似的脂肪酸结构。而与动植物油脂相比，用微生物生产油脂有许多优点：

（1）微生物适应性强，生长繁殖迅速，生长周期短，代谢活力强，易于培养，可方便用基因工程改良。

（2）微生物产油脂占地面积小，不受场地限制，同时，不像动植物那样受气候、季节变化限制，能连续大规模生产，比农业生产油脂所需劳动力低。

（3）微生物生长所需原材料丰富，价格便宜，如淀粉、糖类，特别是微生物可利用农副产品，食品工业和造纸行业中废弃物，如乳清、糖蜜、废糖液、淀粉生产中产生的废料废液、亚硫酸纸浆、木材糖化液等。一方面可加强废物利用，另一方面还有利于环境保护。

（4）微生物油脂生物安全性好。

利用微生物生产油脂目前在技术上已经完全可行，关键要看经济上是否可行。微生物生产油脂成本取决于培养基的价格和发酵结束后从微生物细胞中提取脂类的费用。目前，即使在最佳条件下由微生物生产1t油脂的价格仍明显高于用大豆、油菜籽或油棕生产1t油脂的价格，因此，对微生物油脂的研究主要集中在生产经济价值高的特殊营养油脂、特殊工业用途油脂，如类可可脂（coco butter equivalent，CBE）、多不饱和脂胞酸、生物食用色素、甾体激素、蜡酯、羟基脂肪酸等，利用微生物可生产各种类型脂肪酸，有单不饱和脂肪酸如棕榈油酸、油酸等，多不饱和脂肪酸如亚油酸、亚麻酸、花生四烯酸、二十碳五烯酸、二十二碳六烯酸等，这些利用微生物生产的具有特殊生物功能和特殊用途的油脂作为动植物油脂的必要补充，在促进人类健康方面将越来越重要。更重要的一点是微生物油脂生物安全性好，更有益于健康，这一点可能抵消其价值略高的缺陷。因此，微生物功能性油脂的研究开发具有重要意义，有广阔的开发前景。今后的研究应注重降低微生物产油脂的成本，寻找低廉的原料，筛选更有效的菌株，减少油脂提取步骤或采用新的提取方法等。

（二）微生物油脂的形成

微藻类、酵母、霉菌和细菌等微生物，可以将碳水化合物、碳氢化合物和普通油脂作为碳源，生产出"微生物油脂"以及某些具有商业价值的脂质。真核的微藻、酵母、霉菌能在体内合成与植物油脂相似的甘油三酯（即单细胞油脂，SCO），而原核的细菌则能合成特殊脂质，如蜡脂、聚酯和聚-β-羟丁酸等。生产"微生物油脂"的过程如下：

$$碳源 \longrightarrow 菌体 \longrightarrow \boxed{提取、精制} \longrightarrow 微生物油脂$$

（1）微藻类能在细胞内形成相当数量的以甘油三酯为主的脂质。尽管光能自养型微藻只需CO_2做碳源，但用发酵罐培养则成本很高。采用各种碳源的异养型微藻来生产"微生物油脂"成本较低。

（2）产油酵母的细胞内含有大量的甘油三酯，它能在各种碳源上生长良好，如蔗糖、糖蜜、乳糖、乙醇等。例如奶酪工业废水中的副产品"乳清"中含有5%的乳糖，经超滤浓缩后的滤液可作为碳源，这样生产的弯隐球酵母单细胞油脂的脂肪酸组成和甘油三酯结构与天然可可脂相似。

（3）某些产油霉菌用葡萄糖为碳源，能在细胞内合成大量甘油三酯。但不同的霉菌的脂肪酸组成差别很大。例如土曲霉的成分与食用植物油相似，而紫癜麦角菌则能生成特殊的脂肪酸，如蓖麻油酸等，霉菌在生产多不饱和脂肪酸中特别有用。

（4）某些细菌如放线菌尤其是分枝杆菌、棒状杆菌和诺卡氏菌的菌体中含有相当多的甘油三酯。但细菌的细胞产量很低，可能是存在于单细胞油脂中的毒性物质限制其生长的缘故。

（三）微生物油脂形成的主要影响因素

选育的菌种是生产不同"微生物油脂"产品的关键，而温度、培育时间、糖浓度、pH、碳/氮比（C/N）以及孢子数量等，又是影响各类菌种产油率的重要因素，必须综合考虑。

（1）温度　与一般微生物生长适温性一致，大多在25~30℃。温度会影响到油脂的组成。温度较低时，不饱和脂肪酸含量会增加。当温度超过50℃时，油脂系数（即生成的油脂需要消耗媒质中的糖源量，%）和产量都将减少。表6-6为不同菌种的最适温度和最佳时间。

表6-6　不同菌种的最适温度和最佳时间

项目	菌种					
	黑曲菌	米曲菌	少根根菌	红酵母	酿酒酵母	羊乳酪青霉菌
最适温度 /℃	30	25	30	30	30	30
最佳时间 /d	3	7	7	5	6	7

（2）培育时间　菌体含油率随着培育时间的长短而有很大的差别，须确定最佳培育期。

（3）糖浓度与C/N　这是最能影响菌体含油率的因素。一般氮源的作用是促进细胞的生长，无机氮有利于产生不饱和脂肪酸，而有机氮则有利于细胞增殖。低的C/N有利于菌丝体产量的提高，而高的C/N则能促进细胞内油脂的合成，必须通过试验进行调节。例如少根根霉的最佳糖浓度为5%，C/N为50∶1时，含油率最高为33%，油脂系数为24.8。

（4）其他因素

①pH：一般而言，最佳pH要和菌种最适生长的pH相一致，如米曲菌pH为5左右，羊乳酪青霉菌为6，而一般在pH 6~7。

②孢子数量：产油率随着菌种不同而孢子数量也不同，须保持菌体一定的稀释率，以不失去增长能力为限度。

（四）开发微生物油脂的意义

地球上的一切生物可归纳成三大类：动物、植物和微生物，对应的油脂也可分为动物油脂、植物油脂和微生物油脂。开发微生物油脂的意义有：

（1）微生物油脂资源是可无限再生的资源。而石油的开采量还能供人类约60年的使用，因此石油化工产品逐渐向油脂化学产品转移是必然的。

（2）通过微生物发酵，把农副产品及食品工业和造纸工业中产生的废弃物加以利用，用来生产微生物油脂，同时还保护了环境。

（3）生产微生物油脂不受场地、季节和气候变化的影响，也不受原料生产的影响，一年四季除设备维修外，都可连续生产。

（4）随着人口的增加，人们对油脂的需求量逐年增长，微生物油脂可以弥补不足。

（5）微生物油脂是具有功能性的产品，从丝状真菌中可提取富含多不饱和脂肪酸如γ-亚麻酸、花生四烯酸、二十碳五烯酸（EPA）、二十二碳六烯酸（DHA）等一些具有保健作用的微生物油脂。

二、微生物合成油脂的生物化学机制

了解产油脂微生物细胞内油脂合成的生物化学机制可以为我们调节控制微生物产油脂条件提供理论依据，根据它的生化合成途径，我们可以设计合适的培养条件，调节微生物的代谢途径或通过基因工程手段改造微生物以提高产量和效率。

（一）微生物中脂质合成的准备阶段—细胞质中乙酰辅酶A的生成

经过多年研究后，英国考林·腊特列杰（Colin Ratledge）等总结了微生物细胞内油脂合成的生化途径，见图6-16。

微生物先将培养基中各种糖分解成单糖（如葡萄糖等），再通过糖酵解途径（EMP途径）在细胞质中将葡萄糖分解成丙酮酸，在移位酶作用下，丙酮酸进入线粒体，在有氧条件下，丙酮脱羧生成乙酰辅酶A，然后进行三羧酸循环（TCA循环），生成柠檬酸（糖酵解途径，三羧酸循环具体步骤可参考有关生物化学书籍）。

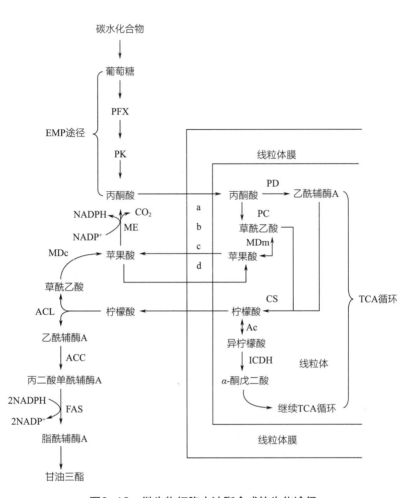

图6-16　微生物细胞内油脂合成的生化途径

注：图中 a、b、c 为丙酮酸－苹果酸移位酶系统，d 为柠檬酸－苹果酸移位酶。ACC 为乙酰辅酶 A 羧化酶，Ac 为顺乌头酸酶，ACL 为柠檬酸裂解酶 CS 为柠檬酸合成酶，FAS 为脂肪酸合成酶系，ICDH 为异柠檬酸脱氢酶，MDc 为细胞质内苹果酸脱氢酶，MDm 为线粒体内苹果酸脱氢酶，ME 为苹果酸酶，PC 为丙酮酸羧化酶，PD 为丙酮酸脱氢酶；PFK 为磷酸果糖激酶，PK 为丙酮酸激酶。

　　用微生物生产油脂时，培养基必须含可利用氮少、可利用碳多。当微生物用完培养基内所有氮时，微生物会从细胞内寻找氮源，这时，细胞内AMP脱氨酶被活化催化磷酸腺嘌呤核苷酸（AMP）分解而释放出NH_3，满足细胞对氮源的需求。

　　磷酸腺嘌呤核苷酸（AMP）$\xrightarrow{\text{AMP脱氨酶}}$ 磷酸次黄嘌呤核苷酸（IMP）+NH_3

　　酶反应后，释放的NH_3被细胞迅速利用以缓解氨源的缺乏，同时细胞内AMP浓度迅速下降。

AMP是细胞线粒体内异柠檬酸脱氢酶（ICDH）的活化剂，ICDH催化异柠檬酸分解，异柠檬酸可通过顺乌头酸酶与柠檬酸相互转化，这两步反应均为三羧酸循环的一部分。

$$异柠檬酸+NAD^+ \xrightarrow{\text{ICDH}} \alpha-酮戊二酸+CO_2+NADH$$

$$柠檬酸 \xrightarrow{\text{顺乌头酸酶}} 异柠檬酸$$

当细胞内AMP浓度低时，异柠檬酸脱氢酶停止作用或活性降低，使异柠檬酸脱氢分解反应速率迅速减慢，异柠檬酸不能被迅速分解而积累起来，由于柠檬酸和异柠檬酸之间的平衡，柠檬酸也开始积累，因此，当培养基内氮源利用完后，细胞内异柠檬酸不能脱氢分解，而因糖酵解途径不受氮源缺乏的影响，细胞仍继续吸收葡萄糖，从而导致细胞线粒体内柠檬酸的进一步积累。

线粒体内积累的柠檬酸通过柠檬酸-苹果酸移位酶系统从线粒体内转送到细胞质中，再迅速被柠檬酸裂解酶（ACL）分解成乙酰辅酶A和草酰乙酸，这一步是油脂生物合成中的关键性限速步骤。

$$柠檬酸+ 辅酶A+ ATP \xrightarrow{\text{柠檬酸裂解酶}} 乙酰辅酶A+草酰乙酸+ADP+Pi$$

乙酰辅酶A是脂肪酸生物合成的前体和基本单位，乙酰辅酶A通过一系列反应生成脂肪酸，然后生成油脂。柠檬酸裂解产生的草酰乙酸通过苹果酸脱氢酶还原成苹果酸。

$$草酰乙酸+ NADH \xrightarrow{\text{苹果酸脱氢酶}} 苹果酸+NAD^+$$

苹果酸接着被苹果酸酶催化脱羧生成丙酮酸。

$$苹果酸+NADP^+ \xrightarrow{\text{苹果酸酶}} 丙酮酸+NADPH+ CO_2$$

细胞质内的苹果酸和丙酮酸都可以通过丙酮酸-苹果酸移位酶系统通过线粒体膜转运到线粒体内，并分别转化成草酰乙酸。

$$苹果酸+NAD^+ \xrightarrow{\text{苹果酸酶}} 草酰乙酸+NADH$$

$$丙酮酸+ CO_2+ATP+H_2O \xrightarrow{\text{丙酮酸羧化酶}} 草酰乙酸+ADP+ Pi+ 2H^+$$

微生物吸收的糖通过EMP途径产生的丙酮酸通过脱羧作用生成乙酰辅酶A，乙酰辅酶A与草酰乙酸缩合形成柠檬酸。

$$丙酮酸+NAD^++辅酶A \xrightarrow{\text{丙酮酸氧化脱羧酶系}} 乙酰辅酶A+ CO_2+NADH+ H^+$$

$$乙酰辅酶A+草酰乙酸 \xrightarrow{\text{柠檬酸合成酶}} 柠檬酸+辅酶A$$

在氮源充足条件下，柠檬酸通过顺乌头酸酶作用生成异柠檬酸，异柠檬酸再氧化脱氢成α-酮戊二酸，最后通过三羧酸循环（TCA循环）彻底氧化分解。在氮源缺乏情况下，柠檬酸积累转送出线粒体，再裂解成乙酰辅酶A，然后循环以上各步骤，之后通过一系列过程合成脂肪酸，最后生成油脂。

脂肪酸生物合成是在细胞质中，脂肪酸的合成所需要的碳源来自乙酰辅酶A，但是，无论丙酮酸脱羧、氨基酸氧化，还是脂肪酸β-氧化产生的乙酰辅酶A都是在线粒体基质内，它们不能任意穿过线粒体内膜到细胞质中去，因此微生物要通过柠檬酸/草酰乙酸/苹果酸/丙酮酸系列反应；经丙酮酸-苹果酸、柠檬酸-苹果酸的移位酶系统将乙酰辅酶A转运到细胞质中，然后合成脂肪酸及油脂。

（二）软脂酸的合成

微生物由乙酰辅酶A合成脂肪酸途径如下：

乙酰辅酶A在乙酰辅酶A羧化酶催化下固定CO_2即形成丙二酸单酰辅酶A。

$$乙酰辅酶A+ CO_2+ ATP \xrightarrow{\text{乙酰辅酶A羧化酶}} 丙二酸单酰辅酶A+ADP+ Pi$$

乙酰辅酶A与丙二酸单酰辅酶A分别与ACP（酰基载体蛋白）作用，形成相应的乙酰ACP与丙二酸单酰ACP。

$$乙酰辅酶A+ACP- SH \longrightarrow 乙酰ACP+辅酶A-SH$$

$$丙二酸单酰辅酶A+ ACP-SH \longrightarrow 丙二酸单酰ACP+辅酶A-SH$$

直接利用自由的乙酰辅酶A的唯一步骤仅出现在脂肪酸合成的起始反应中，然后丙二酸单酰ACP作为碳链延长的基本供体。

乙酰ACP与丙二酸单酰ACP缩合生成β-酮丁酰ACP。

$$乙酰ACP+丙二酸单酰ACP \xrightarrow{\text{β-酮脂酰ACP合成酶}} \beta-酮丁酰ACP+CO_2+ ACP-SH$$

β-酮丁酰接着被还原为β-羟基丁酰ACP。

$$\beta-酮丁酰ACP+ NADPH+ H^+ \xrightarrow{\text{β-酮脂还原酶}} \beta-羟基丁酰ACP+NADP$$

再进行脱水反应，生成α, β-烯丁酰ACP。

$$\beta-羟基丁酰ACP \xrightarrow{\text{羟脂酰ACP脱水酶}} \alpha, \beta-烯丁酰ACP$$

再在NADPH作用下还原，生成丁酰ACP。

$$\alpha, \beta\text{-烯丁酰ACP+NADPH+H}^+ \xrightarrow{\text{烯脂酰ACP还原酶}} \text{丁酰ACP+NADP}$$

丁酰ACP再与另一分子丙二酸单酰ACP缩合成 β-酮己酰ACP，即重复以上缩合、还原、脱水、还原四步反应，生成己酰ACP，然后又以丙二酸单酰ACP为碳源供体，继续循环反应。每次循环脂酰ACP链增加两个碳原子，并释放一分子CO_2，经过七次循环后，合成软脂酰ACP，再经硫脂酶催化形成游离的软脂酸。

（三）不饱和脂肪酸的合成

微生物合成不饱和脂肪酸的关键酶是去饱和酶，该酶能催化饱和脂肪酸碳链脱氢去饱和，将不饱和双键引入碳链中。微生物首先利用软脂酸和硬脂酸为底物，在去饱和酶催化下，在它们的C_9和C_{10}之间引入双键，即分别形成含Δ^9双键的棕榈油酸和油酸，油酸继续通过去饱和酶作用脱氢形成亚油酸，以亚油酸为出发点，继续通过去饱和作用和链延长形成各种多不饱和脂肪酸（PUFA），见图6-17。所有的去饱和反应都需要氧分子的参与，是需氧反应。哺乳动物（包括人类）由于缺乏在脂肪酸的第9位碳原子以上位置引入不饱和双键的去饱和酶，所以不够自身合成亚油

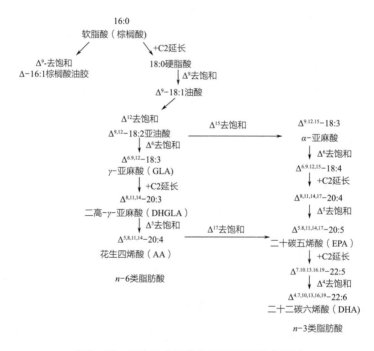

图6-17　微生物中不饱和脂肪酸的形成机制

酸和α-亚麻酸，因此把亚油酸和α-亚麻酸称为必需脂肪酸。哺乳动物中的花生四烯酸（AA）是由亚油酸合成的。

（四）甘油三酯的形成

甘油三酯的合成需要两种主要前体：α-磷酸甘油和脂酰辅酶A，前已述及，脂酰辅酶A是由乙酶辅酶A通过碳链延长而得到的，α-磷酸甘油则由糖酵解途径（EMP途径）的中间代谢物磷酸二羟丙酮得到。

$$\text{磷酸二羟丙酮} + \text{NADP} + \text{H}^+ \xrightarrow{\alpha\text{-磷酸甘油脱氢酶}} \alpha\text{-磷酸甘油} + \text{NAD}$$

α-磷酸甘油与两分子的脂酰辅酶A作用，形成磷脂酸（α-磷酸甘油二酯）。磷脂酸再被磷脂酸磷酸酶水解形成甘油二酯，再在甘油二酯转酰基酶催化作用下，与第三个脂酰辅酶A分子作用形成甘油三酯。

微生物合成油脂过程中，从葡萄糖到脂酰辅酶A到甘油三酯的总化学计算式如下：

$$15.5\text{葡萄糖} \longrightarrow \text{甘油三酯} + 36\text{CO}_2$$

理论上，如果葡萄糖不转化成其他产物，则每100g葡萄糖产生32g甘油三酯，即最大理论转化率为32%。

事实上，由于部分葡萄糖用于生产脂质以外的其他细胞物质，每100g葡萄糖实际产油脂20~22g。

根据以上的油脂合成途径，也可以计算用其他底物如戊糖、乙醇等作碳源时的最大理论转化率，戊糖为35.5%，乙醇为35%。

根据脂类合成的生化途径，可以知道脂类合成过程中关键的调节酶，根据这种调节的关键，可以设计合适的生长条件，包括选择合适的碳源和氮源，也可以对微生物进行基因改造以改善和提高产脂的效率。

油脂积累过程中的关键酶——柠檬酸裂解酶，已从产油脂微生物纤细红酵母（*Rhodotorula gracilis*）中纯化出来，它的分子质量为520kDa，由四个相同亚基组成，对它的代谢调节规律已清楚，该酶与人的柠檬酸裂解酶大小和结构相似。

缺乏柠檬酸裂解酶的微生物所积累的油脂不会超过10%~15%，但另一方面，有柠檬酸裂解酶的微生物不一定能积累大量的油脂，因为其他酶，如AMP脱氢酶、异柠檬酸脱氢酶或苹果酸酶可能缺乏或没有处于紧密的调控之下，从而不能有效进行油脂的积累。

三、微生物生产油脂的培养过程

微生物油脂的积累是一个明显的两阶段过程，见图6-18，所用的培养基中碳源要比氮源等其他营养成分多得多，一般C/N为40∶1，具体比值因菌种不同而变化。第一阶段为细胞生长阶段，细胞利用各种营养成分平衡生长，直到氮源用尽。这一阶段细胞也合成油脂，但主要是用于细胞骨架的组成，即以体质脂形式存在；第二阶段为油脂积累阶段，这一阶段由于氮源缺乏，细胞停止生长，不再繁殖，因为氮元素是合成蛋白质和核酸所必需的。但是，过量的碳元素继续被细胞吸收，经糖酵解途径进入三羧酸循环，导致柠檬酸的积累，再转化为脂肪酸，最后转化为油脂并以贮存脂形式积累起来，这一阶段进行到碳或其他所需营养成分被消耗完为止。

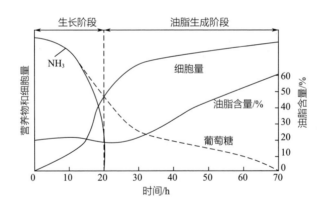

图6-18　微生物发酵时油脂的积累过程

除了以氮作为限制性营养成分外，人们研究了用其他营养成分如磷酸、镁、铁、硫等作为生长限制因子，但是，这些物质除了影响蛋白质和核酸生物合成外，其他代谢也受到严重影响，从而使细胞生长和油脂产量减少。

图6-19为微生物分批培养的油脂积累情况。在连续培养中，培养基用泵连续送到发酵罐中，流入速率与发酵罐中液体流出速率相等，因此，罐中体积是恒定的，微生物细胞的生长速率由培养基的流入速率控制，流入的培养基中氮的含量要

低，一般C/N为（30~50）：1。低浓度的氮很快被细胞消耗，过剩的碳转化成脂肪，但是，如果细胞生长速度太快，则细胞在发酵罐中停留的时间不长，没有充分的时间吸收碳并转化为脂肪，见图6-19（2），因此，稀释速率（指单位体积的流速，h^{-1}）越高，油脂含量越低。

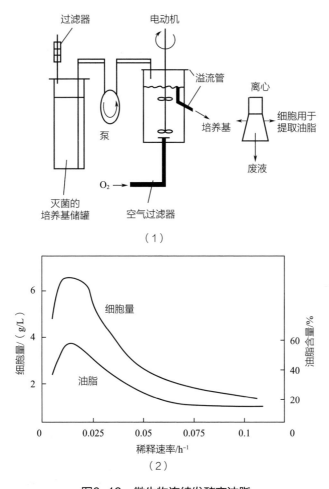

图6-19　微生物连续发酵产油脂

（1）连续发酵流程图　（2）连续发酵时油脂积累过程

Rkema总结了连续培养中影响油脂转化率的因素，为了获得最大转化率，两个关键点是：

（1）为了保证充分的油脂积累，细胞在发酵罐中要停留12~14h。

（2）每100g葡萄糖最多能转化成20~22g油脂。

除了分批培养、连续培养外，半连续培养也可用于油脂的生产，即在微生物生长阶段末期，向培养基中补加碳，一般发酵初期若碳源浓度过高会抑制微生物生长，因此，可在生长阶段加入与氮源平衡的碳，在生长阶段末期氮源消耗完时再补加碳，使之转化成油脂。在胶黏红酵母（Rhodtorula glutinis）连续培养时补加葡萄糖，可使最终细胞密度达到180g/L。

四、产油脂微生物及其脂质特征

1989年腊特列杰（Ratledge）认为，只有油脂积累量超过细胞总量20%的微生物才可称为产油脂微生物（oleaginous microorganism），实际上含油量稍低但商业价值高的微生物也应列入产油脂微生物。产油脂微生物必备条件有：①具备或改良后具备合成油脂能力，油脂积累量大，含油量在50%以上；②能进行工业化大量培养，且培养装置简单；③食用安全，具有良好的风味和消化吸收性高；④生长速度快，抗污染能力强；⑤油脂易于提取。

产油脂微生物主要包括细菌、酵母、霉菌和微藻。最大油脂含量超过20%的产油脂微生物见表6-7。在约590种酵母中，只有25种能积累超过20%的油脂；在60000多种霉菌中，只有少部分能积累油脂，其中有40~50种霉菌积累的油脂超过细胞量的25%。

表6-7　产油脂微生物及其油脂含量　　　　单位：%

微生物名称	最大油脂含量/%	微生物名称	最大油脂含量/%
细菌		丛粒藻（Botryococcus braynii）	> 40%
节杆菌（Arthrobacter sp.）	> 40%	盐生杜藻（Dunaliella salina）	> 40%
微藻		粉核小球藻（Chlorella pyrenoidosa）	> 40%
单肠藻（Monalanthus salina）	> 40%	红冬孢酵母（Rhodosporidium toruloides）	66

续表

微生物名称	最大油脂含量 /%	微生物名称	最大油脂含量 /%
微绿球藻（*Nannochloris* sp.）	> 40%	胶黏红酵母（*Rhodotorula glutimis*）	72
酵母		禾木科红酵母（*Rhodotorula graminis*）	36
弯假丝酵母（*Candida curvata*）	58	黏性红酵母或胶红酵母（*Rhodotorula mucilaginosa*）	28
迪丹假丝酵母（*Candida diddensii*）	37	西方许旺酵母（*Schwanniomyes occidentalis*）	23
季也蒙假丝酵母（*Candida guilliermondii*）	22	皮状丝孢酵母（*Trichosporon cutaneum*）	45
热带假丝酵母（*Candida tropicalis*）	23	茁芽丝孢酵母（*Trichosporon pullulans*）	65
假丝酵母菌 107（*Candida* sp.107）（NCYC911）	42	易变三角酵母（*Trigonopsis variabilis*）	40
浅白色隐球酵母（*Cryptococcus albidus*）	65	解脂耶氏酵母（*Yarrowia lipolytica*）	36
罗伦隐球酵母（*Cryptococcus laurentii*）	32	霉菌（真菌）	
新型隐球酵母（*Cryptococcus neoformis*）	22	圆锥虫霉（*Entomopthora conica*）	38
西弗汉逊酵母（*Hansenula ciferrii*）	22	花冠虫霉（*Entomopthora coronata*）	43
土星汉逊酵母（*Hansenula saturnus*）	22	三孢布拉霉（*Blakeslea trispora*）	37
产油油脂酵母（*Lipomyces lipofer*）	64	刺孢小克银汉霉（*Cunninghamella echimulata*）	45
斯达油脂酵母（*Lipomyces starkeyi*）	63	雅致小克银汉霉（*Cunninghamella elegans*）	56
短四孢油脂酵母（*Lipomyces terrasporus*）	67	同宗结合小克银汉霉（*Cunninghamella homothallica*）	38

续表

微生物名称	最大油脂含量/%	微生物名称	最大油脂含量/%
山茶小克银汉霉（Cunninghamella japonica）	60	小刺青霉（Penicillium spinulosum）	64
深黄被孢霉（Mortierella isabellina）	86	卵孢接霉（Zygorhynchus moelleri）	40
细小被孢霉（Mortierella pusilla）	59	畸雌腐霉（Pythium irregulare）	42
葡萄酒色被孢霉（Mortierella vinacea）	66	终极腐霉（Pythium ultimum）	48
变孢毛霉（Mucor alboater）	42	费希曲霉（Aspergillus fischeri）	53
卷枝毛霉（Mucor circinelloides）	65	构巢曲霉（Aspergillus nidulans）	51
大毛霉（Mucor mucedo）	51	赭曲霉（Aspergillus ochraceus）	48
密丛毛霉（Mucor plumbeus）	63	米曲霉（Aspergillus oryzae）	57
拉莫毛霉（Mucor ramaniamus）	56	土曲霉（Aspergillus terreus）	57
刺囊毛霉（Mucor spinosus）	47	球毛壳霉（Chaetomium bulbigenum）	54
无根根霉（Rhizopus arrhizus）	57	球茎状镰孢（Fusarium bulbigenum）	50
德列马根霉（Rhizopus delemar）	45	木贼镰孢（Fusarium equiseti）	48
米根霉或稻根霉（Rhizopus oryzae）	57	腊叶枝孢（Cladosporium herbarum）	49
白地霉（Geotrichum candidum）	50	甘薯生小核菌（Sclerotium baticola）	46
藤包赤霉（Gibberella fujikoroi）	48	紫瘢麦角菌（Claviceps purpurea）	60
柔毛棒质霉（Humicola lanuginosa）	75	薄膜革菌属（Pellicuaria practicola）	39
爪哇青霉（Penicillium javanicum）	39	高粱轴黑粉菌（Sphacelothea reiliana）	41
淡紫青霉（Penicillium lilacinum）	56	高粱褶孢黑粉菌（Tolyposporium ehrenbergii）	41
暗边青霉（Penicillium soppii）	40	玉米黑粉菌（Ustilago zeae）	59

微生物积累的油脂种类和数量由微生物的物种和它所生长的环境决定，很显然，最大的影响因素是微生物的种类，培养条件如温度、pH、供氧量也能影响所产生油脂的类型，微生物生长的底物也能影响所产的油脂，在不同的碳源底物上生长的微生物可能产生不同的脂肪酸。

甘油三酯大约占脂类的95%，其他脂质（如糖脂、甘油单酯、甘油二酯）一般占总脂质的10%，少数不常见脂质，如硫脂（硫酸脑苷脂、脑硫脂）、肽脂、甾醇、羟基脂、蜡酯、甘油硫酸酯、醚酯都已在细菌（包括古细菌）中发现；酵母和霉菌生产各种类胡萝卜素、甾醇、脂酰基鞘氨醇类神经鞘脂及糖脂；支链脂肪酸和羟基脂肪酸一般出现在细菌脂质中，微藻脂质中一般有高比例的多不饱和脂肪酸（PUFA）。酵母的脂肪酸组成一般与植物油脂相似，其中油酸、棕榈酸、亚油酸和硬脂酸占多数；霉菌中脂肪酸种类比酵母多，从短链脂肪酸（$C_{10} \sim C_{14}$）一直到多不饱和脂肪酸和羟基脂肪酸都有。

1. 酵母

（1）酵母脂质特征　前人对酵母做了很多探讨，根据他们的研究结果，酵母中脂肪酸的分布和组成如下。

①软脂酸（棕榈酸或十六碳酸，16：0）在总脂肪酸中一般为15%~20%，在油脂酵母属（*Lipomyces*）中比例最高，超过30%，有的报道甚至超过60%。

棕榈油酸（16：1）在绝大多数酵母中所占比例很小（小于5%），但在酿酒酵母中含量可达43%~54%，有报道称，在有孢汉逊式酵母属（*Hanseniaspora*）中的棕榈油酸比例超过总脂肪酸的67%。

②硬脂酸（18：0）一般占总脂肪酸的5%左右，很少超过10%，但也有例外。

③油酸（18：1）一般是酵母中最丰富的脂肪酸，在某些品种如裂殖酵母属中可达80%。

④亚油酸在多数酵母中是第二丰富的脂肪酸，而油酸与磷脂细髓膜有关。

⑤在酵母属、裂殖酵母属、类酵母属和有孢汉逊式酵母属中缺乏油酸及其他多不饱和脂肪酸，那些宣称在酵母中检测到油酸可能是夹带了生长培养基中的植物萃取物杂质，例如，在啤酒酵母萃取物中残留油酸是由麦芽汁中的大麦成分带进的。

⑥α-亚麻酸比例一般小于10%，高于15%很少见。

⑦中链脂肪酸（12：0和14：0）一般呈微量，不超过1%；但是在冬孢酵母属

（*Leucosporidium*）中含量可达8%~12%，为了取得这样高的含量，酵母必须在10℃或在更低温度下生长。

⑧少数酵母中存在少量20：0、22：0和24：0的长链脂肪酸，但在多数酵母中是以痕量成分存在的。

⑨长链多不饱和脂肪酸一般认为仅在少数酵母中存在，Cottrell D.（1989）报道一种名为*Dipodus Uninucleata*的酵母中存在二高-γ-亚麻酸及花生四烯酸。

因此，从以上结果可看出，酵母在脂肪酸的分布模式上相当单纯，绝大多数酵母仅有C_{16}和C_{18}脂肪酸，其中基本的饱和脂肪酸是软脂酸，基本的单不饱和脂肪酸是油酸，少数酵母中最多的单不饱和脂肪酸是棕榈油酸，多不饱和脂肪酸在酵母中也存在，油酸含量一般较丰富，但亚油酸含量很少，因此在选择酵母生产脂肪酸时需认真考虑。

大多数酵母中总的油脂含量一般低于20%，但是微生物中油脂的含量与它的生长条件有很大关系，即使是很好的产油脂微生物，在生长条件不佳时，积累的油脂量也很少。

表6-8列出了产油脂酵母的油脂含量及其脂肪酸的组成，表中所列酵母仅有20种，而酵母总共约600种，由此可见，高产油脂并不是酵母的普遍特征。

表6-8　产油脂酵母的油脂含量及其脂肪酸组成　　　　　单位：%

酵母菌种	最大油脂含量	主要脂肪酸相对含量						
		16：0	16：1	18：0	18：1	18：2	18：3	其他
弯假丝酵母 D（*Candida curvata* D）	58	32	—	15	44	8	—	—
弯假丝酵母 R（*Candida curvata* R）	51	31	—	12	51	6	—	—
迪丹氏假丝酵母（*Candida diddensii*）	37	19	3	5	45	17	5	1（18：4）
假丝酵母菌 107（*Candida* sp. 107）	42	44	5	8	31	9	1	—
浅白色隐球酵母（*Cryptococcus albidus*）	65	12	1	3	73	12	—	—

续表

酵母菌种	最大油脂含量	主要脂肪酸相对含量						
		16：0	16：1	18：0	18：1	18：2	18：3	其他
罗伦隐球酵母（Cryptococcus laurentii）	32	25	1	8	49	17	1	—
马格氏内孢母（Endomyces magnusii）	28	17	19	1	36	25	—	—
白地霉（Geotrichum candidum）	50	—	—	—	—	—	—	—
土星汉逊酵母（Hansenula saturnus）	28	16	16	—	45	16	5	—
产油油脂酵母（Lipomyces lipofer）	64	37	4	7	48	3		—
斯达油脂酵母（Lipomyces starkeyi）	63	34	6	5	51	3		—
短四孢油脂酵母（Lipomyces terrasporus）	67	31	4	15	43	6	1	—
红冬孢酵母（Rhodosporidium toruloides）	66	18	3	3	66	—	—	6（24：0）
胶黏红酵母（Rhodotorula glutimis）	72	37	1	3	47	8		—
禾木科红酵母（Rhodotorula graminis）	36	30	2	12	36	15	4	—
黏性红酵母（Rhodotorula mucilaginosa）	28	没有记录						
皮状丝孢酵母（Trichosporon cutaneum）	45	12	—	22	50	12		—
发酵性丝孢酵母（Trichosporon fermentans）	20	17	1	4	42	34		—
茁芽丝孢酵母（Trichosporon pullulans）	65	15	—	2	57	24	1	—
解脂耶氏酵母（Yarrowia lipolytica）	36	11	6	1	28	51	1	—

虽然酵母油脂中脂肪酸组成相当单纯，但用技术手段仍可以改造酵母中脂肪酸组成。

（2）用酵母生产类可可脂　由于酵母中甘油三酯脂肪酸的分布与植物油脂类似，都是在甘油分子的 Sn-2位连接有不饱和脂肪酸酰基，因此，人们试图用酵母油脂作为植物油脂的替代品，其中可可脂是首选目标。

可可脂是世界上最贵重的油脂之一，是可可豆中贮存的油脂。天然可可脂是以可可豆为原料，经清洗、去皮、焙炒、水压法提取而得到的。天然可可脂具有风味良好、不易被解脂酶分解、加工黏度适合、易于脱模等特性，成为制取巧克力不可缺少的一种油脂成分。由于天然可可脂资源不足且价格昂贵，因此出现多种类可可脂和代可可脂。

天然可可脂拥有独特的组成，即1-棕榈酰-2-油酰-3-硬脂酰甘油酯，简称POST甘油三酯，其脂肪酸中23%~30%为棕榈酸，32%~37%为硬脂酸，30%~37%为油酸，但产油脂微生物（包括酵母）一般积累高比例的油酸（40%~50%）和棕榈酸（20%~30%），而硬脂酸相对较低（5%~10%），由表6-8可看出这一点。因此，若用微生物油脂制作类可可脂，则它的油酸比例太高而硬脂酸比例太低，要想用酵母油脂制作类可可脂，必须增加酵母中硬脂酸的含量和降低油酸的含量。

为增加酵母中硬脂酸的含量，可采取不同的方法，如在底物中添加硬脂酸、降低或消除去饱和酶活性、进行代谢调节等。

（3）其他酵母脂肪酸　酵母除了生产甘油三酯外，还可生产其他有特殊用途的油脂，这些油脂主要用在油脂化学工业上。

2．霉菌

（1）霉菌及其脂质特征　酵母约有600种，而霉菌则约有60000种。霉菌中的脂肪酸类型要比酵母丰富很多。油脂含量超过25%的霉菌有60余种。很多霉菌油脂含量在20%~25%，开发潜力也很大。高产油脂霉菌的油脂含量及其脂肪酸组成见表6-9。应该指出的是，C_{12}和C_{14}脂肪酸在虫霉属（Entomophthora）中很丰富，羟基脂肪酸、蓖麻酸、12-羟基油酸可由麦角菌属（Claviceps）生产。有些霉菌生产支链脂肪酸和短链C_4和C_6脂肪酸。

酵母和霉菌脂肪酸最大的差别是霉菌能生产高比例的不饱和脂肪酸，因此现在对霉菌展开了广泛的研究。

功能性多不饱和脂肪酸主要分为 n-3和 n-6两类脂肪酸。霉菌中这两种都有。

表6-9　高产油脂霉菌的油脂含量及其脂肪酸组成　　　　单位：%

菌种	油脂占细胞干重	主要脂肪酸的相对含量						
		14：0	16：0	18：0	18：1	18：2	18：3	其他
耳霉属（Conidiobolus nanodes）	26	1	23	15	25	1	4	13（20：1）
花冠虫霉（Entomopthora coronata）	43	31	9	2	14	2	1	40（12：0）
不显柄虫霉（Entomophthora obscura）	34	8	37	7	4	—	—	41（12：0）
伞枝梨头霉（Absidia corymbifera）	27	1	24	7	46	8	10	—
山茶小克银汉霉（Cunninghamella japonica）	60	—	16	14	48	14	8	—
深黄被孢霉（Mortierella isabellina）	86	1	29	3	55	3	3	—
无根根霉（Rhizopus arrhizus）	57	19	18	6	22	10	12	—
高山毛霉（Mucor alpona-peyron）	38	10	15	7	30	9	1	8（20：0），5（20：4）
土曲霉（Aspergillus terreus）	57	2	23	—	14	40	21	
尖孢镰孢（Fusrium oxysporum）	34	—	17	8	20	46	5	
薄膜革菌（Pellicuaria practicola）	39	—	8	2	11	72	2	—
脂叶枝孢（Cladosporium herbarum）	49	—	31	12	35	18	1	—
高粱褶孢黑粉菌（Tolyposporium ehrenbergii）	41	1	7	5	81	2	—	—
紫癜麦角菌（Claviceps purpurea）	60	—	23	2	19	8	—	42（12-OH-18：1）

$n-6$类脂肪酸以 γ-亚麻酸、花生四烯酸为代表，一般在低等真菌中存在，如藻菌中。$n-3$类脂肪酸以 α-亚麻酸、二十碳五烯酸、二十二碳六烯酸为代表，一般在黏性霉菌和高等真菌如子囊菌、担子菌等中存在。

尽管霉菌也可生产甘油三酯，但主要用于生产不饱和脂肪酸，因为它们的附加值更高。例如γ-亚麻酸传统上多是从月见草（evening primrose）、玻璃苣（borage）、黑加仑（black currant）种子油中提取，但这些油的价格很高，且受气候等因素影响，产量不稳定。

（2）γ-亚麻酸（GLA）　一个好的产GLA的霉菌是卷枝毛霉和爪哇毛霉。用220m^3的生产柠檬酸的发酵罐来进行GLA生产。微生物在碳水化合物原料上生长，在发酵末期，收集菌体，干燥、萃取。通过精炼，除去磷脂、甾醇和类胡萝卜素等共溶物，最后得到的油脂清澈透明，且其中的GLA含量差不多为月见草种子油的两倍，但比玻璃苣油稍低。霉菌发酵后的精炼油中的油酸含量要比植物来源的月见草油低得多，差不多只有月见草的六分之一，这十分有利于GLA的提取，因为油酸和GLA性质差不多，二者很难分离。微生物发酵生产的GLA没有毒性，并已在英国作为商品销售。而植物由于使用农药、除草剂、防霉剂等，可能含有残留的有害化学物质。

在日本，用拉曼被孢霉（Mortierella rammaniana）生产GLA，该菌总含油量达20%，GLA占总脂肪酸的25%。

在新西兰，用冻土毛霉（Mucor hiemalis）IDD51进行GLA工业化生产，其含油量高达41%，GLA占总脂肪酸的15.4%。

用山茶小克银汉霉（Cunninghamella japonica）在湿谷物上进行固态发酵生产GLA，已获得成功。用这种技术，该真菌在大米和小米上生长后，GLA占总细胞量的7%~8%（质量分数），在提取的总脂肪酸中GLA占20%。固态发酵适合GLA等需求量有限的产品的小批量生产，并且它的投资风险相对较小。

在工业生产中，使用葡萄糖作碳源是比较贵的，为减少成本，底物可用单酰基羧酸，如乙酸，它是石油化工废物中的一种。用亚毒水平的乙酸（2g/L），卷枝毛霉CBS203.28能积累粗油脂28%，其中91%为中性甘油三酯，GLA含量为40mg/g细胞。该菌利用正丁酸、正戊酸的速度与乙酸相同，但对异丁酸、异戊酸和丙酸吸收速度较慢。

从发酵后的粗油脂中提炼高纯度GLA油（纯度大于90%）的方法有：尿素

络合、沸石分离、分级结晶、超临界流体色谱等。简单的尿素络合能形成含80%~85%GLA的油脂，添加溶剂纯化效果不大，纯化效果最好而成本最高的纯化方法是用沸石纯化，可获得以乙基酯形式存在的纯度高达98%的精制GLA。

（3）二高 γ-亚麻酸（DHGLA）　由多不饱和脂肪酸合成路线可知，GLA经过加两个碳原子延长烃链生成DHGLA，DHGLA再经Δ^5脱氢去饱和生成花生四烯酸（AA），如果抑制花生四烯酸生产菌株Δ^5去饱和酶活性，则积累DHGLA，成为DHGLA生产菌株。去饱和酶的天然抑制剂有芝麻油中的芝麻素、姜黄中的姜黄色素。添加抑制剂虽然有效，但成本很高，构建Δ^5去饱和酶缺陷型菌株是较经济的方法。用高山被孢霉（Mortierella alpina）的Δ^5去饱和酶缺陷型突变株，在10L发酵罐中于28℃发酵6d后，DHGLA含量为3.2g/L，即0.12mg/g干菌体。

（4）花生四烯酸（AA）　最吸引人的花生四烯酸生产真菌是被孢霉属的菌。据报道，高山被孢霉ATCC 32221在4L发酵罐中，用复合培养基发酵后生物量达到46g/L，含32%的脂肪酸，其中花生四烯酸占总脂肪酸的70%。

低温贮存（有的称老化）可增加真菌中花生四烯酸的含量。研究表明，将28℃生长的高山被孢霉IS-4菌丝在18℃贮存6d，总脂肪酸中花生四烯酸含量加倍。在低温条件（12℃）下生长的真菌中不饱和脂肪酸的含量比高温（28℃）多。在EPA、DHA等其他多不饱和脂肪酸生产中也有类似情况。这是因为微生物为了适应低温环境，细胞要增加细胞膜的流动性，不饱和脂肪酸含量越多，细胞膜流动性就越大。因此，当温度下降时，细胞膜的结构成分如磷脂、神经鞘氨脂、糖脂中花生四烯酸等不饱和脂肪酸增加。但作为贮存脂的甘油三酯中脂肪酸不饱和度变化很小。

除了温度外，橄榄油和大豆油也能刺激被孢霉真菌积累花生四烯酸。这与肉豆蔻酸（十四烷酸）和软脂酸的正效应有关。Mg^{2+}在2~500mg/L范围内有利于花生四烯酸的积累，但Fe^{3+}浓度若超过40mg/L，则对花生四烯酸的积累有强烈抑制作用。

（5）二十碳五烯酸（EPA）　用真菌生产EPA最早是由Yamada等于1987年提出的。

长形被孢霉（Mortierella elongata）ATCC 16271在摇瓶中生产EPA时，发现该菌株在酵母麦芽汁培养基上于18℃、pH 5.1下生长7d后，产生66mgEPA/g干菌丝体，产量比变温培养高2倍多。在土豆葡萄糖培养基上补加蔗糖、葡萄糖、可溶性淀粉、棉子糖、谷氨酸、丙氨酸、肌醇或抗生素（青霉素G加链霉素）不增加EPA产量。硫酸铵和硝酸盐能完全抑制EPA生产。Shimizu证明，被孢霉菌株在α-亚麻酸或亚麻子油上生长时，EPA在菌丝内积累，这一点被Δ^{12}去饱和酶缺陷型高山被孢霉IS-4进一步证明。当在5L发酵罐中，以1%葡萄糖、1%酵母膏、3%亚麻籽油作为培养基，于24℃发酵2d后，接着在20℃下发酵8d，该菌生产出了64mgEPA/g干菌丝体，大约占总脂肪酸的20%，且绝大多数是以甘油三酯形式存在。但菌丝中EPA/AA的比值很低，只有2.5，从营养的角度来看是不太令人满意的。

两个淡水真菌菌株水霉菌（*Saprolegnia* spp.）28.YTF-1和28GTF中EPA含量为13%~15% mg/g干菌丝体，且EPA/AA比值为5.5。优化水霉菌28.YTF-1表明，橄榄油比淀粉、糊精、麦芽糖、葡萄糖作碳源生产EPA较好。在摇瓶中用2.5%橄榄油、0.5%酵母膏于28℃、pH 6条件下生长6d，EPA为17mg/g干菌丝体。将温度由28℃变为6℃，则极大增加了EPA/AA比值，这主要是由于花生四烯酸产量的降低造成的。但EPA主要分布在中性脂（60%）和磷脂内，且占总脂肪酸的比例只有3.5%，说明该菌生产潜力不大。

O.Brien考察了用畸雌腐霉（*Pythium irrregulare*）在气升式发酵罐中于22℃或14℃下用甜乳清或葡萄糖作为碳源，用玉米浸泡液作复合氮源发现：甜乳清（含乳糖）和酵母膏分鄹别是最好的碳源和氮源，低温刺激EPA的积累，生产率为25mgEPA/g干菌丝体，菌丝中含25%EPA，其中90%以甘油三酯形式存在，这对于EPA提取是非常有利的。

（6）二十二碳六烯酸（DHA）　与EPA比较，对微生物产DHA的研究相对较少。现在认为，DHA潜在来源为浮游植物、微藻、真菌和细菌。真菌中水霉属（*Saprolegniales*）和虫霉属（*Entornophthorales*），特别是破囊壶菌目（Thraustochytriales）能大量积累DHA。用金色破囊壶菌（*Traustochytrium aureum*）生产DHA已有报道。Singh等（1996）在摇瓶中和光照条件下对培养基组成、温度、温度波动对该菌生长、油脂和DHA的生产、脂肪酸的组成等进行了研究。该菌株总脂肪酸中DHA为50%~80%，但生物量、油脂含量较低，分别为10g/L和15%。因此，对于该菌来说，首要任务是提高生物量。对于破囊壶菌SP ATSC 20892来说，最适培养条件是pH 7，25℃，葡萄糖含量为40g/L，发酵4d。温度波动可提高DHA的产量和生产率，但对生物量没有影响。在金色破囊壶菌ATCC 34304中，DHA占总脂肪酸的50%，且在一定条件下，没有任何EPA积累，这一点对于DHA纯化非常有利。

真菌能生产包括多不饱和脂肪酸在内的各种脂肪酸，由于真菌便于基因工程改造，因此对真菌中各种去饱和酶进行改造，可以得到我们所需要的脂肪酸如DHGLA等。

用霉菌进行工业化油脂生产的关键不仅要看积累油脂量的多少，还要看积累油脂的速度。生长越慢，生产成本越高。生产时周期一般要在3~4d内，除非产品的价值很高。发酵得到的生物量要大于30g/L，一般要求高于50g/L，这样在工业上才有可能实现。菌体中油脂含量要高，一般要高于20%，否则不能考虑商业化生产。所产生的油脂最好以贮存脂形式存在，这样有利于提取。但很多不饱和脂肪酸，特别是EPA和DHA，一般在细胞膜中占大多数。这种情况下，一般以它们的乙基酯形式释放所有的脂肪酸，这是目前唯一令人满意的方法。

3. 微藻

微藻包括种类繁多的生物，主要有14类，从原核生物蓝绿藻（现称蓝细菌）到黄、绿、金黄、棕藻，硅藻也包括在内。微藻中的脂肪酸种类非常丰富，很多脂与光合作用有关的细胞器形成复合体。

微藻长期以来被用作食品资源，或是利用整个海藻，或是利用它们产生的多糖，如藻酸盐、角叉菜胶等。研究人员对海藻用于食品或精细化工进行了广泛探索。用盐藻（Dunaliella）生产β-胡萝卜素已商业化成功生产，这种藻在澳大利亚和死海中高盐环境下生长。其他类胡萝卜素如玉米黄素、堇菜黄素、叶黄素，隐黄素也有可能作为特种脂质生产。

微藻中油脂含量有些超过70%，但在无菌、光照发酵罐中培养海藻成本较高。只有少数微藻可在室外开放环境下商业化生产。

但并不是所有的微藻都要在光照条件下用CO_2自养生长；在没有光照条件下有些微藻可以以葡萄糖作为碳源异养生长，近来人们已将微藻用于多不饱和脂肪酸的开发。

（1）γ-亚麻酸 很早以前人们就知道一种螺旋藻（Spirulina platensis）能合成GLA，但经过不断研究后发现，该菌在黑暗条件下仅能合成4.6%的油脂，在光照条件下仅含油3%，黑暗条件GLA产量占总脂肪酸的25%。为了增加产量，人们筛选了抗去饱和酶抑制剂的菌株，但成效不大。有人报道说螺旋藻（Spirulina spp.）是最好的生产GLA的微藻资源。

在真核类藻中也有GLA。在小球藻（Chlorella spp.）中部分生产α-亚麻酸。Hirano检测了300种海藻，其中最好的藻的总脂肪酸中GLA占11%，α-亚麻酸占14%

（2）花生四烯酸 在紫球藻（Porphyridium cruentum）中花生四烯酸含量高达

总脂肪酸的60%。在该藻的其他菌株中发现EPA含量也很高，因此该藻有可能用来同时生产花生四烯酸和EPA。

已有报道紫球藻在室外池塘中大规模培养，每平方米每天产生的生物量可达22g，并能维持几周。细胞内含40%的多糖和1.5%花生四烯酸，通过自絮凝很容易收集生物量。推算一年内可产生物量40~50t，1t花生四烯酸，20~28t可用作其他用途的多糖。但是这种规划很难实现，因为很难有条件合适的大面积养殖场。以色列、美国、澳大利亚正致力于这方面的研究。但由于开放性养殖，很难防止一些对人体健康有害的微生物的侵入，从而难以获准作为食品生产。

（3）二十碳五烯酸（EPA） 一种小球藻（*Chlorella minuitissima*）是第一个用来开发多不饱和脂肪酸的微藻，总脂肪酸中EPA占45%，但细胞中油脂含量仅为7%，而且细胞量也低，在光照条件下生物量仅为300mg/L，因此该藻不能用于商业开发。

如前所述，紫球藻（*Porphyridium cruentum*）被用来生产AA和EPA，高产量的菌株中EPA占总脂肪酸的41%，但该藻的油脂含量较低，仅为6%。

三角褐指藻（*Phaeodactylum tricornutum*）的油脂含量为15%，EPA占总脂肪酸的35%。在室内光照条件下可连续生产EPA，并且它的EPA/AA比值特别高，为64.5，这一点使EPA的分离纯化比较容易。

用微藻生产EPA时，光照强度、温度、pH、盐度、营养成分对生长速率、EPA产量、脂肪酸的组成等影响较大。小球藻和紫球藻对培养条件的响应不同，对于紫球藻，其最适生长温度也是EPA的最佳积累温度，而小球藻的最适生长温度和产EPA的温度不同。高盐度减少了紫球藻总脂肪酸和EPA的产量，而在小球藻中添加氯化钠增加了EPA产量。

用异养的微藻也能生产EPA。在这种方式下微藻在常规没有光照的发酵罐中培养，以葡萄糖或其他合适糖作为碳源。美国Martek公司对几千种微藻进行了异养生长和油脂积累的筛选，其中一种丢失叶绿体的硅藻MK8908潜力很大，在发酵罐培养3d后细胞量为50g干重/L，并含油50%，生长和油脂积累速度超过弯假丝酵母，但EPA仅占总脂肪酸的5%，不过，由于油脂中没有其他的多不饱和脂肪酸而使EPA提纯比较简单。

（4）二十二碳六烯酸（DHA） 如前所述，美国Martek公司对异养微藻筛选时，得到另一微藻MK8805，在优化条件下油脂占细胞干重的10%，DHA占总脂肪酸的30%。在350L发酵罐中发酵84h，得到25g细胞/L。虽然含油量较低，但由于油脂中仅有DHA一种多不饱和脂肪酸，所以提取很容易。经分馏后，DHA含量达到80%。

用一种名为寇氏隐甲藻（*Crypthecodinium cohnii*）的微藻在异养条件下半连续生产DHA后的菌体用作水产养殖幼鱼的饵料。在100~150h培养后，生物量为100g/L，干菌体中的油脂含量为25%；总脂肪酸中39%为DHA。

绿光等鞭金藻（*Isochrysis galbana*）是另一个潜在的EPA和DHA生产菌。所产油脂经尿素络合后，可得到92%~96%纯度的EPA和DHA。

微藻是最具有潜力用于各种多不饱和脂肪酸生产的微生物；但现在的问题是，很难找到一种既含高油脂量又含所需脂肪酸多的微藻。另外，尚需大力发展微藻的高密度培养，以提高生物量。微藻在异养条件下生产也是一种较好的方法。微藻在自养条件下利用CO_2作碳源，而在异养条件下需补加葡萄糖等碳源，这样增加了一些成本，但在异养条件下生长速度快，且不需要光照，这些都是有利的方面。

4. 细菌

细菌是最简单、最小的微生物细胞。古细菌中包括一些其他细菌及生物中没有的特殊脂质成分。这些脂质是由类异戊二烯衍生来的，而不是脂酰基团。而且，尽管二十烷酰单元和甘油相连，但是它是通过醚键连接，而不是传统的酯连接。这些脂质与其耐盐、甲烷利用、耐热性能有关。一些古细菌在低于80℃下不能生长，但可耐受110℃高温。使这些细菌能在极端条件下生长。在商业上开发这些不寻常的脂质还有待研究。

细菌中含甘油三酯量很少，细菌中最常见的贮存脂是聚3-羟基丁酸（PHB）。这种PHB聚酯的分子质量高达1.5×10^6kDa，具有很好的热塑性。英国ICI公司已将PHB作为可降解塑料进行大规模工业化生产。生产菌株为真养产碱菌（*Alcaligenes eutrophus*），它能合成菌体量80%的PHB。3-羟基丁酸和3-羟基戊酸（PHV）也可成为共聚体。戊酸单元是通过添加丙酸和葡萄糖产生的。PHB/PHV共聚物一般称为聚羟基脂肪酸酯（PHA）。现已有将PHB用于药品缓释胶囊的研究。

以前认为细菌不可能合成多不饱和脂肪酸，但在1986年研究人员首次从海洋鱼的肠道中分离出产PUFA的细菌。

海洋或淡水细菌异单胞菌属（*Altermonas*）、希瓦氏菌属（*Shewanelllla*）和弧菌属（*Vibrio*）都能产PUFA。腐败希瓦氏菌（又称腐败交替单胞菌）（*Shewanella putretaciens*）是从鲭鱼肠道中分离的。以含蛋白胨和酵母膏的天然或人工海水作为培养基，在25℃、pH 7下培养8h，胞内油脂中的EPA可达9mg/g干菌丝体。由于生长迅速，可考虑用该菌商业化生产。

Yazawa等从鱼和海洋动物中的24000种细菌中筛选出一株菌SCRC-2738，该菌与腐败希瓦氏菌相似。在普通发酵罐中于20℃下发酵12~18h，可产15g干菌体/L，含油脂10%~15%，EPA占总脂肪酸的40%。由于EPA存在于细胞磷脂中，需要对酯进行水解以得到脂肪酸，经超临界二氧化碳流体萃取后再经色谱分离，可得到含量为80%的EPA。

五、微生物生产的其他脂质

微生物除了能合成脂肪酸、甘油三酯外，还能合成大量不同结构和性质的其他脂类化合物。对这些化合物的研究没有像甘油三酯那样广泛，直到20世纪90年代初才引起广泛注意，油脂微生物能合成特殊脂质如羟基脂肪酸、蜡酯、羟基链烷酸酯，及一些药用产品如甾体激素。

（一）脂溶性维生素和色素

微生物能合成的脂类包括甾醇、类胡萝卜素、醌和其他萜类化合物，其中一些有维生素活性，但对微生物合成这些化合物的了解较少。20世纪80年代以后，研究人员陆续对微生物生产脂溶性维生素如 β-胡萝卜素、维生素A原、维生素D、维生素E、维生素K等展开研究。已用毛霉属和三孢布拉霉（*Blakeslea trispora*）或绿藻（*Duniella salina*）工业化生产 β-胡萝卜素和维生素D，其成本比化工合成的低，毛霉属的布拉克须霉（*Phycomyces blakeslecanus*）积累的油脂高达菌丝干重的41%，开发潜力很大。该霉菌脂肪酸的组成与生长时间及培养条件有关，并有GLA存在。布拉克须霉中 β-胡萝卜素的含量与培养条件有关。须霉已作为基因工程研究的目标，因为该菌中 β-胡萝卜素的生化合成途径及调节规律已比较清楚，因此该菌是很有潜力生产GLA和 β-胡萝卜素的。

用微藻（*Duniella salina*）工业化生产 β-胡萝卜素开始于20世纪80年代中期，但一直处于保密状态，该菌能自养生长，含 β-胡萝卜素10%，并在叶绿体基质中以脂滴形式存在。

麦角甾醇、前维生素D_2是酵母和真菌中的主要甾醇，一般在菌体干重中含0.5%，但有些酵母属和红酵母属的菌株能积累至干重的3%~4%，假丝酵母属（*Canadida*）、镰孢菌属（*Fusarium*）、木霉属（*Trichoderma*）也能生产高浓度的甾醇，通过提高糖浓度，使氮源处于限制浓度，添加前体（即异戊醇），处于乙醇蒸气环境下，增大通气量等措施可提高甾醇浓度到总脂质的18%~19%。

从啤酒废酵母中分离的麦角甾醇已用于生产麦角骨化醇（维生素D_2），它是胆钙化甾醇（维生素D_3）的类似物。

脱氢胆甾醇是胆钙化甾醇的前体，由于维生素D_3比维生素D_2的活性大，已有用特定的去饱和酶酵母突变株生产维生素D_3。

在含叶绿素的微生物，特别是眼虫藻（*Euglena gracilis*）上能大量积累生育酚，日本从20世纪80年代开始筛选生产醌（维生素K）的微生物，结果表明只有黄杆菌属（*Fla vobacterium*）种的微生物能大量积累维生素K。一个新的海洋芽生光合细菌（*Rhodobium* gen.nov）（包括*R.orientalis* sp. nov和*R. marinum comb*）能生产甲萘醌10（维生素K_2）和泛醌10（辅酶A），从土壤中分离的放线动孢囊菌属（*Actinokineospora*）的4种新种中发现了产甲萘醌的菌株MK-9，维生素K_{12}合成途径中的第一个芳香族中间体——琥珀酰苯甲酸于1994年第一次用枯草杆菌（*Bacillus subtilis*）合成成功。

（二）微生物表面活性剂

当微生物生长在水不溶的烷烃或油脂上时，会产生生理反应，生产一定数量的胞外脂作为表面活性剂，脂分子上含亲水基团，这些基团包括糖基、氨基酸、脂肪酸，从而乳化水不溶的底物，使微生物能吸附在底物上并吸收它们。在节杆菌属、假丝酵母属、球拟酵母属中具有表面活性性质的脂包括海藻糖脂、鼠李糖脂、槐糖脂、多糖脂复合物和中性脂，这些都是胞外产品。

生物表面活性剂可用于油污的清洗和油脂的回收利用，两种生物表面活性剂已商业化生产，一种是由假丝酵母（*Candida bombicola*）生产的，用于化妆品生产；另一种是由乙酸钙不动杆菌（*Acinetobacter calcoaceticus*）RAG-1生产的，商品名为Emulsan，用于油污清洗和油脂回收。由假丝酵母菌可产槐糖脂，它是羟基硬脂酸被槐糖脂（2-葡糖-β-葡糖苷）的糖苷连接生成，通过羧基和第二个葡萄糖上的羟基4位上酯化形成内酯。日本Kao公司已把槐糖脂作为化妆品的一种成分进行商业化生产。以大豆油为底物进行微生物生产甘露糖酰赤藓醇酯也有报道，该酯表面活性与其他生物表面活性剂相同，并具革兰氏阳性菌抗性。

（三）蜡酯

用微生物可生产蜡酯、磷脂、糖鞘脂和一些不常见脂肪酸，蜡酯具有润湿表面的能力（基于长链脂肪酸和乙醇）已在工业上用于化妆品、药品、染料、润滑剂生产，在烃上生长的不动杆菌属（*Acinetobacter*）能在细胞中积累15%的蜡，这些蜡与抹香鲸油、西蒙得木油相似，改变碳源和温度可改变蜡的组成，一般改变底物中烃链长度和温度可生产C_{32}~C_{42}的蜡酯。眼虫藻也能生产蜡酯，在通气条件下，该藻细胞内积累C_{24}~C_{32}的蜡酯。

（四）磷脂和糖鞘脂

磷脂和糖鞘脂在所有生物中都有，它们一般存在于细胞膜中，能影响细胞膜的功能，细胞膜通过精确选择脂的类型可调节温度敏感性及底物吸收膜蛋白活性，在烃上生长生产的酵母细胞中磷脂占30%，由于它带有亲水性的基团如胆碱，磷脂和糖鞘脂可用于很多方面，包括人造膜（脂质体）的合成等。在一些可吸收己烷的酵母中可积累脑苷脂。

（五）羟基脂肪酸和二元羧酸

产油脂微生物可将己烷烃转化为具有重要工业用途的羟基脂肪酸和二元羧酸。细胞内不饱和脂肪酸通过氧化反应产生的羟基脂肪酸，可用于化妆品、染料、涂料、润滑剂和食品工业，它们还是脂肪酶催化合成精细化工产品和药品的重要中间体，产油脂霉菌麦角菌能积累60%的脂，蓖麻酸占60%，其他产羟基脂肪酸的微生物有假丝酵母、红酵母、黑粉菌属和*Yorrowia*，其中*Yorrowia*生产双或三羟基脂肪酸和ω-羟基脂肪酸。羟基多不饱和脂肪酸，在医药上具有重要用途。

阴沟假丝酵母（*Candida Cloacae*）和热带假丝酵母（*Candida tropicalis*）可以用同类的链烷烃为底物，将烷烃转化成α，ω-二羧酸，含量超过70%，产量为60g/L，热带假丝酵母用于生产重要的巴西基酸（十三烷二酸），巴西基酸是高附加值的大环香水的成分。虫霉属生产的短链和中链脂肪酸可用于构建中链的甘油三酯，该物质在营养上具有重要功能。脂肪酸和脂肪醇（C_8~C_{18}）可被某些细菌、酵母或它们的酶氧化产生二羧酸和羟基脂肪酸。

固定化的红球菌属（*Rhodococcus*）能产生胞内或胞外甾醇氧化酶，能特异性地将甾醇生物转化为其他重要的药用物质。

第六节
酶法制取生物柴油

"生物柴油"即脂肪酸甲酯，可作为石油燃料的代产品。主要是利用动植物油或废油、精炼油脚作原料制成的一种环保型可再生的能源与工业原料。

早在19世纪末，鲁道夫·狄塞尔（Rudolf Diesel）就曾用花生油试验成功作为发动机燃料，并首次在1900年巴黎世界博览会上亮相。虽然由于价格的原因，其应用一直非常有限。但自1981年在南非提出了"生物柴油"概念后，颇受各国广泛关注。尤其1991年以后，一方面，石油价格不断上涨而石油资源日渐枯竭，全世界都面临着能源短缺的危机，另一方面，随着人类生活水平的提高、环境保护意识的增强，已经认识到石油作为燃料造成空气污染的严重性。迫使人类必须寻求一种新能源——"清洁燃料"来取代石油燃料。其中生物柴油则是最引人注目的一种，它既是一种生物燃料，又可以用作柴油机燃料的添加剂。

目前，欧洲、北美主要以植物油为原料生产生物柴油，而我国和日本则主要通过回收废植物油为原料制备生物柴油。1982年前后，德国和奥地利首次在柴油机中使用菜油甲酯。1985年在奥地利建立了用常温常压新工艺生产菜油甲酯的中试装置。自20世纪90年代起，欧洲建立了多家用菜籽油（卡诺拉油）为原料生产生物柴油的规模化工厂，制定相应标准，国家采取免税政策，并配套建立数百座加注生物柴油的加油站。尤其到1996年德国（Cimbria sket公司）和法国推出了成套生物柴油连续化生产线，并成功地在大众（Volkswagen）、奥迪（Audi）等小轿车中使用生物柴油作为发动机燃料。同年，还成立了欧洲生物柴油委员会，这标志着又一项新兴产业的诞生。由于成本问题，各国厂商大多在石油柴油中掺加10%~20%的生物柴油，直接在柴油发动机上使用。

我国2000年开始重视生物柴油研发。2004年开始立项、技术攻关。到2007年，我国也制定了生物柴油的相关标准［GB/T 20828—2007《柴油机燃料调合用生物柴油（BD100）》，已被GB/T 20828—2015《柴油机燃料调合用生物柴油（BD100）》代替］。其实，1984年起在四川已经进行了利用菜油脂肪酸甲酯代替柴油试验，并已取得阶段性成果，研制成一套以菜油脚为原料的制取工艺。它为利用劣质油、油脚生产生物柴油提供了一项生产成本较低的技术。但也存在油脚成分复杂、加工难度大等问题而搁置多年。2005年后，我国已经有多条连续化生物柴油生产线，规模达到年产1万~2万t。然而，由于植物油作原料占总生产成本的90%以上，经济上还是以油脚、废油为原料生产生物柴油更具有实际应用价值。

目前，生物柴油主要用化学法生产，即用动植物油脂与甲醇或乙醇在230~250℃、酸或碱催化剂的作用下生成。但此法存在工艺复杂、能耗高、醇必须过量、反应液色泽深、杂质多、产物难提纯、有废碱液排放等缺点。为此，人们开始关注酶法合成生物柴油技术，即用脂肪酶催化动植物油脂与低碳醇间的转酯化反应，生成相应的脂肪酸酯。酶法合成具有提取简单、反应条件温和、醇用量小、甘油易回收和无废物产生等优点，且此过程还能进一步合成其他一些高价值的产品，包括可生物降解的润滑剂以及用于燃料和润滑剂的添加剂。

一、酯交换法制取生物柴油原理

酯交换是指在催化剂（KOH、甲醇钠、硫酸、脂肪酶等）存在或超临界条件下，甘油三酯和各种短链醇发生醇解（转酯）反应生成脂肪酸甲酯（生物柴油）的过程。酯交换的方法主要包括：均相催化法（碱催化法、酸催化法），非均相催化法（金属类催化剂如ZnO、ZnCO$_3$等），生物催化法（脂肪酶）以及超临界法等。

1. 以植物油为原料均相催化制取脂肪酸甲酯

（1）基本反应方程

$$\text{甘油三酯+甲醇} \xrightarrow[\text{CH}_3\text{ONa}]{\text{KOH}} \text{甘油+脂肪酸甲酯（生物柴油）}$$

（2）副反应

$$\text{甘油三酯+3KOH} \longrightarrow \text{甘油+钾皂}$$

此副反应不希望发生，因为油中的游离脂肪酸（FFA）与碱的皂化反应会产生乳化现象。它能减弱催化活性、使甲酯相与甘油相难以分离。

2.以植物油为原料生物（脂肪酶）催化法转酯反应

（1）基本原理和特点　生物催化剂主要指脂肪酶（如酵母脂肪酶、根霉、毛霉脂肪酶以及猪胰脂肪酶等），脂肪酶来源广泛、具有选择性、专一性，在非水相中能发生催化水解、酯合成、转酯化等反应。具有反应条件温和（常压，约40℃），无须辅助因子，醇油比小、无污染物排放等优点。特别重要的是从反应后的混合物中分离副产物甘油，过程简单，操作方便。而且反应过程不受原料油中的水分和FFA的影响，只需加入理论量甲醇（油醇摩尔比1∶3）就可使反应顺利进行。也无须再回收过量甲醇，催化剂也容易和产物分离。有研究表明，在米根霉（*Ryzopus oryzae*）脂肪酶催化作用下，甘油三酯与甲醇的转酯反应动力学表现为连续过程，即首先水解，分别生成部分甘油酯（甘油二酯→甘油单酯）和FFA，FFA与甲醇反应生成甲酯，这与碱催化不同，连同植物油中的FFA一起能全部转化成甲酯。

（2）间歇酶法催化酯交换　实验室方法主要有：①三步法。采用正己烷作为溶媒，油溶比约2.5（质量/体积），转化底物为大豆一级油，总醇油比为3∶1；丹麦诺维信公司生产的Lipozyme 固定脂肪酶用量为原料油质量的10%（或*Candida antarctica*酶4%，质量分数），温度40℃（30℃）；将底物进行预处理（搅拌乳化）后，每隔5h（10h）加甲醇一次（醇油比1∶1），共加三次计34h（48h），转化率能达到94%（97.3%）；②两步法。第一步和三步法一样，先添加1/3甲醇反应10h，由于此时甲醇在已生成的甲醇中的溶解度较大，第二步可以将剩余的2/3甲醇一起加入反应体系中，反应24h，转化率可达96.8%。此固定脂肪酶能循环使用100d以上，也有选用国产酶取得45d成功的报道。

（3）连续式酶法催化酯交换　采用三套固定床生物反应器按上述三步法原理组合而成。每一步都包括加1/3甲醇与油混合、经固定床催化反应器反应（30℃）、反应产物通过恒流泵打入静置罐（约10h），分离出重相油，轻相油连续打到第二组继续反应、分离，直到第三组完成。一般脂肪酸甲酯含量能达到93%左右，此时的固定床酶100d后活力几乎不变。

（4）超声强化酶法催化酯交换　研究认为，适宜的低强度超声辐射既能提高酶促酯交换的反应速率，又可以显著提高酶促酯化反应速率。对于固定化酶超声作用可疏通载体内部的通道，强化内扩散；对于游离酶粉，可提高其颗粒的分散度，增大酶与底物的比表面积，加速分子运动、增加底物与酶活性中心结合的概率，同时也能使反应产物易于从酶的表面脱离。但也存在会改变酶的结构甚至使酶失活的问题。

3. 以植物油为原料超临界甲醇法制备生物柴油

（1）基本原理　使甲醇处于超临界状态（温度≥239.4℃，压力≥8.09MPa）下直接与植物油（甘油三酯）产生"均相"转酯化反应。原理在于在该条件下，甲醇流体黏度低、密度高而扩散能力强，能同时进行提取和反应。此时，甘油三酯完全能溶解于已具有疏水性、较低介电常数的甲醇中形成单项体系，无须催化剂就能迅速反应获得极高的转化率（>96%）。这样，也可以大大简化后处理分离副产物甘油工序。

影响超临界法制备生物柴油的主要因素有温度、压力、醇油比和停留时间等。一般来说，如果醇油比相同，温度越高，压力越高，停留时间越长，反应速率越快，甲醇转化率就越高。但温度不宜高于400℃，否则会引起甘油三酯分解和不良副反应。压力（大于临界压力）和反应时间都需要试验确定最佳值。同时要指出的是原料油中水分和FFA的存在对反应转化率没有明显影响，但含水量过高会导致生物柴油的酸值偏高。

（2）基本工艺过程

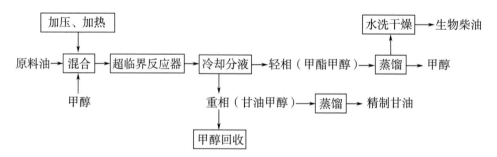

（3）应用试验实例及工艺条件　超临界法制备生物柴油工艺简单、操作方便、反应时间短、无污染而后处理简单。但也存在耐高压、高温设备投资大，连续化、规模化生产尚有待进一步完善等问题。该法目前还停留在小型试验阶段。生物柴油制备方法的比较见表6-10。

表6-10　生物柴油制备方法的比较

项目	制备方法				
	碱催化法	酸催化法	非均相催化法	生物催化法	超临界催化法
对原料油要求	酸值＜1；微量水	很低	低，水分约2%	搅拌预处理	较低，少量水
醇油比	约6∶1	（4∶1）~（40∶1）	4∶1	3∶1	（20∶1）~（50∶1）
反应时间/h	约60min	4~16	16	15~34（分三次）	5~30min
反应温度/℃	约60	80	95	约40	320~350
反应压力/Pa	0.1	170~180kPa	0.1	0.1	12~65
催化剂	KOH 1%、甲醇钠	浓硫酸等	ZnO、$NaHSO_4 \cdot H_2O$	固定化脂肪酶	无
产品转化率/%	约98	87.2~97	约95	约95	约96
皂化产物	易产生	不产生	不产生	不产生	不产生
生产工艺	复杂	较复杂	较简单	较简单，酶昂贵	简单，投资大
后处理分离物	甲醇催化剂皂	甲醇、酸	催化剂、甲醇	及时分离甘油	甲醇、甘油

4. 高酸值油脂两步法催化酯化-转酯化制取生物柴油

（1）基本流程（适用废弃油脂、潲水油、高酸值米糠油等）

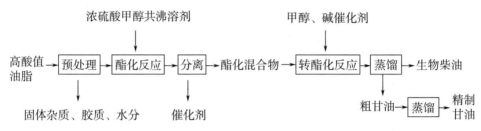

（2）工艺说明

①原料油预处理：要求清除固体杂质、胶质、脱水；可采用过滤、水化脱胶、真空干燥。

②第一步酯化反应脱酸：反应结果要求酸值（acid value，AV）降低到2以下，水分0.5%以下。采用酸催化酯化反应法，由于原料油的酸值过高（120mgKOH/g以上），溶剂（甲醇或乙醇）采取汽化或加热共沸后与油脂接触能加快反应速率。

③第二步转酯化反应：要求尚未酯化的油脂充分转化成生物柴油。采用碱催化转酯化反应法效率高。

④应用实例：

Ramadhas等用两步法将酸值95的橡胶籽油生产生物柴油的优化条件：第一步酯化反应［甲醇：油=6：1（摩尔比），45℃，0.5%硫酸］酸值降到0.02mgKOH/g以下；第二步碱催化转酯化反应［甲醇：油=9：1（摩尔比）45℃，0.5%NaOH，30min］

苏有勇等采用循环气相酯化-酯交换-蒸汽蒸馏工艺，分别用高、低酸值的餐饮废油为原料产出纯度99.5%的生物柴油。工艺条件如下，原料Ⅰ（酸值163）采用循环甲醇蒸汽通气量为6L/min，酯化反应温度100℃，时间90~120min，加硫酸0.5%（废油，质量分数）；酯交换甲醇用量4%（油重），催化剂用量0.4%，反应温度65℃，时间60~90min，生物柴油得率93.57%，纯度99.68%，粗甘油得率1.6%（含量为81.24%），0.6%的粗硫酸钾和6%的残渣。原料Ⅱ（酸值为3.4mgKOH/g）直接采用酯交换工艺；酯交换甲醇用量20%（油重），催化剂用量1.4%，反应温度70℃，时间60~90min，生物柴油得率94.07%，纯度99.68%，粗甘油得率9.2%（含量约82.04%），还有2.3%的粗硫酸钾和4.5%的残渣。

二、油脚或皂脚为原料制备生物柴油

1. 基本原理

将油脚或皂脚先制成混合脂肪酸（单脂酸），然后进行如下酯化反应。

$$RCOOH + CH_3OH \xrightarrow{\text{浓硫酸}} RCOOCH_3 + H_2O$$

2. 一般制取工艺过程

（1）以水化油脚为原料（大豆油脚、菜籽油脚、卡诺拉油脚）

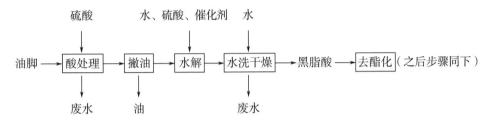

（2）以精炼皂脚为原料（棉油脚、棕榈油脚）

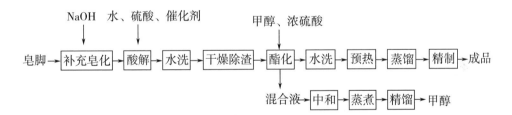

首先将皂脚（棉籽油）补充皂化完全的皂脚经浓硫酸处理，变成酸化油（脂肪酸98%以上），然后脱色、离心除杂，加甲醇进行酯化反应，工艺条件如下，反应温度60℃，时间60min，甲醇和脂肪酸比例为1：1，催化剂硫酸用量为0.1%，转化率达98%。

三、细胞生物催化剂在生物柴油生产中的应用

酶法生产生物柴油进入商业化的最大障碍是脂肪酶的成本太高，一个很有前景的解决方法是以全细胞生物催化剂的形式来利用脂肪酶。这样就无须进行酶的提取纯化，避免了提纯过程中的酶活性大量损失，并节省了大量的设备投资和运行费

用；对于工业化的生物转化过程来说，以此形式利用脂肪酶不但具有更高的成本效率，还具有更多的优势——经过简单培养就能制取且分离简单；截留在胞内的脂肪酶可看作被固定化；另外，产生脂肪酶的絮凝性微生物细胞在培养中就能自发地固定在多孔渗水的支撑微孔中。

在细胞生物催化剂的发展中，酵母细胞是一种有用的工具。酵母细胞有相对刚性的细胞壁，在有机化合物和有机溶剂存在的条件下，仍能保持其结构，而且有关人员已经开发出一些增强酵母细胞渗透性的方法，能显著提高细胞的反应活性。Matsumoto等构建了能大量表达米根霉脂肪酶的菌株酿酒酵母MT8-1，其胞内脂肪酶的活性达到474.51U/L。用预先经冻融或风干方法增强了渗透性的酵母细胞来催化大豆油合成脂肪酸甲酯，最后反应液中甲酯质量分数达到71%。这是第一个在酵母细胞中积聚由米根霉野生菌株分泌的活性脂肪酶的实例，也是第一个作为全细胞生物催化剂应用于工业的重要反应。Matsumoto等还进一步利用热带假丝酵母异柠檬酸裂解酶5′-上游区域作为诱导系统，用3-磷酸甘油醛脱氢酶的启动子作为组成型表达系统，并优化了温度、碳源和氮源的初始浓度等重要的培养条件，使得酿酒酵母细胞内能过量表达活性米根霉脂肪酶，从而制备更高效的细胞生物催化剂。

利用基因工程技术可进一步提高脂肪酶的使用效率，提高脂肪酶的表达水平和对短链醇的耐受性，使细胞生物催化剂在生物柴油的工业化生产中更有前途。

四、生物柴油的应用特点

生物柴油在冷滤点、闪点、燃烧功效（104∶100）、含硫量、含氧量、对水源的危害以及生物可降解性等方面，均优于普通柴油。如直接用菜籽油作为发电机燃料，则在燃烧动力、排放指标和使用方便性上均无法与生物柴油相比。而且按标准生产的生物柴油，可与普通柴油以任何比例相混而无影响。从以下特点完全能证明它是一种环保型、可再生的新能源：①具有较好的低温发动机起动性能，无添加剂，冷滤点达-20℃；②润滑性能好，发动机磨损率低，闪点高，不属于危险品运输、储存、使用方便；③十六烷值高，燃烧性好于柴油，燃烧残留物呈酸性，能延长催化剂和发动机机油使用期；④含硫量低，使硫化物排放量降低30%以上（用催化剂时达70%），燃烧残碳低，废气微粒少；⑤不含芳香烃污染源，可降低90%以上的空气毒性，降低94%的患癌率；⑥生物柴油含氧高则燃烧时排烟少，一氧化碳排放比柴油低约10%（有催化剂时为95%）；⑦生物分解性高，有利于环保；⑧据测定，生物柴油燃烧所排放的二氧化碳，远低于植物生长过程所吸收的量，燃烧1kg生物柴油能减少相当于3.2kg的二氧化碳。因此，从理论上生物柴油用量的增加，反而会降低由于二氧化碳的排放而导致的地球变暖这一有害于人类的重大环境问题；⑨作为可再生资源的植物油原料供应是不会枯竭的；⑩生产成本的问题随着技术进步与原料来源成本的降低，也会逐渐解决。

第七章

酶在制粉
工业中的应用

第一节　酶在食品工业中所起的作用

第二节　酶制剂在制粉工业中的应用

第三节　应用前景

基于酶自身的催化特性，酶的应用发展迅速。淀粉酶，半纤维素酶、葡萄糖氧化酶、蛋白酶和脂肪酶是实用性强，应用范围广的几种催化酶。对其催化特性、酶活性的影响因素及应用的研究是学者们竞相追逐的热点。

第一节
酶在食品工业中所起的作用

酶在食品加工中的应用较为广泛，在淀粉加工中就有酶的身影。在分解淀粉时，需要不同的淀粉酶进行处理，较为常见的酶有α-淀粉酶、葡萄糖苷酶等。为生产不同的产品，需要合理应用酶。水解淀粉的酶制剂方式不同，就能获得不同的产品，如麦芽糊精、高度麦芽糖浆等。在食品加工过程中，酶制剂也会有不同的用途。食品的性能存在一定的差异，例如，可以制作出异麦芽低聚糖，然后将其用于一些特殊的行业或者环节中，如制作低聚木糖、大豆低聚糖等。

一、酶制剂面粉的研究价值与意义

中国是世界上最大的小麦生产国和消费国，小麦产量占世界总产量的16%~18%，小麦粉产量9000万t左右。小麦粉是我国居民主要的食物来源，也是加工部分食品的基础原料，它具有其他粮食作物不可替代的优势。因此，小麦不仅是我国重要的粮食作物之一，也是维护国家粮食安全的重要物资，在国家粮食安全中占有重要的战略地位。但是由于我国的小麦品种繁杂，区域跨度大，生产管理参差不齐，造成面粉总体品质较差。随着人们生活水平的日益提高和食品工业的不断发展，人们对面粉及面粉类食品的品质提出了更高的要求，使得面粉加工业向着集约化、专用化、绿色环保的方向发展。为满足这种市场的要求，在面粉中合理添加改良剂是十分必要和有效的。过去面粉中使用的改良剂多以化学品为主，如强筋剂溴酸钾、偶氮甲酰胺、增白剂过氧化苯甲酰、氯气等。化学改良剂的使用虽然能起到较好的改良作用，但往往对人体健康造成不利影响，有的甚至可以致癌。包括我国在内的许多国家对使用化学改良剂进行立法，限制其用量或者予以禁用。这就意味着我们要以更加安全有效的方法来生产出受欢迎的面粉及面粉制品。因而，近年来开发新型酶制剂来替代化学添加剂并对传统酶制剂的应用方式加以改进的研究成为国际上的研究热点。

二、酶的应用

1. 真菌α-淀粉酶

真菌α-淀粉酶是一种在面粉改良中应用非常普遍的酶制剂，其效果非常显著。真菌α-淀粉酶一方面主要是以内切方式作用淀粉长链，增加了内源性β-淀粉酶的作用底物，提供酵母利用的可发酵性糖，增大面制品的体积、使面制品组织更细腻；另一方面，软化面团，提高面团的延伸而提高面粉的操作。因为它的耐温性差，蒸制或烘烤过程中及时被灭活，不致使面制品品质下降。相反的例子是来自芽孢杆菌的淀粉酶，其耐温性良好，副作用大，不能用于烘焙行业。

2. 木聚糖酶

小麦粉中含有2%左右的木聚糖。木聚糖分为水溶性木聚糖和水不溶性木聚糖，水不溶性木聚糖占木聚糖总量的75%，水不溶性木聚糖对烘焙性能有负面影响，它可吸收10倍于自身质量的水，而水溶性木聚糖对于面制品的改良却有积极的作用。

木聚糖酶作用于水不溶性木聚糖，使得水不溶性木聚糖转化为水溶性木聚糖，一方面，释放自由水，使得水在水溶性木聚糖、淀粉、蛋白质中重新分布，从而软化面团，增强面团的延伸性，改善面团的机械加工性能；另一方面，水溶性木聚糖具有氧化凝胶作用，可以增强面团的持气能力，从而使得面包或馒头体积增大。但是，用于面粉改良的木聚糖酶具有的特点是，β-木糖苷酶等外切酶活力较低甚至没有，否则，较高的外切酶活性会使得水溶性的木聚糖的含量降低，从而削弱其作用；并且具有较高的阿魏酸酯酶的活性，这是因为低聚阿魏酸能增强水溶性木聚糖的氧化凝胶作用。

3. 脂肪酶

脂肪酶是一种三酰基甘油水解酶，它可以催化甘油三酯分解成甘油二酯、甘油单酯、甘油和脂肪酸，是一类特殊的酯键水解酶，脂肪酶以氨基酸为基本组成单位，一般只有一条多肽链，催化活性仅决定于蛋白质结构。脂肪酶存在于动物、植物和微生物中。

作为一种生物催化剂，脂肪酶具有一般催化剂的高效性、高选择性、反应条件温和等共同优点，是绿色环保的催化剂，对于生化、食品等生活和生产的各个领域的科学发展，有着非常重要的意义。

用于面粉改良的脂肪酶包括羧酸酯酶和磷脂酶。面粉中脂肪（包括磷脂等脂类）含量是2%~3%。特别是一些非极性甘油三酯，同面粉中蛋白质结合在一起，限制了面筋的形成。脂肪酶修饰面粉中原有的或添加的脂类，一方面，削弱了面粉中脂类与面筋蛋白的相互作用；另一方面，脂肪酶的作用产物如甘油单酯、甘油二酯、卵磷脂等是优良的面粉乳化剂，它们能与淀粉形成复合体，从而可以提高面团的稳定性和弹性，起到增大面包和馒头的体积，细化和软化组织的作用。这一作用等同于添加优良的复合型乳化剂。脂肪酶可以部分甚至完全替代传统的化学乳化剂。羧酸酯酶更适合用于馒头粉的改良，可以使得馒头表皮和内部组织更洁白光亮；磷脂酶更适合用于面包粉的改良，可提高面团稳定性和机械加工性能，面包组织细腻、柔软。

4. 葡萄糖氧化酶

葡萄糖氧化酶的系统命名为β-D-葡萄糖氧化还原酶，编号为EC1.1.3.4，最先于1928年在黑曲霉和灰绿青霉中发现，一般由黑曲霉生产而得。葡萄糖氧化酶的作用机制是在有氧参与的条件下，葡萄糖氧化酶催化葡内酯，同时产生过氧化氢，生成的过氧化氢在过氧化氢酶的作用下，分化酶具有高度的专一性，它只对葡萄糖分子C_1上的β-羟基起作用。

面粉中的面筋蛋白由麦谷蛋白和麦醇溶蛋白组成，面筋蛋白中的半胱氨酸是面筋的空间结构和面团形成的关键。蛋白质分子间的作用取决于二硫键（—S—S—）的数目和大小。二硫键可在分子内形成（麦醇溶蛋白），也可以在分子间形成（麦谷蛋白），葡萄糖氧化酶在氧气的存在的条件葡萄糖酸，同时产生过氧化氢。过氧化氢是一种很强的氧化剂，能够将面筋分子中的巯基（—SH）氧化为二硫键（—S—S—），从而增强面筋的强度。一般情况下，面团中有许多暴露的巯基，这些巯基很容易氧化。据报道，在葡萄糖氧化酶的作用下，面粉和面团水溶性部分的巯基含量明显下降。葡萄糖氧化酶能显著的改善面粉的粉质特性，延长稳定时间，减小弱化度，提高评价值，改善面的拉伸特性，增大抗拉伸阻力，改善面粉的糊化特性，提高最大黏度，降低破损值，可形成更耐搅拌，干而不黏的面团。这一作用等同于抗坏血酸和溴酸钾等化学改良剂。

葡萄糖氧化酶能够实现食品自身与包装的合理融合，在包装食品过程中，应用除氧工艺能有效延长食品的保质期。葡萄糖氧化酶具有专一性这一良好特征，也是食品保鲜中较为理想的抗氧制剂，能够对食品的氧化进行预防，保持食品的新鲜。

5. 果胶酶

果胶酶是能够催化果胶物质分解的酶总称，国外最早的研究可追溯到20世纪30年代，并在50年代实现了工业化生产。我国的研究起步于1967年，并在20世纪80年代开始尝试工业化生产。随着科技的不断进步，流程的不断完善，果胶酶已经成为重要的酶制剂之一，已经被证明具有降解细胞壁果胶的功效，对酿酒、榨油、产物提取等起着重要的作用。

微生物真菌和细菌可以产生果胶酶，其主要是由霉菌产生，特别是青霉菌和曲霉菌。黑曲霉菌由于具有公认安全（GRAS）状态，是工业生产常用的安全菌种，使得代谢物可以安全利用。黑曲霉的基因在酿酒酵母中可以表达并分泌出胃蛋白酶原（PG），研究表明这主要是由于两者具有相同的最适pH和温度，重组酶的热稳定性得到了进一步的提高。

国内20世纪80年代对果胶酶菌种的选育进行了研究，利用炭黑曲霉Asp.3.396为菌株对孢子悬液进行紫外线和高能电子辐射诱导，获得了基因突变的菌株，其产酶能力得到了极大的提高。从土壤中分离中得到了野生的N328，最终鉴定是宇佐美曲霉，经过紫外线、钴-60射线和己烯雌酚（DES）诱变获得了酶活性提高10倍且性能稳定的突变株。近期我国对果胶酶选育的方式扩展到了其他微生物种类上，科研人员探究了禾黑芽枝酶产果胶酶的摇床产酶能力，并深入分析了该菌株深层发酵产酶的发酵动态。同时从污染物中分离出来了一种能够产果胶酶的兼性厌氧芽孢杆菌Xg-01，并对其进行诱变筛选得到了活力提高3~4倍的突变株Xg-02。

果胶酶的分子学研究领域也在不断地深入，尤其是黑霉菌和欧文氏菌的基因克隆。科学家克隆了黑曲霉RH5344 PG基因，由1141bp组成，编码362个氨基酸，其阅读框架被一个52bp的内含子打断，其真核生物转录调控序列稍有不同。欧文氏菌果胶酶基因也可以在大肠杆菌中克隆表达。目前果胶酶主要被用于提取、澄清，其主要机理在于果胶酶可以降低苦度和浊度，同时又可以减小黏度，提高果浆压榨能力、瓦解难溶物。例如，果胶酶已经被用于处理草莓、黑莓、苹果等水果，可以改善其稳定性。果胶酶也可以和其他酶如纤维素酶、木聚糖酶等组合使用从而提高水果果汁的压榨效率。碱性果胶酶通过破坏果胶防止速溶茶粉末发泡，市场上销售的用于茶叶发酵的果胶酶可以提高5.8%的茶黄素（TF）、5.72%的茶红素（TR）、4.96%的高聚合物质（HPS）和9.29%的总可溶性固形物（TSS）。

6. 纤维素酶

随着物质生活水平的提高，天然、营养成为食品行业发展新趋势。纤维素通常不易水解，其结晶状刚性结构导致食品生产难度大，但是可以被专性纤维素酶溶解。葡萄糖内切酶、外切酶、糖苷酶组成了一个复杂的酶系，三者共同作用可以将纤维素分子降解成葡萄糖。

植物、微生物（细菌、真菌、放线菌等）、软体及原生动物都可以产生纤维素酶，但是植物提取比较困难，目前仍然主要是从微生物和动物中提取。野生菌种产酶能力低，目前主要是通过诱变育种（物理、化学）进行筛选、改造。物理诱变主要采用紫外线改变遗传物质，获得新性状；化学方法主要是采用化学试剂，例如亚硝酸、氯化锂等，对原产品进行改性，从而使其获得预期效果。目前多种诱变技术相互组合的新方法也得到了应用，溴乙锭和亚硝基胍复合诱变可以在两性霉素浓度为2μg/mL平板上选育木霉属抗性突变株CMV5-A10，纤维蛋白肽A（FPA）、羧甲基纤维素（CMC）酶活性可以达到野生菌的2.22倍和2.1倍。

基因工程在培育新的高效菌株上也发挥了重要作用，1982年纤维素酶基因首次被成功克隆，其后人们不断在细菌与真菌中分离纤维素酶系，目前已经测定的基因序列超过了100个，并且在大肠杆菌、毕赤酵母等宿主菌中成功表达。我国的科研人员也进行了相应的研究工作，并取得了丰硕成果。科研人员克隆了芽孢杆菌CY1-3株的碱性纤维素基因cel C并且在大肠杆菌中得到了表达，里氏木霉的cbh1、cbh2、eg1、eg2、eg3、eg4、eg5、bg1、bg2等纤维素酶基因也得到了相同的表达。同时克隆了鹅源草酸青霉F67的CBHⅢ基因并构建真核表达载体，为在宿主酵母中表达提供了条件。

在食品加工过程中，常采用加热蒸煮、酸碱处理等方法使植物软化，但是这种做法使得微生物等营养大量损失，但是若使用纤维素酶则可以改善这一缺点。另外在糖渍水果加工过程中通过添加纤维素酶可以缩短砂糖进入果实的时间，加速达到预期浸透效果。有人研究认为纤维素酶与果胶酶以3∶2添加可以大大提高浸提效率。

在茶叶制作过程中，纤维素酶可以提升可溶性糖类含量，同时还可以促进氨基酸、茶多酚、咖啡碱等的溶出，对释放芳香性物质起积极作用。工业生产上，纤维素酶可以提高细胞壁的通透性及提取率，简化工艺，节省时间。科研人员用象牙芒果（泰国芒果）作为原料，采用纤维素酶和果胶酶对其进行处理，结果表明：当果胶酶的添加量为0.01%，纤维素酶为0.007%时，原材料芒果的产出率可以达到71.15%。

微生物的应用使食品产业得到了多样化发展，其将传统的动物、植物二维食品结构成功转变成为动物、植物、微生物三维食品结构，使食品中的营养成分得到大幅度提升，同时令食品味道得到极大的改善。微生物酶技术通常在热环境或温室环境下应用，有效避免食品中的营养成分被高温破坏。食品加工保鲜所使用的酶大部分能够从食用微生物中获取，其对于食品质量安全把控有着极大帮助。

微生物酶技术在食品保鲜方面有着极其重要的作用，在传统食品保鲜中，物理保鲜与化学保鲜是较为常见的保鲜方法，较为常见的物理保鲜方法有干热灭菌、湿热灭菌等，此类方法因其自身温度较高，往往会致使食物中的蛋白质发生变化，从而令食品品质与口感发生变化。谷物类、果蔬类、肉类等食物中的大部分营养物质是人体所需的，其生产加工保鲜质量与人体健康有直接关系。

7. 谷氨酰胺转氨酶

谷氨酰胺转氨酶是一种具备功能活性中心的蛋白质，能够有效改善蛋白质功能与特性，提升食品口感、味道、质感和外观。谷氨酰胺转氨酶能够替代磷酸盐用于肉类食品保鲜，降低肉制品含盐量。在常温、pH中性条件下添加少许谷氨酰胺转氨酶，便达到显著的保鲜效果，其在水产加工产品、火腿食品、香肠类食品、面制食品与豆腐类食品中的使用较为广泛。除此之外，谷氨酰胺转氨酶也可用于乳制品中，例如在乳粉生产过程中，为防止结块，可加入谷氨酰胺转氨酶，令酪蛋白玻璃化温度有所提升。在炼乳生产过程中，加入适量的谷氨酰胺转氨酶，可防止脂肪上浮与蛋白质颗粒沉淀。在制作冰淇淋时，加入谷氨酰胺转氨酶可使其可塑性大幅度增加。同时，这一生物酶还能制作保鲜膜，谷氨酰胺转氨酶处理后的酪蛋白，经二次脱水可制成一种不溶于水、不能食用的透明薄膜，用于食品的包装与保鲜等。

8. 蛋白酶

蛋白酶是一种重要的工业酶制剂，可以催化蛋白质和多肽的水解，广泛存在于果实、植物茎叶、动物内脏和微生物中。在食品加工中，催化食品蛋白质降解的酶有3种不同的来源：内源蛋白酶、微生物分泌的蛋白酶和人为添加的蛋白酶制剂。食品加工过程中，比较重要的蛋白酶应用包括蛋白质的水解反应、转蛋白反应和交联反应。

蛋白酶是一种中性蛋白酶，其最适pH为5.5~7.5，最适温度为65℃左右。蛋白酶可以水解面筋蛋白，切断蛋白质分子的肽键，弱化面筋，使面团变软，改善面团的黏弹性、延伸性、流动性等性能，从而改善其机械特性和烘焙品质，其主要用于饼干和面包专用粉中。

第二节
酶制剂在制粉工业中的应用

酶制剂有很多，应用酶技术得到的酶制剂从诞生的那一刻起在食品工业中就发挥着重要作用。在食品加工过程中，酶制剂的应用具有良好的专一性，并且还能实现高效性。在食品加工中，酶制剂的应用主要体现在将其作为一种添加剂进行使用，它能够提升食品的质量，保持食品的多元口味。酶工程技术在食品行业的应用得到很大进步，并且在长期的发展中，酶制剂已经逐渐成为食品行业不可缺少的工艺或者添加剂。因此，要在食品的加工中对酶制剂进行合理应用，促进我国食品行业可持续发展。

一、酶制剂

（一）酶制剂的介绍与特征

酶制剂是指人们通过技术从动植物中将具有酶特性的物质提取出来的一类物质，其最主要的作用是催化食品加工中的各类化学反应，使食品的加工方式得到改进、完善。在食品加工、运输以及贮藏中，食品的外观、质地以及口感会出现一定程度的转变，甚至会出现腐败或者损坏的问题。在食品贮藏及保鲜过程中，酶制剂有着十分重要的作用，其可对食品的风味及口感等都进行较为良好的改善，使产品的附加值有所提高。相对于传统的保鲜方式来说，酶制剂有以下三种特征。

1. 酶制剂有高度的专一性

在催化的时候，每一种酶都只能对一种或者一类化学反应进行催化，体现其高度的专一性。

2. 酶制剂的催化效率较高

酶制剂的高效性是通过将反应的活化能降低，从而使反应速率得到提高。而在研究酶性质的时候，通过数据分析可以得知，酶制剂的催化效率远远高出无机催化剂的效率，甚至高出约10倍。

3. 酶的作用条件比较温和

由于酶绝大多数都是蛋白质，而其活性十分容易被温度以及酸碱性影响，食品中酶催化反应的时候，对于食品自身的味道以及色泽都会有比较小的影响，有着较高的优越性。

（二）复合酶制剂

复合酶制剂是由一种或多种单一酶制剂为主体，加上其他单一酶制剂混合而成的一类常用的酶制剂。复合酶制剂中存在多种酶，其中主要为非淀粉多糖酶（NSP酶）。复合酶制剂中的各种酶起着互相补充、相辅相成的作用，在各种酶的共同作用下，动物饲料中的一些抗营养因子被破坏，其抗营养作用消失，因而可以促进动物的生长，提高动物的免疫力，增进动物健康。饲用复合酶制剂中各种酶的种类和比例与动物饲粮有关。不同饲粮所含抗营养因子的种类和比例不同，需要饲用复合酶制剂所含酶的种类和比例也不同。根据不同面粉的固有品质和各种酶的特性，将几种酶复合使用，会有比单独使用某一种酶更佳的效果，即所谓的协同增效作用。比如，将木聚糖酶和真菌α-淀粉酶联用在面包中，可使总用酶量下降，而获得更大体积和更高评分的面包，又会避免产生发黏的问题。如果将木聚糖酶、真菌α-淀粉酶和脂肪酶联用，增效作用更好，因为脂肪酶不会使面团发黏，而能强化面筋，从而解决了因木聚糖酶或α-淀粉酶过量使用使面团发黏的问题。三酶共用，总用酶量下降，制品体积增大，结构组织细腻均匀，总评分大为提高。如果在上述三酶的基础上，增加麦芽糖淀粉酶，会大大提高制品的保鲜效果。葡萄糖氧化酶（GOD）和真菌α-淀粉酶连用也能产生协同作用效果，因GOD能使面团强度增加却会使延伸性缩短，而真菌（偶氮甲酰胺）α-淀粉酶会使面团有良好的延伸性。GOD和真菌α-淀粉酶联用，在某些面包配方中可替代溴酸钾，也可替代腺苷脱氨酶（ADA）；GOD和维生素C共用，也是一种优秀的增筋剂。各种酶制剂还可和乳化剂联用同样有良好协同增效作用。如硬脂酰乳酸钠（SSL）、硬脂酰乳酸钙钠（CSL-SSL）、分子蒸馏甘油单酯等，均可和各种酶制剂共用。如何确定联用配方，需根据面粉品质的要求，依据各酶和各乳化剂的特点，共用后可能产生的协同增效作用方向进行设计，并经反复试验，取得经验后再用于生产实践。面粉改良剂复配公司在这方面可多做工作，研制出便于面粉企业直接使用的复合面粉品质改良剂。

二、酶制剂在制粉工业中的应用背景

近年来，我国的面粉加工业得到了飞速的发展，无论是生产规模、设备的先进性，还是产品的档次和质量都得以大大提高。农业的发展，小麦连年丰收增产，促进了面粉工业的发展。但是，我国面粉工业目前存在着诸多困难和挑战，如生产能力严重过剩，产品供过于求，竞争十分激烈。单纯的使用小麦来调整面粉质量，一是国产小麦品质不稳定，二是进口小麦价格高，货源连续性不确定。因此，选择添加剂进行面粉后处理已成为面粉厂的共识。但添加剂安全性的问题也越来越受到全社会的关注，质量安全已成为食品行业的头等大事。从溴酸钾到过氧化苯钾酰的禁用，天然、绿色、安全、高效的酶制剂越来越在面粉行业广泛应用。

三、酶制剂在制粉工业中的应用价值

相比于其他化学试剂，酶制剂有很多不同，酶技术得到的酶制剂从诞生的那一刻起在食品行业中就发挥着重要作用。在制粉工业生产过程中，酶制剂的应用具有良好的专一性，并且还能实现高效性。在面粉加工中，酶制剂的应用主要体现在将其作为一种添加剂进行使用，它能够提升面粉的质量，保持面粉的多元口味。酶工程技术在制粉工业的应用得到很大进步，并且在长期的发展中，酶制剂已经逐渐成为制粉工业不可缺少的工艺或者添加剂。因此，要在制粉的加工、储存与检测中对酶制剂进行合理应用，促进我国制粉工业的可持续发展。

四、酶制剂的应用特征

食品加工保鲜与检测中对酶制剂的应用，主要表现在酶自身特征的基础上，测定特定的化学制剂是否存在超标的情况，通过分析对食品的安全性进行检测。传统的检测方法很难对食品中众多的成分进行细致、高效的检测，但是酶制剂不但能有效检测，还能降低检测成本。对食品中不同的特殊酶的活性成分与含量进行测定是酶含量测定法的主要检测方式，通过这样的方式就能检测食品是否达标。

特异性是酶法检测的又一大特征，在食品的结构分析与物理性质对比中的应用十分广泛。酶法检测在对同类物质进行检测时，不需要复杂的操作就能取得良好的效果，这样不但能减少检测时间，还能有效降低检测成本。另外，该方法催化效率较高，在保持适宜的温度等条件下，能够快速完成检测工作，提升检测效率。

五、酶制剂在当前我国制粉工业中的应用

近年来，我国酶制剂工业有着较快的发展。而其发展速度不断加快的主要原因，一方面是孔雀石绿以及苏丹红和三聚氰胺等食品安全事件的爆发，使人们对食品的安全有了更高的重视度，而使用酶制剂作为天然添加剂和食品前处理加工方式，得到我国居民的青睐。另一方面是，酶制剂前处理方式，具备高效、专一的特点和较高的安全性，所以食品加工企业也更愿意广泛使用酶制剂进行食品加工。酶制剂在食品中的应用很广泛，如回收副产品、改进食品风味、提高食品质量、研制

开发新品种、提高提取速率和产品得率等。酶制剂在食品工业中属加工助剂类添加剂。生产酶制剂的原料有动物性的、植物性的和微生物性的，随着科学技术的发展，近代酶制剂的主要来源多为微生物性的。目前已知的酶制剂有近百种，常用的有30多种。

（一）酶制剂在面粉工业中的应用

酶是一种纯天然生物制品是一种具有高度专一性生物催化能力的蛋白质，一般由生物体内提取制成酶制剂。酶制剂在食品加工中随着人们生活水平的提高，在崇尚天然食品的今天，酶在烘焙食品和其他面制品的加工及面粉工业中的应用越来越引起人们的重视，在专用粉的生产中以及在通用粉品质的改进中，各种酶制剂发挥着不可忽视的作用。

面粉是人们日常生活中常见的食品，优质面粉需要合理添加改良剂，才能达到食用标准。传统面粉改良剂主要是化学成分，例如，增白剂、过氧化苯甲酰以及氯气等。化学成分改良剂虽然能够发挥到良好改良效果，但对人体健康却没有益处。因此，无论是行业，还是消费者均需要新型天然无公害改良剂来替代化学改良剂。酶制剂主要源自生物，且利用现代化生物技艺制作而成，属于绿色添加剂，在面粉加工领域受到重视，并被广泛应用。

1. 葡萄糖氧化酶

葡萄糖氧化酶（GOD）能高度专一性地催化 β-D-葡萄糖与空气中的氧反应，使葡萄糖氧化为葡萄糖酸和过氧化氢，且酶活性稳定，在较宽的温度范围及pH范围内都具有活性。由于其天然、无毒、无副作用，近几年在食品工业中得到广泛的应用，该酶被视为溴酸钾的最佳替代品。

将葡萄糖氧化酶用于面粉中，明显地改善面粉粉质特性和面团的拉伸特性。面筋蛋白中的巯基（—SH）将会被氧化形成二硫键（—S—S—），从而增强面团的网络结构，使面团具有良好的弹性和耐机械搅拌特性。H_2O_2是在面团中起作用的活性成分。夏萍等的研究表明，添加葡萄糖氧化酶的面粉和面团的水溶性抽提物中巯基含量明显下降，这说明由葡萄糖氧化酶催化葡萄糖氧化所产生的H_2O_2氧化了巯基，从而强化了面团。

近几年来，有关葡萄糖氧化酶在面粉中的应用研究取得了进展。林家永等进行了应用葡萄糖氧化酶与脂酶改进小麦粉质量的实验研究，选用两种典型的强筋面粉和弱筋面粉，结果发现葡萄糖氧化酶和脂酶对面团质地的改善都十分显著，其中葡萄糖氧化酶的效果更为明显，并报告了两种酶在面粉中的添加量：在强筋面粉中，葡萄糖氧化酶的最佳添加量为2030mg/kg，脂酶为5060mg/kg；在弱筋面粉中，葡萄糖氧化酶的最佳添加量为5070mg/kg，脂酶为6080mg/kg。林家永等的研究还证明葡萄糖氧化酶和脂酶联合在面粉中使用具有协同改善面粉品质的作用，两种酶的最佳配合使用量为：在强筋面粉中，葡萄糖氧化酶20mg/kg，脂酶50mg/kg；在弱筋面粉中，葡萄糖氧化酶70mg/kg，脂酶80mg/kg；张守文等将葡萄糖氧化酶与硬脂酰乳酸钠（ISSLI）、谷朊粉、维生素C等面粉改良剂复配在面粉中使用，进行了布拉班德粉质和拉伸试验，研究了面团的流变学特性。结果表明，葡萄糖氧化酶与其他面粉改良剂复配使用，可以显著地改善面粉的粉质特性和拉伸特性，如增加面团稳定时间，减少弱化度，提高评价值，提高最大抗拉阻力，改善延伸性等。葡萄糖氧化酶作为面粉品质改良剂的组成成分，是生物工程技术应用在面粉品质改良方面的一大突破，并认为该技术可以代替溴酸钾对面粉品质进行改良。该研究的建议用量是：葡萄糖氧化酶0.01%，硬脂酰乳酸钠0.5%，谷朊粉3%，维生素C 30mg/kg。

在面粉生产中，将葡萄糖氧化酶和其他面粉改良剂联用进行烘焙试验，结果发现葡萄糖氧化酶对通用粉和面包专用粉的品质均有明显的改良效果，主要表现在能提高通用粉的稳定性，增强筋力，改进面包专用粉的流变学特性，提高面团的耐搅拌能力，增大面包体积。

2. α-淀粉酶

α-淀粉酶首先被应用在面包制作中，属于微生物酶的一种。通常在面团中淀粉以结晶体状态存在，而淀粉酶不能将天然状态下的淀粉进行有效分解，当温度控制在45~75℃时，其pH能够达到4.86。因此能够发挥抗老化作用，并对小麦淀粉产生改良效果。

α-淀粉酶分为细菌麦芽糖α-淀粉酶和真菌α-淀粉酶，细菌麦芽糖α-淀粉酶具有延长货架期的作用，与真菌α-淀粉酶相比细菌麦芽糖α-淀粉酶不仅能大大改进面包的抗老化作用，而且对面包心的弹性和口感的改善都优于真菌α-淀粉酶，在美国和欧洲，麦芽糖α-淀粉酶的销量很大。麦芽糖α-淀粉酶和乳化剂（如分子蒸馏甘油单酯）共用，具有明显的抗老化作用，相比之下，真菌α-淀粉酶虽然有明显的改进制品组织结构、降低硬度、增大制品体积的作用，但不具备降低淀粉在贮存过程中老化速度的作用，故不能产生抗老化作用。

3. 脂肪酶

脂肪酶是一种具有增筋和增白双重作用的酶制剂，并且能够使面包心变软，又称为甘油酯水解酶，对甘油三酯进行催化水解，主要生成的物质是甘油二酯或甘油，也会生成甘油单酯。脂肪酶之所以具有软化面包心的功能，主要是由于甘油单酯与淀粉结合的过程中，能够形成一种复合物质，减缓淀粉出现老化现象的速度。这种甘油酯水解酶主要来自微生物，最适温度在37℃，最适pH 7.0，能够被低浓度胆盐有效激活，也可以被钙离子激活。

脂肪酶是一种具有增筋和增白双重作用的酶制剂，特别是能增加面团过度发酵时的稳定性，虽然在粉质曲线和拉伸曲线上所表现的变化不大，但添加脂肪酶后，面团烘烤膨胀性增加，面包体积增大，说明脂酶对面团性能的调整是实际存在的。在无油脂的烘烤食品配方中，脂肪酶的应用效果更佳，添加量为5~50mg/kg。在含有氢化起酥油的面包配方中，脂肪酶几乎不起什么作用。馒头用粉多使用老面发酵，往往会造成过度发酵，因此可考虑在馒头粉中使用该酶。同时也要防止添加过量，否则会造成面筋强度过大，产生负面效应，使制品体积变小，结构板结。

4. 葡萄糖氧化酶

葡萄糖氧化酶可作为面团氧化剂溴酸钾的替代品，20世纪20年代，在灰绿青霉和黑曲霉中发现该物质面粉中的葡萄糖被氧化后能生成葡萄糖酸内酯，并释放H_2O_2，H_2O_2在过氧化氢酶作用下，将会被分解H_2O，进一步增加面团的弹性，使其具有更强耐搅拌性。

5. 蛋白酶

蛋白酶是最早被应用在面粉加工的酶制剂，属于中性蛋白酶。当温度控制在65℃左右、pH为5.075时，蛋白酶会发挥最佳改良效果。蛋白酶可将面筋中的蛋白质彻底水解，并将蛋白质分子的肽键有效切断，起到弱化面筋作用，进一步增加面团流动性和延伸性，改善面团机械性特征，改善烘焙质量。

6. 谷氨酰胺转氨酶

谷氨酰胺转氨酶（转谷氨酰胺酶）是一种单体蛋白质，其分子质量约为38000Da。谷氨酰胺转氨酶的主要作用在于促进蛋白质组织结构的完善，使蛋白质乳化更加稳定，对其保水性和热稳定性也有着积极影响。谷氨酰胺转氨酶的主要催化过程是促进蛋白质多肽分子内与分子间的共价交联，从而改善蛋白质自身功能，提高其凝胶能力，最终实现食品外形和口感的改善。

7. 复合酶制剂

由于抗生素在畜牧养殖中的长期使用，产生大量的耐菌株，并且耐药性也呈逐年增强的趋势，导致疗效下降，因此，目前需要一种替代抗生素的绿色、高效、无毒副作用的产品用于畜牧生产中。

酶广泛存在于生物体内，参与机体的多种生理功能，如对微生物细胞壁有水解功能的水解酶可以溶解微生物的细胞壁致其死亡，但是通常一种酶只能对某一类微生物有水解作用，因此，需要复合酶才能达到理想的效果。目前用于畜牧生产中的酶制剂主要有以下几类：β-葡聚糖酶，主要功能是消除饲料中的 β-葡聚糖等抗营养因子，提高饲料的利用率；蛋白酶、淀粉酶，主要用于补充动物内源酶的不足；纤维素酶、果胶酶，主要作用是破坏植物细胞壁，使细胞中的营养物质释放出来，增加饲料的营养价值，并能降低胃肠道内容物的黏稠度，促进动物消化吸收；以纤维素酶、蛋白酶、淀粉酶、糖化酶、葡聚糖酶、果胶酶为主的饲用复合酶。综合以上各酶系的共同作用，具有更强的助消化作用。

（二）酶制剂在面粉改良中的应用

1. 选用原则

酶制剂中的酶属于细胞原生质合成蛋白质，具有高度催化性和活性，通常是由多种氨基酸组合而成，因此也被形象地称为生物催化剂。酶在自然界中分布广泛，动植物以及微生物中普遍存在。可通过适宜理化方式将酶从生物细胞和组织中提取出来，经过加工便可形成纯度较高的生物化学制品，因此被称作酶制剂。面粉品质直接对其生产附属品质量构成影响，因此在选用酶制剂时，应先测定面粉自身特性，并对其特征进行综合评判。通常，需要考虑的指标有理化特性、面团流变学特性以及烘焙质量特性。只有明确面粉对应指标，才能根据其特点，决定如何选用酶制剂。在面粉品质改良过程中，应用酶制剂应遵循以下几点原则：

（1）在添加酶制剂时，最佳添加量应参考酶制剂产品说明书，并在此基础上根据面粉特性、成品需要进行试验，根据试验结果综合确定添加量。

（2）几种酶制剂混合使用往往效果要优于单独应用一种酶制剂，因此在实际工作中，应大力倡导使用复合型酶制剂，进一步减少酶制剂总用量，节约成本，发挥协同效果，并实现效率的提升。

（3）酶制剂是生物活性物质，其活性成分多，易发生失活现象。因此，酶制剂产品储存和贮藏时要考虑到周围环境，进一步避免其自身活性降低或消失，给面粉品质改良带来影响。

2. 不同类型的酶制剂在面粉品质改良中的作用

（1）α-淀粉酶在面粉品质改良中的应用　α-淀粉酶在制作面粉过程中，部分淀粉颗粒会被破坏，淀粉酶能将这部分颗粒分解，并降解成麦芽糖，而麦芽糖被酵母利用后，可释放出CO_2，进而增大面包体积，并使面包出现纹理。其中麦芽糖α-淀粉酶属于新兴酶制剂，能够对小麦淀粉产生改良效果。同时，还具有一定保鲜作用，对我国食品工业化生产意义深远。

（2）葡萄糖氧化酶在面粉品质改良中的应用　葡萄糖氧化酶主要应用在面包制作中，将其添加进去后，可明显改善面粉粉质特征，增加弹性作用，并对机械设备产生很好承受力，而其自身可将面团黏度提升到最高，并改善面制品表现状态。

（3）蛋白酶在面粉品质改良中的应用　蛋白酶可直接作用在蛋白质分子上，对面筋产生的弱化作用往往具有不可逆性，并且不会对面粉自身营养成分构成破坏作用。蛋白酶主要应用在两种食品制作和加工中，一是面包，二是饼干。在饼干制作过程中适当加入蛋白酶，饼干将更加容易被塑造成各种形状，防止面筋过强，使面团操作更加便捷，也进一步避免饼干制品外形不均匀等现象产生。蛋白质分解后，会产生氨基酸，有助于烘焙过程中产生美拉德反应，进一步改善食品口味；而在面包制作过程中添加蛋白酶，可保证面团质量具有稳定性。来源于细菌的蛋白酶会对面筋（尤其是网络结构）产生不良影响，因此其很少应用在面包生产中。

（4）脂肪酶在面粉品质改良中的应用　脂肪酶通常会用在面包专用粉中，使面团更好地发酵，增强稳定性，促进面包外形与内部组织均匀，增大体积，同时使面包口感更为松软，颜色更为白皙，对增强面包的保鲜效果有着重要作用；脂肪酶也会用在面条专用粉中，避免面团出现斑点，主要作用是增强面条的咬劲，使面条在煮的过程中更加有韧性，不易粘连、拉断且面条色泽更好。将脂肪酶合理地添加在面粉中，对提高面粉自身韧性和延伸性有着重要作用，对弥补由于添加强筋剂造成的延伸度减小问题有着较好的应用效果。

（5）谷氨酰胺转氨酶在面粉品质改良中的应用　将谷氨酰胺转氨酶合理加入面包面团中，能够有效提高面团软度，使面团的可塑性更强。同时能够更好地吸收面团中的多余水分，提高面包出品率。应用谷氨酰胺转氨酶，对节省面包加工成本有着重要影响，能够有效降低面团的搅拌能量，有效节省加工人力、物力和成本。谷氨酰胺转氨酶的添加恰到好处，在面包的烘焙中相当于氧化改良剂，剂量过多则会造成面包体积缩小。

（6）复合酶制剂在面粉品质改良中的应用　在面包加工过程中，有几种复合酶制剂有着良好的应用效果，例如，木聚糖酶/真菌α-淀粉酶/脂肪酶、葡萄糖氧化酶/真菌α-淀粉酶等。这些复合酶制剂主要的功能作用在于增强面团流变特性，有效增强面包加工品质。为提高添加效果，可以将复合酶制剂与乳化剂混合在一起，增强改良效果，提高面包品质，例如将硬脂酰乳酸钠与脂肪酶的联合应用，转谷氨酰胺酶/L-抗坏血酸联合使用，这种应用效果类似于溴酸钾，可作为改善面包品质的良好复合酶制剂。并且复合酶制剂是由一种或多种单一酶制剂为主体，加上其他单一酶制剂混合而成的一类常用的酶制剂，具有高度的催化作用。将复合酶制剂添加在饲料中用来饲喂畜禽，可以补充内源酶的不足，同时还可以满足机体在不良的应激下对各种酶制剂的需求，可以提高饲料的利用率。

（三）复合酶制剂的功能

1. 消除日粮中的抗营养因子

植物性饲料中含有较多的抗营养因子，如麦类饲料中的非淀粉多糖的含量较高，对于单胃动物来说，由于其缺乏分解非淀粉多糖的酶，因此对其的消化吸收能力不强。当饲喂单胃动物此类饲料时，水溶性非淀粉多糖会增加肠道内容物的黏度，导致食糜通过胃肠道的速度减慢，不但会造成内源氮增加，还会引起营养物质在肠道内积累，使得食糜中的一些营养物质无法与消化酶接触，导致饲料消化率降低。在含有非淀粉多糖较多的饲料中添加复合酶制剂后可以将具有高黏度的水溶性非淀粉多糖水解，降低肠内容物的黏度，提高麦类日粮的消化吸收利用率，同时还可以改善单胃动物的生产性能。

2. 补充内源性消化酶不足

处于不同生理阶段的动物，机体内的消化酶分泌有很大的差异。正常成年动物在适宜的条件下可以分泌足够的消化酶用以分解饲料中的蛋白质、淀粉等多种营养物质，但是幼龄动物，因其消化器官和消化功能的发育还不够完善，消化酶的分泌不足，因此消化吸收饲料的能力较差，而有的成年动物，在不良的应激刺激下，也会出现消化酶分泌不足的情况，从而使对饲料的消化吸收能力受到影响，使生产性能无法充分发挥，通过添加外源性消化酶，可以补充内源消化酶的不足，同时还通过提高机体的代谢水平，达到提高内源酶活性的目的。

3. 调节肠道微生物菌群

当单胃动物采食含有可溶性非淀粉多糖的饲料后，由于对其消化吸收能力差，导致非淀粉多糖进入单胃动物肠道的后段，被有害微生物利用后，会导致肠道内的有害微生物大量滋生与繁殖，从而使动物患病，造成健康水平和生产性能下降。通过添加复合酶制剂，可以使非淀粉多糖在小肠的前段分解，阻止其进入小肠后段，因此，可以抑制有害微生物的繁殖。除此之外，含有非淀粉多糖的麦类饲料中添加复合酶制剂还可以很好地杀灭有害菌，促进有益菌的生长，从而减少动物患病率，提高畜禽的生产性能和健康水平。

4. 提高畜禽体内激素水平

有研究表明，复合酶制剂不但可以影响动物对饲料的消化吸收能力，还可以影响机体的代谢水平，同时参与相关激素的分泌调节。如酶制剂可以显著地提高21日龄肉鸡的血清T3，T4和胰岛素水平，在仔猪日粮中添加植酸酶也可以显著地提高血清T3，T4以及胰岛素水平。以上研究都表明复合酶制剂的添加可以影响激素水平。

5. 提高机体免疫力

可水解非淀粉多糖的酶可以使日粮中的非淀粉多糖降解，生成一些寡糖，其中有些寡糖可以有效防止病菌在动物肠道的后段定植，从而增强动物的免疫力和健康水平。有研究表明，在麦类日粮中添加酶制剂可以提高甲状腺素和胰岛素样生长因子，免疫器官的相对重量也有所增加，可促进雏鸡生产，提高机体免疫力。

（四）影响酶制剂作用效果的因素

1. 水分对酶活性的影响

水分对酶制剂的影响存在两面性：反应介质中水分必须达到一定比例，酶制剂才能充分发挥对底物的酶解作用，当植酸酶所处介质的水分含量为零时，植酸酶完全没有活性。体外试验中，介质水分含量至少达到25%左右，反应才能进行。但同时环境中存在水分时，酶活性稳定性的保持又受到影响。在一定温度下，样品水分含量越高，酶蛋白的变性会越显著。例如当样品水分含量降为10%时。直至温度提高到60℃，脂酶才开始失活；而水分含量提高到23%时。在常温下便出现明显的失活现象。

2. 矿物元素对酶活性的影响

特定的金属离子可以作为电子转移载体对酶制剂起到激活作用。如芽孢杆菌中植酸酶对 Ca^{2+} 具有较强的依赖性，将植酸酶培育在含有 Ca^{2+} 的环境中，部分失活性的酶蛋白可重新回复酶活性。酶的来源及金属离子浓度不同，同一金属离子对酶活性的影响程度和效应也不尽相同。Ca^{2+} 是芽孢杆菌植酸酶的竞争性抑制剂，Ca^{2+} 过量将预先占据底物的活性位点从而抑制酶与底物的结合。因此 Ca^{2+} 过量会抑制植酸酶的活性，Fe^{2+}、Zn^{2+}、Mg^{2+}，Cu^{2+} 等金属离子与植酸络合也抑制植酸酶的酶活性。针对李氏木霉GXG β-葡聚糖酶而言，Cu^{2+}、Mn^{2+} 有抑制酶活性作用，Zn^{2+}、Co^{2+} 有激活作用，其他离子 Ca^{2+}、Mg^{2+}、K^+ 在不同浓度条件下有不同的作用。5.0mmol/L以下的 Ca^{2+}、Zn^{2+} 以及10.0mmol/L以下的 Co^{2+} 对葡聚糖酶活性有激活作用，而 Cu^{2+} 具有抑制作用。

3. 消化道内环境

酶制剂作为一种具有生物活性的蛋白质，其作用受到消化道内环境的影响，整个消化道形成一条生理空间的pH谱线。酶活性特征与动物胃肠道生理特点特别是同pH相吻合，才能充分发挥酶的催化活性。外源酶能否与消化道内pH谱线相适应，是否引起酶蛋白可逆或不可逆变性，都是使用复合酶制剂时需要考虑的因素。比如胃蛋白酶在pH 6.0~7.0时很快失活，pH 1.0~5.0时却十分稳定。一般真菌纤维素酶的最适pH在4.0~6.0，而细菌纤维素酶的最适pH为6.0~7.0。消化道前段的酸性条件适合来自真菌的酶，饲用纤维素酶多为真菌来源的酸性酶。

（五）在面粉中使用酶制剂应注意的问题

我国在面粉中使用酶制剂改进面粉品质还处在试验期，无论从谷物化学原理、添加工艺及改良剂效果控制等方面都有待进一步研究。根据作者团队初步研究和应用的一些体会，提出一些值得注意的问题，以供参考。

（1）各种酶制剂纯品暴露在空气中均易吸潮，以葡萄糖氧化酶更甚，且添加量以mg/kg计，因此面粉企业使用时，很难直接添加，建议先以淀粉或面粉为载体稀释后使用，且应现配现用。面粉改良剂复配公司在配制各种酶制剂时，应选用低水分含量的变性淀粉和非淀粉多糖类天然载体。

（2）严防添加过量　酶制剂在面粉中添加过量虽对人体健康不构成危害，但均会影响面粉品质，使面团发黏或变硬，甚至使面团崩溃，严重影响制品质量。

（3）在面粉中添加真菌　使用淀粉酶后，使用降落数值仪（Falling Number）不能观察到降落数值的明显改变，往往造成添加过量，这是因为该仪器水浴的高温（100℃）会迅速破坏检测添加的α-淀粉酶。建议采用布拉班德黏度仪（Brabender amylograph），该仪器系从室温开始，按1.5℃/min速度升温到95℃，故能测定出所添加的α-淀粉酶的作用。

（六）酶制剂在玉米淀粉加工工业加工中的应用

玉米淀粉的生产原料是玉米籽粒。玉米籽粒是一个果实，在植物学中称为颖果。成熟的玉米籽粒由种皮、胚乳和胚三部分组成。玉米种子最外面的薄薄的皮层称为种皮。种皮的成分主要是纤维素、半纤维素、果胶等，占种子重量6%~8%，主要起保护种子的作用；靠近种皮内部一层排列规则致密的细胞，里面包含有大量蛋白质和淀粉，被称为胚乳，一般占种子重量的80%~85%；胚位于种子基部，是种子最重要的组成部分，占种子重量的10%~15%，即未来发育成新植株的雏形。

酶制剂可应用于淀粉加工中，在分解淀粉时，需要不同的淀粉酶进行处理，较为常见的酶有α-淀粉酶、葡萄糖苷酶等。为产出不同的产品，需要合理应用酶，因为水解淀粉的酶制剂不同，会获得不同的产品，如麦芽糊精，高度麦芽糖浆等，根据酶制剂应用原理，结合湿磨淀粉加工工艺，在不改变原工艺条件下使用酶制剂时，需要纤维素酶、木聚糖酶、β-葡聚糖酶等多种酶组分的协同配合。这些酶组分均需要符合如下条件：酶制剂最适使用温度为45~50℃；酶制剂在pH 3.5~4.5条件下有较好的稳定性；能够大规模工业生产，有较低的生产成本，适用于淀粉加工行业。

六、复合酶制剂的展望

复合酶生物制剂在制粉工业等食品行业得到快速的发展与应用，尤其是在多酶传感器的应用下，食品加工保鲜与检测环节的质量得到有效提升。在食品的生产过程中，能够应用传感器，确保食品在加工过程中的保鲜度，也能提升食品的安全性。将该技术应用到食品的包装过程中，能延长食品的保质期，也能在生鲜的存储应用中，减少生鲜食品中的微生物含量。酶制剂在食品加工保鲜与检测中的应用，有助于促进我国食品行业的健康发展，确保食品加工生产的安全。复合酶制剂近年来在制粉工业中应用较为广泛，复合酶制剂的应用能够提高综合应用效果，因为单一酶是一种特异性的酶，对提高面粉品质改良具有局限性，而复合酶制剂可发挥其专一性、协同性、高效性的特性，将全面提高面粉品质，因此加强复合酶制剂的开发应用至关重要。

第三节
应用前景

一、酶制剂在食品加工保鲜与检测中的应用

酶在食品加工中的应用较为广泛，在淀粉加工中就有酶的身影。在分解淀粉时，需要不同的淀粉酶进行处理，较为常见的酶有α-淀粉酶、葡萄糖苷酶等。为产出不同的产品，需要合理应用酶，例如，水解淀粉的酶制剂不同，就能获得不同的产品，如麦芽糊精、高度麦芽糖浆等。在食品加工过程中，食品的性能存在一定的差异，因此可以制作异麦芽低聚糖（如低聚木糖、大豆低聚糖等），并将其用于一些特殊的行业或者环节中。

食品加工保鲜与检测中对酶制剂的应用主要表现为，在酶自身特征的基础上，测定特定的化学制剂是否存在超标的情况，通过分析来判断食品的安全性。传统的检测方法很难对食品中众多的成分进行细致、高效的检测，但是酶制剂不但能有效检测，还能降低检测成本。对食品中不同的特殊酶的活性成分与含量进行测定是酶含量测定法的主要检测方式，通过这样的方式就能对食品是否达标进行判断。

特异性是酶法检测的一大特征，在食品的结构分析与物理性质对比中的应用十分广泛。酶法检测在对同类物质进行检测时，不需要复杂的操作就能取得良好的效果，这样不但能减少检测时间，还能有效降低检测成本。另外，该方法催化效率较高，在保持适宜的温度等条件下，能够快速完成检测工作，提升检测效率。

在食品保鲜中，酶制剂的应用也十分广泛，在酶催化的作用下完成保鲜，可以减少外界对食品产品造成的影响。葡萄糖氧化酶技术和溶菌酶技术是食品保鲜中较常使用的方法，可以有效保证食品的口味、色泽不出现变化，为食品保鲜提供良好的技术支撑。

快速性与灵敏性是酶法在食品检测中最大的两个特点，为对食品质量进行全面的测定，需要通过组分式的酶法测定。找出生物体的特异点时，需要采用酶传感器的催化方式，这时在与电化学分析的结合下，能够准确、快速、方便地判断特定物质。同时在酶制剂的应用下，能够进行多次检测，在检测过程中也不需要使用显示剂，就能进行无试剂分析，检测食品的质量，这样就能及时发现食品中的不安全物质，确保食品的安全，为人们提供更加安全可靠的食品。

酶制剂在食品加工保鲜与检测中也有很多应用：①在水果蔬菜的加工过程中，酶制剂能确保果汁的稳定性与澄清性；②在肉制品的加工过程中，酶制剂能提升肉制品的风干质量；③在谷物加工中，酶制剂能有效提取谷物中的抗性糊精这类膳食纤维；④在乳制品的保鲜中，酶制剂能延长产品的保质期，提升乳制品的品质；⑤在肉制品的保鲜中，酶制剂有助于延长肉制品的保质期；⑥酿造酒保鲜过程中，酶制剂能消灭酒中的微生物，延长酒的保质期；⑦在水产品的保鲜中，酶制剂能够保持水产品的味道与色泽不发生改变；⑧在食品检测中，聚合酶链式反应（PCR）技术与酶联免疫吸附试验（ELISA）技术的应用能缩短检测时间，提升检测效率，降低检测成本，这样就能及时发现食品中农药残留或者一些重金属物质。

酶制剂在饮料、乳制品、焙烤、水产品以及肉类工业等行业中也广泛使用。在改善食品组织的结构以及食品品质时，酶制剂的酶解作用至关重要。比如在生产果汁的时候，使用果胶酶可以使果汁更加澄清，而在乳制品企业中，使用乳糖酶可以将乳糖分解为半乳糖以及葡萄糖，防止人体缺乏乳糖酶时，出现腹泻的问题。另外使用蛋白酶可以使肉类食品更加嫩滑，使肉类的口感更好，提高食品的新鲜度，增加食品保存时间。

二、酶制剂在面粉品质改良中的应用

我国小麦种植、生产数量庞大，但用于加工面粉品质的高级小麦比较有限，尚需大量依赖进口。为进一步缓解目前我国高质量面粉供需矛盾，扩大酶制剂在面粉品质改良中的应用成为发展趋势，在研究和推广过程中，需不断加大优质酶制剂开发力度，并改进制作工艺。由于酶制剂在面粉品质改良过程中会因为高温作用而使自身活性降低，转化为可被人体充分吸收的蛋白质或营养物质，因此酶制剂具有绿色、天然、无毒、无公害等优势，普通改良剂无法与其相提并论，因此将新型酶制剂应用在面粉品质改良中，甚至是整个食品产业链中，可弥补传统改良剂缺陷。生物面粉改良剂（酶制剂）符合国家政策和相关使用标准，具有巨大的经济效益和社会效益，因此在未来发展中将逐渐代替化学成分改良剂，成为面粉品质改良新方向和新趋势。

三、酶制剂在乳及乳制品中的应用

凝乳酶是干酪生产中必不可少的加工助剂，它能使牛奶蛋白凝固，帮助排除乳清。所以干酪生产过程中，凝乳酶对干酪组织结构起到了非常重要的作用，提高其风味和营养价值。

溶菌酶可应用于液态乳的防腐及保鲜，可以有效延长保存期，尤其适用于巴氏杀菌乳。由于溶菌酶具有较强的抗热性，也可适用于超高温瞬时杀菌乳，添加量为300~600mg/L，添加方法为包装前添加。

溶菌酶能破坏细胞壁中的N-乙酰胞壁酸和N-乙酰氨基葡萄糖之间的β-1,4糖苷键，进而造成细胞壁破裂。它对人体细胞安全无毒，对革兰氏阳性菌、枯草杆菌等具有很好的杀灭作用，能清理肠道中有害的腐败球菌，增加抗感染力。溶菌酶具有抗菌消炎、增强免疫力的作用，可应用于奶牛乳腺炎的治疗，这样就可以不使用抗生素或者少用抗生素。

内酰胺酶可以破坏牛乳中残留的青霉素类、头孢菌素类等抗生素，减少抗生素在人体内的残留，有益于人体健康。

全世界奶牛业生产中普遍存在牛乳中抗生素残留的问题，这是因为在治疗奶牛疾病时往往会用到抗生素药物，导致抗生素残留在奶牛体内，并通过代谢转移到乳腺、牛乳中。抗生素会抑制干酪生产必需的乳酸菌的生长，但危害不局限于此，正常人长期饮用"有抗乳"，易被动接受、积累抗生素，不仅对抗生素产生耐药性，影响到疾病的预防及治疗，抗生素过量也易造成人体生理紊乱。

液态舒化乳通过无菌添加乳糖酶，其产品可分解牛乳中90%以上的乳糖，使牛乳中的绝大部分乳糖预先分解成易于吸收的葡萄糖和半乳糖，可以满足乳糖不耐受者及乳糖酶缺乏者的饮乳需求，从而解决我国人群健康饮乳问题。

谷氨酰胺转氨酶用于干酪加工中，能使乳清蛋白和酪蛋白交联在一起，减少蛋白质流失，可以提高干酪的得率和质量，增加经济效益。此外，溶菌酶在干酪产业也被广泛使用，如溶菌酶在干酪生产中替代硝酸盐，加入0.001%的溶菌酶，可保留香味物质（丁酸），防止干酪产气而变质。德国于1995年11月22日发布了干酪法规，批准使用溶菌酶来避免在半硬干酪的生产中由厌氧孢子增殖所引起的胀气现象。

搅拌型酸乳由于工艺问题，在生产、加工与保存期间很容易产生乳清析出、黏度降低等品质缺陷，影响产品的消费价值和感官品质。谷氨酰胺转氨酶（TG酶）具有促进蛋白质交联的作用，能改善蛋白质的乳化性能，增强物料黏度，应用于酸乳加工中，可以增加酸乳的坚实度、保持黏度和持水性，有效降低乳清析出，使酸乳在流通环节品质稳定。

四、酶制剂在肉制品中的应用

国外采用向肉畜静脉注射木瓜蛋白酶或菠萝蛋白酶，或宰后注射黄油、植物油、磷酸盐、食盐等方法，可以显著改善畜肉的嫩度。这种方法开始在牛肉嫩化中应用较多，不久转而在猪肉和禽肉上广泛应用。20世纪80年代后期利用番木瓜酶来改变肉的口感和滋味，经过番木瓜酶处理的牛肉、猪肉、禽肉可以变得鲜嫩可口。

番木瓜酶是从番木瓜中提取的一种天然蛋白酶。在畜禽屠宰前27~30min，由颈静脉注入，通过血液循环作用均匀分布到机体各部位，以逐步破坏肌肉组织的胶原纤维，使肉增加鲜嫩度。用木瓜蛋白酶肌肉注射时，也可以达到同样的目的。屠宰分割后的畜禽肉在贮藏中，木瓜蛋白酶在肉中处于静止状态。在以后进行烧煮加热时，当温度达到酶反应的适温时，酶活化，以增进肉的嫩度。

蛋白酶作为食品工业添加剂可用来改善食品质量。以蛋白酶配制成嫩化剂，用来有效地促进肉类在加工中的嫩化。屠宰老龄动物所获得的肉，经过烧煮会变得口感粗糙坚硬，从而会导致原料肉难以加工口感变差，质量下降。在20世纪80—90年代用于肉类嫩化，主要成分是蛋白酶，使用最多、作用最稳定的蛋白酶是木瓜蛋白酶。20世纪80—90年代曾经对木瓜蛋白酶的作用与嫩化剂的效力之间的关系进行了大量的系统研究工作，食品科学家们根据对大量肉品感官鉴评和肉品物理性质（比如嫩度、剪切力等）的研究，充分肯定了以木瓜蛋白酶为主要成分的肉类嫩化剂的嫩化效果。研究工作还证明，适合于配制肉类嫩化剂的蛋白酶必须具有相当高的耐热性（热稳定性），这是由于嫩化剂在肉制品蒸煮期间能够比较充分地发挥作用，随着温度逐渐升高，木瓜蛋白酶在还未失去活性的阶段发挥作用。显然，过高温度的烧煮，会导致肉类结缔组织中的胶原蛋白和弹性蛋白变性，而木瓜蛋白酶在60~75℃时，能够使胶原蛋白快速提高溶解度。

五、酶制剂在食品安全中的应用

食品安全关系人民群众生命健康，农业生产环境的污染，市场管理的不完善和食品安全问题成为社会各界关注的热点。近年来，随着酶工程的发展，越来越多的酶制剂在食品工业中得到了应用，在提高食品安全性方面有了新进展，为食品安全性研究提供了新的思路。

酶制剂属食品添加剂一类，利用它提高食品的安全性，具有很多优势：①酶本身无毒、无味，不会影响食品的安全性和食用价值；②酶具有高度催化性，低浓度的酶也能使反应快速进行；③酶作用时所要求的温度、pH等条件温和，不会影响食品质量；④酶有严格的专一性，在成分复杂的原料中可避免引起不必要的化学变化；⑤酶反应终点易控制，必要时通过简单的加热方法就能使酶制剂失活，终止其反应。另外，酶制剂多是由微生物发酵而生产出来的，保证了它的来源。酶制剂已应用于食品的解毒、代替溴酸钾、保鲜、检测等方面。

1. 酶制剂的解毒功能

（1）除去食品中的抗营养因子　如对乳糖的水解作用。乳糖不耐症相当普遍，特别是非洲人乳糖酶缺乏发生率高达90%以上。通过添加乳糖酶，将乳制品中绝大部分乳糖水解成葡萄糖和半乳糖，可以满足不同程度乳糖不耐受者的饮乳需求。该酶已由美国食品与药物管理局和食品添加剂专家委员会等权威评审机构认定为安全物质，我国卫生部在1998年10月将其列入GB 2760中（当前版本为GB 2760—2014

《食品安全国家标准　食品添加剂使用标准》）。此外，乳糖酶固定化技术的研究也取得了进展，固定化的酶稳定性更高，更易控制，无残留，作用效果更好，成本更低。

（2）除去植酸　植酸具有很强的螯合能力，不仅植酸分子上的磷无法被利用，它还与钙、镁、氨基酸和淀粉等结合，形成难以被机体消化的络合物，使人体吸收这些元素变得困难。植酸酶能催化植酸水解成磷酸和肌醇，显著降低植酸的含量。豆类和谷类中植酸酶的活性通常较低，可以外加植酸酶（如富含植酸酶的小麦芽）促进植酸的分解。有关植酸酶生产和应用的研究，国内外已有很多相关报道。在植酸酶的生产上，主要是利用微生物生产植酸酶。作为食品添加剂，植酸酶主要用于酿造和饲料工业，以改善原料中磷的利用。科研人员已经成功利用小麦植酸酶水解豆乳中的植酸，使豆乳更加易于吸收。

2. 酶制剂对农药的解毒作用

20世纪80年代，科学家发现有机磷农药降解酶比产生这类酶的菌体更能忍受异常环境条件，而且酶的降解效果远远胜于微生物本身，特别是对低浓度农药。1989年，有机磷水解酶（PTE）首次分离纯化，并证明该酶对治疗有机磷中毒以及有机磷毒物的生物去毒具有重要的作用，而且PTE水解的产物具有更强的极性，在脂肪组织中不聚集，从而随体液排出体外。

昆虫的羧酸酯酶对农药也具有较高的亲和性。该特性有望应用于粮食污染的治理。科研人员通过大肠杆菌表达并纯化了昆虫羧酸酯酶B1，发现其降解农药的能力。只要对酯酶基因密码子进行改造，提高对农药的水解能力，就可得到商业用途的解毒酶。

3. 酶制剂对黄曲霉毒素的解毒作用

黄曲霉毒素（aflatoxins，AF）是作物中常见的霉菌毒素污染物，属强致畸变霉菌毒素，包括10多种，其中黄曲霉毒素B1（AFB1）分布最广，毒性最强，危害最大，主要的生物学效应是致癌、致畸和致突变。AF热稳定性高，对人类危害十分严重，世界卫生组织（WHO）公布的流行病学调查结果表明AF与原发性肝癌、肺癌有关。

真菌中存在可降解AF毒性的酶，研究发现，该菌胞内酶表现出对AF的去毒性作用，该酶命名为黄曲霉毒素解毒酶（aflatoxin detoxiczyme，ADTZ）。科研人员在ADTZ对岭南黄肉仔鸡日粮中AFB1解毒效果研究中发现，ADTZ能有效保护肉仔鸡肝脏，减轻或基本消除AFB1对肉仔鸡组织器官的不利影响。通过对固定化真菌解毒酶对花生油中AFB1去除作用的研究，也证明了ADTZ是一种安全、高效，且有很强专一性的解毒酶和不影响食品的营养物质。

4. 酶制剂代替溴酸钾

溴酸钾是非常有效的面团改良剂，可使面团增白、增筋，卖相更好；溴酸钾与抗坏血酸复合用于面包的改良，经过快速发酵，可使面包体积增大，结构松软，不易收缩和塌架。但溴酸钾对人体有致癌作用，已于2005年7月1日被我国禁用。因此，寻求天然有效的面粉改良剂成为面粉企业和焙烤业所关注的焦点。酶制剂诸多特点可满足其要求。已列入GB 2760—2014《食品安全国家标准　食品添加剂使用标准》面粉品质改良的酶制剂有：真菌淀粉酶、木聚糖酶、葡萄糖氧化酶、脂肪酶、蛋白酶、谷氨酰胺转氨酶等。

真菌淀粉酶可加速面团发酵，促进酵母繁殖，增大面包体积，改善风味；蛋白酶能水解蛋白质，降低面筋筋力，易于伸展和延伸；木聚糖酶能提高面筋的网络结构和弹性，增强面团的稳定性，改善加工性能；葡萄糖氧化酶能使面粉蛋白质中的巯基氧化成二硫键，具有增筋的作用；脂肪酶具有增筋和增白双重作用，提高面团的耐醒发力和入炉急胀性，适当降低面团延伸性和面团黏稠度，改善面团的操作性能。另外，一些研究者把葡萄糖氧化酶、真菌淀粉酶、谷朊粉、抗坏血酸等进行复合，与单独使用某一种酶进行比较试验。结果发现，对稳定时间影响由大到小依次是葡萄糖氧化酶、真菌淀粉酶、脂肪酶、抗坏血酸、谷朊粉；同时也证明复合酶制剂能改善面粉粉质特性及拉伸性，特别是能显著改善面团的稳定时间，提高面包的体积和感官质量。

5. 酶制剂用于食品安全检测

（1）酶联免疫吸附测定　酶联免疫吸附测定（ELISA）是一项新的免疫学技术。它是将抗原或抗体结合到某种固相载体表面，把受检标本和酶标抗原或抗体与固相载体表面的抗体或抗原反应，加入底物显色后，根据颜色反应的深浅进行定性或定量分析。由于酶的催化频率很高，故可放大反应效果，从而提高测定敏感度。近年来，该法用于毒素的检测，如黄曲霉毒素、T-2毒素、呕吐（DON）毒素等；农药残留检测，如除草剂、杀虫剂和杀菌剂；微生物污染检测，如李斯特氏菌、沙门氏菌等；肉类品质检测，如掺假检测、分析肉品终温等；重金属污染检测；转基因食品的检测和人兽共患疾病病原体检测。

（2）酶生物传感器　酶生物传感器就是利用酶的催化性和特异性与电化学分析

的迅速、便捷性结合起来，从含多种有机物的生物试样中，选择性地把特定物质迅速测定出来。例如，有机磷水解酶传感器能特定地水解有机磷广谱性杀虫剂，生成的酸、醇类物质能够被直接检测出来，以此可测定有机磷农药的残留量。科研人员利用循环伏安法，在玻碳电极聚合一层均匀的聚苯胺修饰膜制得了新型固定化辣根过氧化物酶生物传感器，成功地应用于火腿肠中$NaNO_2$测定。结果证明该传感器灵敏度高，线性范围较宽，有良好的抗干扰性和稳定性。

六、酶制剂在食品工业中的发展潜力

因酶制剂具有催化速度快、环保无污染等很多优点，随着我国的发展，其已在人们的日常生活中发挥着越来越重要的作用。食品加工种类的持续增加，使得酶制剂在食品加工中的应用越来越广泛。但现有的酶制剂已不能很好地满足食品加工过程中的需要，因此应开发新型的酶制剂以更好地服务于食品加工业。近年来，我国已成功从高温或低温的环境中提取到优良性质的酶制剂，可为食品加工业提供所需要的酶蛋白分子。近年来，在传统筛选技术基础上发展的宏基因组技术、宏转录组技术等已取得很大的发展，且我国也建立了相关的技术，但实际应用的例子较少。国际上对于分子的改造趋势是发展更为高效和理性和非理性设计的组合，我国也发展了许多具有国际化水平的技术，但还未取得很大的成效。因此，要加强对于生物学、统计学等学科交叉组合的研究，为我国的酶技术提供更为有效的理论依据。

酶制剂产业也是当今最具发展潜力的新兴产业之一，其应用领域遍及食品、化工、医药卫生、农业、环境保护等，对国民经济起着重要作用。随着人们生活水平的提高，食品的安全性备受关注。酶作为一种新型的食品添加剂，无论是作为解毒工具、替代物、保鲜剂，还是用于安全检测，都具有很独特的优越性，再加上基因工程、细胞固定化等高新技术的不断进步，酶制剂发展空间更加广阔。

目前，食品工业中微生物酶制剂的来源还仅限于11种真菌、8种细菌和4种酵母菌。新型酶制剂的应用必须得到法定机构的安全性确认，整个过程需要很多资金投入；食品级和医药级的酶制剂纯度要求很严格，需经过产品毒性和安全性检验才能得到推广。所以，酶工程技术还需要加强研究，拓宽酶制剂种类，提高酶制剂产量，加速酶法生产技术应用，提高企业生产能力，创造更好的效益。

第八章

酶在玉米
工业中的应用

第一节　酶法生产玉米淀粉

第二节　酶法生产麦芽糖浆

玉米是一种重要的高产粮食作物，在世界粮食生产中占有重要地位，全球玉米年产量为5亿多t。我国玉米种植面积与产量均居世界第二位，1994年我国玉米总产量已超过1亿t，四川、河北、山东及东北地区为玉米主要产区。随着国民经济的发展，玉米作为口粮比例早已大大下降，但玉米经过深加工，生产的各类产品，及其所含的营养成分又以各种渠道回到人们的饮食中，为提高人民的营养水平发挥着巨大的作用。

玉米粒结构主要为麸皮、胚乳、胚芽、根冠等四个部分，各类营养成分在各部分含量不同，淀粉主要存在于胚乳，胚芽中富含蛋白质和脂类，麸皮和根冠中则纤维素较多。根据玉米的结构特性，玉米深加工分为干法和湿法两种。干法常用于干磨玉米，产品常用于各类玉米食品原料和啤酒工业。由于好的干磨玉米产品需要油脂、灰分、蛋白质含量低，所以多以去胚芽的玉米为主。湿法加工是以水为分离介质，采用物理方法，将玉米籽粒分为玉米浆、玉米淀粉、玉米胚芽、玉米麸质蛋白及皮层纤维等五种产品，其中玉米淀粉为主产品，可以直接使用或再加工，所有这些产品广泛应用于食品、纺织、造纸、化工、医药等行业。

近年来，我国经济发展非常迅速，伴随国家粮食安全战略的提出以及当前国家粮食生产和消费形式的日新月异，玉米因为加工发展空间大，产业链条长，正在向着粮食、饲料、经济、能源四个各自独立又相互关联的多元结构发展，使得玉米产业的发展规模不断壮大，玉米在我国粮食产业的地位也得以提升。

玉米富含多种营养物质，玉米胚芽含有大量的不饱和脂肪酸及人体必需氨基酸，所以可以直接食用或经不同方法加工后食用。玉米经过深加工所生产的各类产品，可应用在不用的食品加工工艺中。玉米所生产的食品种类繁多，现将其用途简述如下：

（1）直接食用。

（2）加工成各类食品成品与半成品。

（3）玉米产品作为部分原料在食品中应用。

玉米的用途很广泛，不仅可以作为食用粮食，还可以用作工业加工原料，我国玉米的消费结构也是食用、工业用等多途径、多领域的。目前，饲料行业占据了玉米消费的绝大部分，玉米用作工业消费是未来玉米销售市场的主要发展方向。

除了口粮和饲料用，玉米还可通过深加工制作淀粉系列产品、酒精、麦芽糖类系列产品，以及应用于医药及化工等多方面，加工空间极大。淀粉和酒精是玉米深加工的两大主要产品，通过深加工玉米本身价值将比原粮高出3~8倍。近年来，玉米深加工产品逐步向国际化发展，国内外深加工行业市场竞争日趋激烈，因此寻求规模经济与产品深化是企业竞争的基本途径。随着一系列政策的出台，我国玉米深加工企业发展迅速，而且玉米加工能力和深加工产品转化规模也在逐步扩展，结合市场玉米工业消费情况，未来国内变性淀粉、玉米油、淀粉糖、玉米酒精及柠檬酸等产品均具有比较好的需求前景，我国玉米在工业方面的应用还将稳步增长。

第一节
酶法生产玉米淀粉

淀粉是绿色植物经光合作用由水和二氧化碳形成的，富集在种子、块根、块茎等植物器官中，如玉米、小麦、水稻等谷类，绿豆、豇豆、菜豆等豆类，马铃薯、甘薯、木薯等薯类都含有大量的淀粉。淀粉工业采用湿磨技术，可以从上述原料中提取纯度约99%的淀粉产品。湿磨得到的淀粉经干燥脱水后，呈白色粉末状。淀粉是食品的重要组分之一，是人体热能的主要来源。淀粉又是许多工业生产的原辅料，其可利用的主要性状包括颗粒性质、糊或浆液性质、成膜性质等。淀粉分子有直链和支链两种。一般地讲，直链淀粉具有优良的成膜性和膜强度，支链淀粉具有较好的黏结性。大多数植物所含的天然淀粉都是由直链和支链两种淀粉以一定的比例组成的。也有一些糯性品种，其淀粉全部是由支链淀粉所组成，如糯玉米、糯稻等。玉米淀粉产业的健康发展对我国其他工业产业以及国民经济的健康发展具有重要意义。虽然近年来我国淀粉产业发展迅速，总产量已位居全球第二，但我国的淀粉人均消费量约7.2kg，仅为欧洲人均水平的30%。

玉米籽粒中，淀粉占总重的70%以上，其次是蛋白质（4%~6%）和脂肪（3%~5%），其余是纤维素、维生素、微量元素、脂肪酸等。淀粉，通式是（$C_6H_{10}O_5$）$_n$，是由多个葡萄糖分子通过 α-1,6-糖苷键和 α-1,4-糖苷键链接而形成的高分子碳水化合物。天然条件下，这些高度分支的碳水化合物大分子经过多级堆叠形成球形、碟形、多角形等多种形态的颗粒状淀粉粒。根据分子结构的差异，淀粉可分为直链淀粉（amylose）与支链淀粉（amylopectin）。直链淀粉主要是线性结构，也有部分直链淀粉分子含有少量分支；但无论是带分支的还是线性的直链淀粉都具有数百甚至数千个葡糖基的长链单位。支链淀粉是高度分支的，其分支部分约占分子的5%，分子结构极其复杂，其中的大量短链会形成双螺旋结构并结晶化。在大多数普通淀粉颗粒中，支链淀粉构成淀粉的大部分，占质量的70%~75%，而直链淀粉占25%~30%；然而，玉米中也有一些突变类型，如蜡质玉米（糯玉米）和高直链玉米淀粉。前者因其胚乳呈蜡质外观而得名，淀粉不含或仅含很少量的直链淀粉；后者直链含量高于 50%。除日常烹饪食用之外，玉米淀粉及其加工制品还有非常广泛的用途。

玉米淀粉是玉米深加工的基础产品，但传统的淀粉提取工艺对时间、资金和能源的要求很高，并且二氧化硫残留问题一直未能得到彻底解决。目前，世界各国正致力于在保证浸泡效果的同时，降低浸泡水中二氧化硫的含量，缩短浸泡时间的研究。酶磨工艺正是为此开发研究的，它可以相当大地减少浸泡时间，比传统的玉米湿磨生产出更多的淀粉，从而大量节约资金和能源，同时又可以解决淀粉中二氧化硫残留的问题，因此酶法提取玉米淀粉的研究对玉米的深加工将具有重要的意义。酶法提取玉米淀粉工艺路线如图8-1所示。

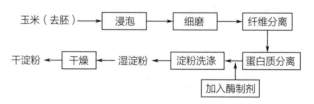

图8-1　酶法提取玉米淀粉工艺路线

酶法制备玉米淀粉包括去胚玉米浸泡；细磨；纤维分离；蛋白质分离；淀粉洗

涤；干燥。其特征在于，在所述的淀粉洗涤步骤之前加入酶制剂，所述酶制剂为纤维素酶或木聚糖酶或者二者的组合。

一、玉米的预处理

1. 玉米籽粒结构特征

玉米的籽粒在植物学上称颖果。比其他禾谷类作物的籽粒大，形状为扁长形，平均大小为12mm×8mm×4mm，质量为150~600mg，平均为350mg。玉米籽粒的表面覆盖着皮层，它是由坚硬而紧密的细胞（果皮）和一层很薄的不具备细胞构造的半透明膜（种皮）所组成。皮层保护玉米籽粒免受霉菌及有害液体的侵蚀。种皮所含的色素决定了籽粒的颜色，皮层约占籽粒质量的5.3%。

在皮层的下部是胚芽和胚乳。胚芽位于靠近籽粒基部的位置，占籽粒纵切面积近1/3，占籽粒质量的8%~14%，胚芽是玉米植株的幼小生命体，在适宜的条件下，可萌发长成新的植株，繁育后代。胚芽含油量高，营养丰富，韧性强。

胚乳是籽粒的主要部分，胚乳细胞里充满了淀粉。胚乳的最外层是由巨大的透明细胞所组成，称为糊粉层。靠近糊粉层分布着角状胚乳，里面含有淀粉颗粒。这些颗粒一般呈多面体，凹凸不平且细小，这些颗粒总是不能占满细胞的膜体。细胞之间由粒状的蛋白质沉积物充填。胚乳的粉质部分分布在玉米籽粒内部，其淀粉粒为圆形，比较大，这些颗粒充满细胞膜体，颗粒相互之间几乎不连结。胚乳约占籽粒质量的82%。

2. 玉米籽粒的化学组成

玉米籽粒的化学组成主要是淀粉，约占籽粒质量的71.8%，这是把玉米作为淀粉生产原料的主要依据。除此之外，还含有蛋白质、脂肪、纤维素、可溶性糖、矿物质（灰分）等。玉米籽粒的含水量一般在15%左右（表8-1）。

表8-1　玉米籽粒的化学组成　　　　　　　　　　单位：%

化学成分	含量（以干基计）	
	平均值	偏差
淀粉	71.8	1.5
蛋白质	9.6	1.1

续表

化学成分	含量（以干基计）	
	平均值	偏差
脂肪	4.6	0.5
灰分	1.4	0.2
可溶性糖	2.0	0.4
纤维素	2.9	0.5
水分（湿基）	15.0	1.0
密度 / (kg/m³)	44.0	0.3

玉米籽粒结构的不同部分所含的化学成分的量是不同的。淀粉主要存在于胚乳中，胚芽中脂肪含量最高，皮层主要含纤维素及灰分。胚芽中除脂肪外，蛋白质、灰分及可溶性糖含量也较高。马齿型玉米各部分的化学组成见表8-2。

表8-2　马齿型玉米各部分的化学组成　　　　　　　　　　单位：%

结构	占整个籽粒的质量 /%	含量（以干基计）				
		淀粉	蛋白质	脂肪	灰分	可溶性糖
胚芽	12.5	8.3	18.5	34.4	10.3	11.0
胚乳	81.4	86.6	8.6	0.86	0.31	0.57
种皮	0.8	5.3	9.7	3.8	1.7	1.5
果皮	5.3	7.3	3.5	0.98	0.07	0.34

3. 玉米籽粒的特征与淀粉生产工艺的关系

从玉米籽粒中提取淀粉需要把籽粒的各种化学组分进行有效的分离，以便最大程度地提纯淀粉，并回收其他成分。湿磨是目前唯一有效的方法。风干状态的玉米籽粒含水量在15%左右，籽粒坚硬，机械强度大，籽粒内部各个结构部分及各种化学组分紧密结合在一起，加工时要根据籽粒的特点和各种化学组分相互结合的状况采用适当的工艺方法进行分离。

玉米籽粒硬度大，要采取浸泡法使其吸水软化。玉米籽粒皮层结构紧密，通透性差，浸泡时要添加SO_2等成分增加皮层膜的透性。胚芽含油量大，但韧性强，加工时根据这个特点，对玉米进行粗破碎、分离胚芽。可溶性成分一般通过浸泡工艺分离出来。玉米胚乳中淀粉与蛋白质的结合非常牢固，比小麦淀粉与蛋白质的结合要牢固得多。在湿法加工中，单用水不能使蛋白质和淀粉很好地分离，要通过所添加SO_2的氧化还原性质打开包围在淀粉粒表面的蛋白质网膜。皮层及纤维则主要是在湿磨后采取筛选方式去除。玉米淀粉厂的整体工艺流程，主要是根据玉米籽粒的性质设计的。

二、玉米淀粉的生产

从玉米的浸泡到玉米淀粉的洗涤整个过程都属于玉米湿磨阶段，在这个阶段中，玉米籽粒的各个部分及化学组分实现了分离，得到湿淀粉浆液及浸泡液、胚芽、麸质水、湿渣滓等。

1. 玉米的浸泡

玉米的浸泡是湿磨的第一环节。浸泡的效果将影响到后面的各个工序，甚至影响到淀粉的得率和品质。

（1）玉米浸泡机制和作用　一般情况下，将玉米籽粒浸泡在0.2%~0.3%的亚硫酸水溶液中，在48~55℃的温度下，保持60~72h，即完成浸泡操作。

在浸泡过程中亚硫酸水溶液可以通过玉米籽粒的基部及表皮进入籽粒内部，使包围在淀粉粒外面的蛋白质分子解聚，角质型胚乳中的蛋白质失去自己的结晶型结构，亚硫酸氢盐离子与玉米蛋白质的二硫键发生反应，从而降低蛋白质的分子质量，增强其水溶性和亲水性，使淀粉颗粒容易从包围在外围的蛋白质间质中释放出来，如图8-2所示。

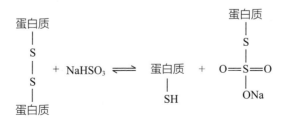

图8-2　亚硫酸水溶液浸泡机制

亚硫酸作用于皮层，增加其透性，可加速籽粒中可溶性物质向浸泡液中渗透。亚硫酸可钝化胚芽，使之在浸泡过程中不萌发。因为胚芽的萌发会使淀粉酶活化，使淀粉水解，对淀粉提取不利。亚硫酸具有防腐作用，它能抑制霉菌、腐败菌及其他杂菌的生命活力，从而抑制玉米在浸泡过程中发酵。亚硫酸可在一定程度上引起乳酸发酵形成乳酸，一定含量的乳酸有利于玉米的浸泡作用。经过浸泡可起到降低玉米籽粒的机械强度的作用，有利于粗破碎使胚乳与胚芽分离。浸泡过程可浸提出玉米籽粒中部分可溶性物质，浸泡前后的玉米完成部分可溶性物质的分离。玉米浸泡前后成分变化见表8-3。

表8-3 玉米浸泡前后成分变化   单位：%

玉米成分	玉米组分的含量（对干物质质量）	
	浸泡前	浸泡后
淀粉	69.80	74.70
蛋白质	11.23	8.42
纤维素	2.32	2.48
脂肪	5.06	5.40
戊聚糖	4.93	5.27
可溶性碳水化合物	3.51	1.73
灰分	1.63	0.52
其他物质	1.52	1.48

经过浸泡，玉米中7%~10%的干物质转移到浸泡水中，其中矿物质可转移70%左右；可溶性碳水化合物可转移42%左右；可溶性蛋白质可转移16%左右。淀粉、脂肪、纤维素，戊聚糖的绝对量基本不变。转移到浸泡水中的干物质有一半是从胚芽中浸出去的。浸泡好的玉米含水量应达到40%以上。

（2）浸泡方法 采用科学的浸泡工艺，保证适宜的工艺条件，才能达到所要求的浸泡效果。一般说来，浸泡水中的SO_2含量应控制在0.2%~0.3%。含量过低达不到预期的浸泡效果，含量过高又易产生毒害及腐蚀作用。浸泡温度应控制在48~55℃，因为温度低，浸泡时间要延长，温度高于55℃，淀粉会发生糊化，蛋白质会发生变性而失去亲水性质，不易分离。浸泡时间随玉米品种及质量的不同而不同。一般而言，优质新鲜玉米浸泡时间为48~50h，未成熟的和过于干燥的玉米浸泡时间要延长到55~60h。高水分的玉米浸泡时间可短些，储藏期长的玉米浸泡时间要长些。目前，世界各国正在致力于在保证浸泡效果的同时，降低浸泡水中SO_2的含量，缩短浸泡时间的研究。

玉米浸泡的方法有以下几种。

①静止浸泡法：在独立的浸泡罐中完成浸泡过程。这是一种简单的蛋白质分离方法。可将淀粉乳放于沉淀桶或池中静置几小时，蛋白质悬浮于水中，而淀粉沉于桶或池的底部的最下层，先将上部的蛋白质水放出，再加入清水，搅起淀粉乳，使其混合均匀，再静置使淀粉沉淀，如此重复几次，可获得比较纯净的淀粉产品。缺点是耗费时间，设备生成能力低（每次沉淀需要6~8h），因为淀粉长时间停留在沉淀池内，易使淀粉发酵变质，不仅影响淀粉质量，而且影响淀粉得率。玉米中的可溶性物质浸出少，达不到要求，现已淘汰。

②逆流浸泡法：国际上通用的方法，该工艺是将多个浸泡罐通过管路串联起来，组成浸泡罐组。各个罐的装料，卸料时间依次排开，使每个罐的玉米浸泡时间都不相同。在这种情况下，通过泵的作用，使浸泡液沿着装玉米相反的方向流动，使最新装罐的玉米，用已经浸泡过玉米的浸泡液浸泡，而浸泡过较长时间的玉米再注入新的亚硫酸水溶液。从而增加浸泡液与玉米籽粒中可溶性成分的浓度差。提高浸泡效率。

③连续浸泡法：从串联罐组的一个方向装入玉米.通过升液器装置使玉米从一个罐向另一个罐转移；而浸泡液则逆着玉米转移的方向流动。工艺效果很好，但操作难度比较大。

④添加乳糖浸泡法：一种新型的浸泡方法，玉米浸泡液中含有乳酸杆菌，因此会产生乳酸。乳酸能够促进玉米颗粒中蛋白质的软化和膨胀，还可以保持溶液中的Ca^{2+}和Mg^{2+}，但过量的乳酸会导致蛋白质变性，使淀粉和蛋白质分离更加困难。因此，乳酸对玉米浸泡过程有很大影响。当在浸泡液中添加一定浓度的乳酸，会使玉米颗粒的膨胀速度加快，促使亚硫酸更容易进入玉米中，淀粉产量从59.1%增加到63.8%。Haros等研究发现，将适量的乳酸加入浸泡液中，不仅可以增加淀粉的产量，还会缩短浸泡时间。有人发现在浸泡液中添加乳酸比亚硫酸单独存在时淀粉产量有所提高，并且淀粉中的蛋白质含量降低，淀粉也易于分离。通过在浸泡液添加

和不添加乳酸对比，淀粉得率相差5.6%，乳酸可以使玉米的种皮和胚乳的软化速度加快，更有利于SO_2的吸收，进一步促进蛋白质网状结构的破坏。

⑤酶法浸泡法：酶法浸泡法是通过在浸泡液中添加单一酶制剂或复合酶制剂，利用酶与玉米种皮或与玉米籽粒内部蛋白质的特异性结合，促使蛋白质与淀粉分离，从而得到玉米淀粉的一种新型的浸泡方法。有人把含有纤维素酶和蛋白酶的复合酶制剂加到浸泡液中浸泡，这样就能缩短浸泡时间，淀粉得率也有提高，淀粉的品质也没有发生变化。有人采用含有复合酶制剂的二氧化硫溶液作为浸泡液代替传统浸泡中只用二氧化硫的方法，结果用此溶液浸泡24h就能达到仅用二氧化硫浸泡48h的效果。段玉权等在传统逆流浸泡法的基础上，在浸泡液中加入纤维素酶，降低浸泡液亚硫酸的浓度，并将最终浸泡时间缩短至12h，淀粉得率为57.0%。也有研究发现，加植酸分解酶和植物细胞壁裂解酶于浸泡液中能明显缩短浸泡时间，也能提高淀粉得率，降低能耗。王棣等在浸泡液中加入含有纤维素酶、木聚糖酶、果胶酶、甘露聚糖酶的复合酶制剂，对玉米中各组分分离起到明显的作用，淀粉产量得到大幅提高。闵伟红等利用间歇脉冲加压和复合酶制剂联合浸泡的方法，首次将间歇式脉冲增压方法与酶法浸泡法结合，不仅克服了传统浸泡工艺存在的浸泡时间过长、能源消耗过大、SO_2气体污染环境等缺点，而且极大地减少浸泡时间，减少污染。因此，酶法对湿法玉米淀粉生产工艺具有极其重要的意义。但是，由于酶制剂成本较高，且稳定性差，容易受底物种类、温度、pH等条件的影响，因此尚未应用于大规模玉米淀粉生产中。

⑥两步浸泡法：两步浸泡法是在传统浸泡工艺的基础上，将浸泡过程分为两个阶段，两个阶段采用不同的浸泡方法，并结合机械、化学和生物等手段达到最终浸泡效果的一种方法。李艳等将传统浸泡工艺分为两个阶段：第一阶段将玉米置于清水中浸泡3h，使玉米籽粒吸水膨胀；第二阶段，将玉米籽粒进行粗破碎，采用低浓度的亚硫酸水溶液浸泡，并在浸泡液中加入蛋白酶，使浸泡时间缩短至11h以内。李锁霞采用两步浸泡法，第一阶段将玉米用清水浸泡，第二阶段在浸泡液中加入酸性蛋白酶代替亚硫酸浸泡，通过响应面优化分析，最终将浸泡时间缩短至6h以内，淀粉得率达到64.9%。苏雪峰等采用酶与细胞渗透剂协同浸泡的方法提取玉米淀粉，经单因素试验和响应面优化，将浸泡时间缩短为4.5h，淀粉提取率为86.60%。两步浸泡法不仅缩短了浸泡时间，而且采用低浓度或无亚硫酸浸泡，可以减少二氧化硫对环境的污染和对设备的腐蚀。

⑦微生物发酵法：微生物发酵法是通过在浸泡液中添加某种微生物或微生物发酵液，从而改变玉米的浸泡环境，对浸泡效果产生积极影响的一种浸泡方法。赵寿经等在玉米浸泡液中筛选出嗜热乳酸菌并扩大培养，然后将培养后的菌种加入浸泡液中，由于乳酸菌发酵会降低浸泡液的pH，这样不仅能抑制其他微生物的生长，还能有效地缩短浸泡时间，因此，在这一阶段不需要添加亚硫酸。第二阶段时，向浸泡液中添加菠萝蛋白酶[（50±2）℃，pH 4]代替亚硫酸。最终将浸泡时间缩短至16h。孙莉丽等有针对性地对玉米浸泡环境做出调整，在浸泡液中加入产酶高峰期蛋白酶发酵液，通过单因素试验和正交试验，最终将浸泡时间缩短至24h，淀粉得率为67.9%。吴晓艳等诱导筛选酸性蛋白酶突变株，确定最佳浸泡条件：玉米在50℃、乳酸0.5%、SO_2 0.08%的条件下浸泡12h后，去皮去胚，添加12%突变株发酵液再次浸泡10h，最终将总浸泡时间缩短至22h。李晓娜等采用L-半胱氨酸代替传统浸泡工艺中的二氧化硫，在具有絮凝活性的副干酪乳杆菌副干酪亚种L1发酵液制成的玉米浆中加入L-半胱氨酸，经过响应面优化，将浸泡时间缩短至48h，淀粉提取率达93.21%。微生物发酵法对微生物的种类、性质和发酵条件有一定要求，尚未广泛应用于玉米淀粉工业中，但其可以有效地缩短浸泡时间，对环境无污染，同时又避免了酶法生产成本高的问题，因此该方法可以进行进一步研究，以确定最佳工艺参数，最终应用到实际生产中。

⑧高压浸泡法：在各种生产玉米淀粉的方法中，高压浸泡法因其能够显著地缩短玉米浸泡时间，且不使用亚硫酸等优点，受到很多研究人员的关注。Westfalia Separator A G的研究显示，高压浸泡法生产玉米淀粉，当压力为1.0MPa时，只需浸泡1~3h，玉米含水量就可达44%~55%；压力为10MPa时，仅需要浸泡5min就可以使玉米的含水率达到30%以上。高压浸泡法与传统浸泡工艺比较，可以显著地缩短浸泡时间和浸泡液用量，且不使用亚硫酸，在有利于环保的同时，还可以降低设备腐蚀。美国和巴西已有工厂用该方法生产玉米淀粉。但是，由于高压浸泡法对设备要求较高，目前此法在我国尚无明确文献报道。

2. 玉米的粗破碎与胚芽分离

（1）胚芽分离的工艺原理　玉米的浸泡为胚芽分离提供了条件。因为经浸泡、软化的玉米容易破碎，胚芽吸水后仍保持很强的韧性，只有将籽粒破碎。胚芽才能暴露出来，并与胚乳分离。所以玉米的粗破碎是胚芽分离的条件，而粗破碎过程保持胚芽完整，是浸泡的结果。破碎后的浆料中，胚乳碎块与胚芽的密度不同，胚芽的相对密度小于胚乳碎粒，在一定浓度的浆液中处于漂浮状态，而胚乳碎粒则下沉，可利用旋液分离器进行分离。

玉米的粗破碎就是利用齿磨将浸泡的玉米破成要求大小的碎粒，一般经过两次粗破碎。第一次破碎可将玉米破成4~6瓣，经第一次胚芽分离后，再进一步破碎成8~12瓣，将其中的胚芽再次分离。

进入破碎机的物料，固液相之比应为1：3，以保证破碎要求。如果液相过多，通过破碎机速度快，达不到破碎效果。如果固相过多，会因粒度过大，而导致过度破碎，使胚芽受到破坏。

（2）胚芽的分离　　从破碎的玉米浆料中分离胚芽通用的设备是旋液分离器。水和破碎玉米的混合物在一定的压力下经进料管进入旋液分离器，破碎玉米的较重颗粒浆料做旋转运动，并在离心力的作用下抛向设备的内壁，沿着内壁移向底部出口喷嘴。胚芽和玉米皮壳密度小，被集中于设备的中心部位经过顶部喷嘴排出旋液分离器。在分离阶段，进入旋液分离器的浆料中淀粉乳的浓度很重要，第一次分离应保持11%~13%，第二次分离应保持13%~15%。粗破碎及胚芽分离过程中，大约有25%的淀粉破碎形成淀粉乳，经筛分后与细磨碎的淀粉乳汇合。分离出来的胚芽经漂洗，进入副产品处理工序。

3. 浆料的细磨碎

经过破碎和分离胚芽之后，由淀粉粒、麸质、皮层和含有大量淀粉的胚乳碎粒等组成破碎浆料。在浆料中大部分淀粉与蛋白质、纤维素等仍是结合状态，要经过离心式冲击磨进行精细磨碎。

这步操作的主要工艺任务是最大限度地释放出与蛋白质和纤维素相结合的淀粉，为以后这些组分的分离创造良好的条件。

磨碎机的主要工作构件是两个带有冲击部件（凸齿）的转子，这些凸齿都分布在同心的圆周上，随着由中心向边缘的冲击，每后面一排的各冲击磨齿之间的间距逐渐缩小，以防没有经过凸齿捣碎的胚乳通过。冲击磨见图8-3。

物料进入冲击磨，玉米碎粒经过强力的冲击。使玉米淀粉释放出来，而这种冲击作用，可以使玉米皮层及纤维部分保持相对完整，减少细渣的形成。为了达到磨碎效果。要遵守下列工艺规程，进入磨碎的浆料应具有30~35℃，120~220g/L的条件。用符合标准的冲击磨，可经一次磨碎，达到所要求的磨碎效果。其他各种磨碎机，经一次研磨往往达不到磨碎效果，要经过多次研磨。

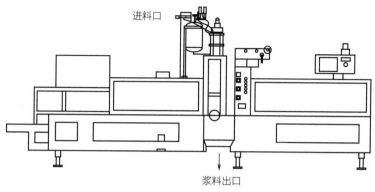

图8-3 冲击磨

4. 纤维分离

细磨浆料中以皮层为主的纤维成分是通过曲筛逆流筛洗工艺从淀粉和蛋白质乳液中分离出去。曲筛又叫120°压力曲筛，筛面呈凹弧形，筛孔50μm，浆料冲击到筛面上的压力要达到2.1~2.8kg/cm²。筛面宽度为61cm，由6或7个曲筛组成筛洗流程，曲筛逆流筛洗流程见图8-4。细磨后的浆料首先进入第一道曲筛，通过筛面的淀粉与蛋白质混合的乳液进入下一道工序。而筛出的皮渣还裹带部分淀粉，要经稀释后进入第二道曲筛，而稀释皮渣的正是第二道曲筛的筛下物。第二道曲筛的筛上物再经稀释后送入第三道曲筛，稀释第二道曲筛筛出的皮渣用的又是第三道曲筛的筛下物，以此类推。最后一道曲筛的筛上物皮渣则引入清水洗涤，洗涤水依次逆流，通过各道曲筛，最后一道的筛上物皮渣纤维被洗涤干净，淀粉及蛋白质最大限度地被分离进入下一道工序。曲筛逆流筛洗流程的优点是淀粉与蛋白质能最大限度地分离回收，同时节省大量的洗渣水。分离出来的纤维经挤压脱水作为饲料。

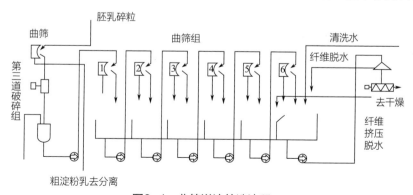

图8-4 曲筛逆流筛洗流程

5. 麸质分离

通过曲筛逆流筛洗流程的第一道曲筛的乳液中的干物质是淀粉、蛋白质和少量可溶性成分的混合物，干物质中有5%~6%的蛋白质，前面已经提到，经过浸泡过程中SO_2的处理，蛋白质与淀粉已基本游离开来，利用离心机可以使淀粉与蛋白质分离。在分离过程中，淀粉乳的pH应调到3.8~4.2，稠度应调到0.9~2.6g/L，温度在49~54℃，最高不要超过57℃。离心机分离的原理是蛋白质的相对密度小于淀粉。在离心力的作用下形成清液与淀粉分离。麸质水和淀粉乳分别从离心机的溢流和底流喷嘴中排出。一次分离不彻底，还可将第一次分离的底流再经另一台离心机分离。分离出来的麸质（蛋白质）浆液经浓缩干燥制成蛋白粉。

6. 淀粉的清洗

分离出蛋白质的淀粉悬浮液含干物质含量为33%~35%，其中还含有0.2%~0.3%的可溶性物质，这部分可溶性物质的存在对淀粉质量有影响。特别是对于加工糖浆或葡萄糖来说，可溶性物质含量高，对工艺过程不利，严重影响糖浆和葡萄糖的产品质量。为了排除可溶性物质，降低淀粉悬浮液的酸度和提高悬浮液的浓度，可利用真空过滤器或螺旋离心机进行洗涤，也可采用多级旋流分离器进行逆流清洗，清洗时的水温应控制在49~52℃。经过上述6道工序，完成玉米湿磨分离的过程，分离出了各种副产品，得到了纯净的淀粉乳悬浮液。如果连续生产淀粉糖等进一步转化的产品，可以在淀粉悬浮液的基础上进一步转入糖化等下道工序；而要想获得商品淀粉，则必须进行脱水干燥。

7. 淀粉的脱水干燥

湿淀粉不耐储存，特别是在高温条件下会迅速变质。从上述湿法工艺流程中分离得到的含量为36%~38%的淀粉乳要立即输送至干燥车间。淀粉脱水要相继用两种方法：机械脱水和加热干燥。

机械脱水对于含水量在60%以上的悬浮液来说是比较经济和实用的方法，脱水效率是加热干燥的3倍。因此，要尽可能地用机械方法从淀粉乳中排除更多的水分。玉米淀粉乳的机械脱水一般选用离心式过滤机。卧式离心过滤机是间歇操作的机械，在完成间歇操作时没有停顿，装料、离心分离及卸除淀粉可以连续进行。过滤筛网一般选用120目金属网，筛网借助金属板条和环固定在转子里。淀粉的机械脱水也可采用真空过滤机进行，虽然效率高，但达不到淀粉干燥的最终目的。离心式过滤机只能使淀粉含水量达到34%左右，真空过滤机脱水只能达到40%~42%的含水量。商品淀粉要干燥到12%~14%的含水量，必须在机械脱水的基础上，再进一步采用加热干燥法。

淀粉在经过机械脱水后，还含有36%~38%的水分，这些水分均匀地分布在淀粉各部分中。为了蒸发出淀粉中的水分，必须供给对于提高淀粉颗粒内水分的温度所需要的热。

要迅速干燥淀粉，同时又要保证淀粉在加热时保持其天然淀粉的性质不变，主要采用气流干燥法。气流干燥是松散的湿淀粉与经过清净的热空气混合，在运动的过程中，使淀粉迅速脱水的过程。经过净化的空气一般被加热至120~140℃作为热的载体，这利用了空气从被干燥的淀粉中吸收水分的能力。在淀粉干燥的过程中，热空气与被干燥介质之间进行热交换，即淀粉及所含的水分被加热，热空气被冷却，淀粉粒表面的水分由于从空气中得到的热量而蒸发。这时淀粉的水分含量下降，水分从淀粉粒中心向表面转移。空气的温度降低，淀粉被加热，淀粉中的水分蒸发出来。采用气流干燥法，由于湿淀粉粒在热空气中呈悬浮状态。受热时间短，仅 3~5s，而且120~140℃的热空气温度因淀粉中的水分汽化有所降低。所以淀粉既能迅速脱水，同时又能保证其天然性质不变。

淀粉干燥按下列顺序工作：离心式过滤机卸出的湿淀粉进入供料器，再由螺旋输送器按所需数量送入疏松器。在疏松器内送入淀粉的同时，送入热空气，这种热空气预先经过净化，并在加热器内加热至140℃。由于风机在干燥机的空气管路中造成真空状态，空气进入疏松器，疏松器的旋转转子把进入的淀粉再粉碎成极小的粒子，使其与空气强烈搅和。淀粉空气混合物在真空状态下在干燥器的管线中移动，经干燥管进入旋风分离器，淀粉在这样的运动过程中变干。在旋风分离器中混合物分为干淀粉和废气。旋风分离器中沉降的淀粉沿着器壁慢慢掉下来，并经由螺旋输送器送至筛分设备，从而得到含水量为11%~12%的纯净、粉末状淀粉。

三、淀粉用途

由于天然淀粉并不完全具备各工业行业应用的有效性能，因此，根据不同种类淀粉的结构、理化性质及应用要求，采用相应的技术可使其改性，得到各种变性淀粉，从而改善了应用效果，扩大了应用范围。淀粉和变性淀粉可广泛应用于食品、纺织、造纸、医药、化工、建材、石油钻探、铸造以及农业等许多行业。淀粉经水解作用可制得若干种类的淀粉糖产品，如糊精、麦芽糖、淀粉糖浆、葡萄糖、功能性低聚糖。葡萄糖经异构化还可以生产高果糖浆。淀粉经水解、发酵后可转化成酒精、有机酸、氨基酸、核酸、抗生素、甘油、酶、山梨醇等若干种类的转化产品。

（1）淀粉糖　淀粉糖（葡萄糖浆、麦芽糖浆、含42%果糖的果葡糖浆、含55%果糖的高果糖浆以及医用结晶葡萄糖等）是淀粉深加工产量最大的一类产品。主要用作食品添加剂，也可作为工业原料。淀粉糖可以制作山梨醇，也称多元糖醇。其具有甜味剂的特性，但是在人体中的代谢途径与胰岛素无关，因此可以用作糖尿病人的专用甜味剂。由于其不为口腔微生物所利用，因此也不会引起牙齿龋变，所以很适合于儿童食品、无糖口香糖和无糖糖果，又由于其能量值较低，因此可用于生产低能量食品，预防肥胖症。已工业化生产的功能性甜味剂不但具有上述优点，并且由于不被人体消化吸收而直接进入大肠，活化肠道内对人体有益的双歧杆菌，促其生长繁殖以抑制肠道内有害细菌的繁殖，由此保护了人体健康。和蔗糖相比，淀粉糖无论从保健、实用性还是成本，都有很大的竞争力。淀粉糖易为人体消化吸收，是重要的营养素。此外，其所具有对人体有益的生理功能是蔗糖所不及的。

（2）氨基酸和有机酸　淀粉经过加工后可以生产氨基酸和有机酸。赖氨酸是动物体内不能合成，必须从外界摄取的必需氨基酸，它被称为第一限制性氨基酸，由于它的缺乏将影响其他氨基酸的吸收。因此随着饲料业、饲养业的发展，赖氨酸的需求量也越来越大。2003—2004年，我国还需大量从国外进口赖氨酸，现在已成为世界最大的赖氨酸生产国，仅大成集团一个企业赖氨酸的生产量已经达到35万t。中国的赖氨酸的出口也给中国的赖氨酸产业也带来了一定的发展空间。以淀粉为原料生产的氨基酸还有异亮氨酸、精氨酸、缬氨酸等。氨基酸的世界需求量增长迅速。用玉米或淀粉生产的有机酸有柠檬酸、乳酸、苹果酸、衣康酸、草酸等。其中柠檬酸产量较大，柠檬酸在食品、医药、洗涤、纺织、化妆品等行业都有广泛的应用，在非食品工业上应用也日益扩大，世界的消费量近20年以5%的速度递增。中国柠檬酸产量排在世界前列，出口贸易量占第一位，2022年我国柠檬酸出口总量为123万t。过去中国柠檬酸生产主要用薯干作为原料，由于玉米原料收率高，从行业看有向改用玉米原料的趋势。乳酸主要用于食品工业，约占乳酸生产总量的50%。不少国家开发聚乳酸生物可降解塑料，也表明乳酸有较大增长的潜在市场。其他有机酸也都有较大的发展空间。

（3）变性淀粉　变性淀粉是利用物理、化学和酶等手段改变天然淀粉的性质，使其符合各行各业应用的需要。变性淀粉的使用量和范围非常广，中国已经生产出了预糊化淀粉、酸化淀粉、氧化淀粉、醚化淀粉、酯化淀粉、交联淀粉、接枝淀粉等应用到纺织、造纸、食品、石油、医用、建筑、农业饲料、日用化工等行业共70多个品种。其中以造纸行业的应用量为最大，占总量的50%~60%，主要用作湿部添加剂、层间或表面喷雾剂、表面施胶剂和涂布黏合剂。它们可显著提高纸张的各种物理强度，提高质量和档次，降低木浆配比，提高细小纤维、填料的留着率，提高成品纸的灰分、白度和不透明度，减少湿部断头，减轻三废排放，并改善印刷性能。

（4）医药　就医药工业而言，淀粉是抗生素工业最重要的原料，因为几乎所有抗生素都采用淀粉发酵法生产，如销量极大的青霉素、头孢菌素、四环素、土霉素、金霉素、链霉素与各种氨基糖苷类抗生素等，无一不是用淀粉为底物经工业微生物发酵、提取而成。另外，淀粉的另一重要用途是作为药物赋形剂，早期各国药厂生产的片剂绝大多数使用玉米淀粉为填充剂及黏合剂。

（5）食品加工　淀粉作为原料可以直接用于粉丝、粉条、肉制品、冰淇淋等方面，需求稳定。

（6）啤酒　啤酒糖浆的应用今后将会有较大发展。啤酒糖浆可直接加到麦芽汁里，简化了生产工艺，同时可以提高发酵液的糖度，如从11%提高到16%，可提高20%的生产能力，这就为旺季增产创造了条件。

（7）造纸　由于木薯价格高昂加之泰国限制木薯出口，造纸行业使用玉米淀粉的比例得以提高。

（8）其他用途　玉米淀粉与水或牛乳混合后有独特的外观和质感，常用来掺入白糖粉作为抗黏结剂。玉米淀粉常用作布丁等食品的凝固剂。市面一般的现成布丁预拌材料（pudding mixes）都含有玉米淀粉。利用双层蒸锅（double boiler），以牛乳、砂糖、玉米粉和增香剂等配料就可轻易制作出简单的玉米粉布丁。玉米淀粉在中国菜和法国菜里用作增稠剂，中国菜里的"勾芡"（又称芡汁），一般就是用玉米淀粉加上水制成的。玉米淀粉在制造环保制品中也有多种用途，例如，玉米淀粉制成的蓝光光碟或饮料杯，可自然降解。

随着玉米淀粉工业的发展，浸泡工艺日益成熟，各种浸泡新工艺层出不穷，虽然传统浸泡工艺仍占主体地位，但生产过程中二氧化硫对生产设备和环境带来的严重影响不容忽视。未来的淀粉生产工艺，不仅应该注重淀粉制品的产量与品质，还要考虑到对设备和环境的影响，并且综合酶法、微生物发酵法等新方法的优点，确定出适合淀粉工厂大规模生产的最佳生产工艺。因此，传统浸泡工艺必然会被新工艺取代，新的淀粉生产工艺也必将加快淀粉工业的发展。

第二节
酶法生产麦芽糖浆

我国是玉米生产大国，产量仅次于美国，居世界第二。目前，在我国70%左右的玉米用作饲料，但随着玉米深加工业的迅速发展，工业用玉米所占比例越来越多。针对我国玉米深加工工业的现状，归纳出玉米深加工和综合利用模式主要分为以下五方面：一是淀粉和淀粉糖的生产；二是发酵制品的生产；三是酒精类产品的生产；四是玉米食品的开发；五是玉米副产品的综合利用。据统计，我国味精和柠檬酸产量居世界之首，淀粉糖产量居世界第二。虽然我国玉米深加工业在某些方面取得了一定成绩，但与有着深厚玉米深加工工业基础的美国相比，我国在节能、节水、低排、新产品开发、科技创新等方面依然存在一定劣势，比如淀粉的生产，我国玉米淀粉的生产普遍采用湿法工艺，虽然能得到高纯度的淀粉产品，但也存在着很多诸如投入大、废水处理费用高等缺点。玉米淀粉及其深加工产品直接影响着我国食品工业的发展，我国需从引进先进设备和工艺、提高产品质量和生产效率以及减轻环境污染等方面发展玉米综合利用，提高玉米深加工效益。

现代玉米深加工工业中，淀粉糖制品的生产加工最受瞩目。淀粉糖由于甜度低、风味浓、润性好、色泽美且具有保健功能，广泛应用于制药、食品、饲料等行业。随着工业化进程的加速发展和人们生活水平的提高，对糖品的要求不仅仅局限在甜味，还对风味、结晶性、溶解性、吸湿性、保湿性、焦化性、化学稳定性和代谢性等方面有要求，我国目前重要的淀粉糖品主要有果葡糖浆、麦芽糖浆及糖醇、结晶葡萄糖、全糖、麦芽糊精、麦芽糖品等。

麦芽糖浆具有甜度低而温和、可口性强、营养价值高、清亮透明、耐高温、吸湿性低、保湿性好、热稳定性好、抗结晶性强，在人体内不需胰岛素参与代谢就能被吸收，且有益于人体肠道中双歧乳酸杆菌的繁殖等显著特点，是一种深受人们喜爱的糖品。其甜度相当于蔗糖的30%~40%，热值仅为蔗糖的5%。广泛应用于食品、医药等行业中，比如应用在果酱、果冻、冰淇淋制造中，起到防止蔗糖结晶析出，改善产品组织结构和口味的作用。由于麦芽糖的可发酵性，可用于糕点制作和啤酒生产中。纯麦芽糖可作为静脉注射液，不引起人血糖升高，特别适合糖尿病患者补充营养。麦芽糖浆是以淀粉为原料，经酶法或酸酶法结合水解，再经精制、浓缩而制成的一种以麦芽糖为主的糖浆，根据麦芽糖浆中麦芽糖含量高低，可分为普通麦芽糖浆、高麦芽糖浆和超高麦芽糖浆，麦芽糖含量在60%以下的麦芽糖浆为普通麦芽糖浆，麦芽糖含量在60%~70%的称为高麦芽糖浆，麦芽糖含量70%以上的称为超高麦芽糖浆，若麦芽糖含量超过90%，这种糖浆也称为液体麦芽糖浆。超高麦芽糖浆中可发酵性糖含量达90%或90%以上，主要用于制作纯麦芽糖、麦芽糖粉和麦芽糖醇等。

一、麦芽糖浆的特性及其用途

1. 麦芽糖结构

麦芽糖（maltose），一般不游离存在于自然界，由于大麦芽中含有 β-淀粉酶，人们最初使用大麦芽水解淀粉而得到的，故称其为麦芽糖。其化学名称为 4-O-α-D-吡喃葡糖基-D-葡萄糖，它是由两分子葡萄糖通过 α-1,4-糖苷键连接而成的二糖，又称麦芽二糖。通过其结构式（图8-5）可以看出，它含有一个半缩醛羟基，是一种还原性糖，能还原斐林试剂或发生银镜反应。

麦芽糖为无色晶体，含有一分子结晶水，熔点为 102~103℃，易溶于水，微溶于乙醇，不溶于乙醚。它的甜度为蔗糖甜度的46%，并且甜味入口不留后味。另外，麦芽糖具有良好的发酵性、耐酸性、稳定的耐热性、抗结晶性、低渗透压和对人体有特殊的功能等诸多特点。

2. 麦芽糖浆及其分类

早在公元前4000年，美索不达米亚地区的人们开始利用大麦的麦芽来制备麦汁酿造啤酒，而麦汁就是一种以麦芽糖为主的糖浆。我国关于麦芽糖浆的记录，汉代的《说文解字》中就记载"饴，米糵煎也"，其中糵为麦芽的古称。由此看出，我

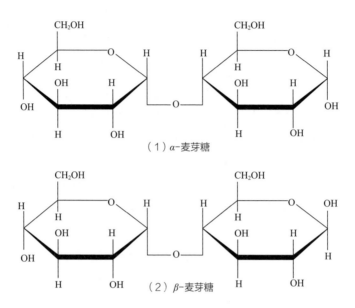

图8-5　麦芽糖结构式

国劳动人民早在汉代就已经会使用大米淀粉和麦芽熬制麦芽糖浆。直到近现代，淀粉酶被发现，随即被引入高麦芽糖浆的生产。而最近几十年来，随着快速发展的酶工程技术，各种各样高性能的酶制剂应用于麦芽糖浆的生产。麦芽糖浆的产品质量得以显著提高，产品种类出现了多样化，并广泛应用于诸多领域。麦芽糖浆是采用酸法、酶法或酸酶结合法水解各种淀粉分子，得到的以麦芽糖为主要成分的糖浆。

　　3. 麦芽糖浆的特性及其用途

　　麦芽糖是一种营养型二糖，具有一些特殊理化性质，也是各类麦芽糖浆的主要成分。因此，各类麦芽糖浆产品同时具有麦芽糖的所有特性，广泛应用于食品、医学和化工行业。

　　（1）甜味　甜味，是人类的一种基础味觉，而甜味是否良好直接关系着各类麦芽糖浆的品质。将甜味的高低定义为甜度，一般将蔗糖的甜度设为100，通过品评、比较得出其他糖类的相对甜度。麦芽糖浆中的主要成分麦芽糖具有良好的甜味，甜度46，甜味柔和、入口后不留后味，故麦芽糖浆在糖果生产和各类甜味饮料调制中大量使用。

　　（2）还原性　麦芽糖是一种典型的还原型二糖，故各类麦芽糖浆同时也具有不同程度的还原性。有的生物酶制剂中添加一定量的麦芽糖浆，可以保护酶制剂不会氧化失活，进而延长酶制剂贮藏期。

（3）发酵性　麦芽糖浆具有良好的发酵性，糖浆中的麦芽糖、葡萄糖和一些低聚糖均可以被微生物（酵母细胞）利用。啤酒酿造时，向麦汁中添加麦芽糖浆，可以减少煮沸和发酵麦汁的时间，同时提高啤酒产量。另外，面包的生产过程中，添加适量的麦芽糖浆或麦芽糖浆粉，可以提高面团中酵母的发酵能力，烤制好的面包膨胀效果好，口感松软可口。

（4）热稳定性　由于麦芽糖具有良好的热稳定性，麦芽糖浆中含氮化合物少，在高温条件下麦芽糖浆不发生美拉德反应。所以，在糖果生产的熬制糖液和糖块铸型时，不会产生含有色度的化合物，糖块颜色通透，同时具有较好的抗砂抗烊性。

（5）抗结晶性　普通麦芽糖浆和高麦芽糖浆中由于含有一定量的糊精分子，故而其具有一定的抗结晶性。当应用于制造果酱、果冻等食品时，适量的添加可以减少产品中蔗糖的析出，进而延长产品的货架期。

（6）特殊的人体代谢　麦芽糖作为一种重要的碳水化合物，人体食用后会在小肠内消化分解成单糖，而后被吸收。所以，麦芽糖可以为人体提供能量，故称为营养型二糖。对于超高麦芽糖浆或液态麦芽糖，可以进一步制成医用麦芽糖注射液，供2型糖尿病患者或手术后患者补充碳水化合物和水使用。最早的麦芽糖注射液（Martos-10）于1974年在日本上市，该注射液已载入日本药典。麦芽糖注射液通过静脉注射进入2型糖尿病患者或手术后患者体内，人体的血液所含可以水解麦芽糖的酶（麦芽糖酶）的含量甚微，故不会引起人体血糖大幅度升高。而血液中麦芽糖分子可不依赖胰岛素就到达人体细胞内，被麦芽糖酶水解成葡萄糖参加三羧酸循环，有效地为机体提供能量。另外，有研究证明麦芽糖注射液还可以降低血液游离脂肪酸（FFA）和酮体，改善体内脂肪代谢；使用麦芽糖注射液可以减少患者体内蛋白质的消耗，平衡氮代谢；麦芽糖注射液毒性低，不会影响患者肝肾功能；使用药品后不良反应少，据报道6100名麦芽糖注射液试验者中，仅出现2例（0.03%）发生不良反应。

二、酶法制备麦芽糖浆的方法

关于生产麦芽糖的历史，可追溯至3000年之前，人类运用自然界中天然存在的酶来水解淀粉熬制饴糖。饴糖属于一种粗制麦芽糖浆，主要成分为麦芽糖，这与现代淀粉糖工业生产的高麦芽糖浆的主要成分是相同的。1833—1835年法国化学家帕扬和佩索菲在研究麦芽时，提取到一种可以使得淀粉水解成糖的物质，其水解淀粉的速度要远远高于酸水解，他们将之命名为淀粉酶。随即人们开始对酶化学进行了深入的研究，淀粉酶也引入淀粉糖的生产中，最近几十年来，得益于生物技术的快速发展，各种高效的商用淀粉酶纷纷推出，使得淀粉糖制备工业取得了较快进步。

自1990年起，由于淀粉糖的消费数量激增，我国淀粉糖产量从仅有30万t，到2002年淀粉糖产量激增至350万t，2021年达到1494万t。高麦芽糖浆作为淀粉糖系列中重要的一种产品，其主要成分麦芽糖具有一些优良的理化特性，使其广泛应用于食品、医药等行业。我国玉米产量位居世界第二，玉米淀粉成为生产高麦芽糖浆理想的原料，将有助于提高玉米精深加工水平。玉米深加工业的加快发展，直接推动玉米产前、产后产业的发展，直接影响农业资源优势转化为商品优势和经济优势，对加快我国农业产业结构转型具有重要的意义。

一般玉米淀粉高麦芽糖浆的生产过程包括：玉米淀粉调浆、液化、糖化、脱色处理、脱盐精制、真空浓缩、包装成品。液化和糖化是整个生产过程中最为重要的部分，分别会使用液化酶、糖化酶、脱支酶，通过液化和糖化两次酶解反应，得到初级高麦芽糖浆糖液。

1. 淀粉液化工艺及其机理

淀粉液化是指将淀粉调浆后，在淀粉液化酶或无机酸的作用下，淀粉料液快速水解，水解产物为不同分子质量的糊精、低聚糖、葡萄糖等。由于整个过程中料液黏性会迅速下降，故称为"淀粉液化"。生产麦芽糖浆液化工艺要点：将料液pH调至酸法液化或酶法液化所需水平，一般液化温度控制在高温，这时整个淀粉颗粒中的各个直链和支链分子，均处于一个较为显著的伸展和溶胀的状态，酶分子和强酸水解的攻击点也随之增多，故淀粉分子间的糖苷键均易切断，淀粉液化效果好。整个淀粉水解过程（酶解或酸水解）都会将淀粉大分子降解至糊精和低聚糖等小分子物质，为糖化工艺提供最佳糖化效果所需的底物。

当使用酸法液化时，淀粉乳中添加酸液，淀粉分子链中各个葡萄糖苷键在酸的催化作用下，分别水解断裂，形成不同分子质量的糊精和低聚糖混合溶液即达到液化效果。而当使用耐高温α-淀粉酶进行液化时，它作为一种常用的α-淀粉酶，可在高温条件下，随机进攻并切断底物淀粉分子内部的各个α-1,4糖苷键。液化后淀粉分子变成长短不一分散的糊精分子、低聚糖和葡萄糖，料液会变得外观清亮、流动性好，而且略带甜味。

2. 液化方法

高麦芽糖浆的生产中所使用的液化方法很多，液化时液化酶作用于淀粉分子链的水解动力各不相同，可分为：酸法液化、酸酶液化、淀粉酶液化及机械液化；液化时所使用的设备又可分为：管式液化、罐式液化、喷射式液化；液化时工艺连续性不同，可分为：间歇式液化、半连续式液化和连续式液化。淀粉的液化技术发展至今，工艺不断改进翻新，以上几种的液化分类方法不能概述所有液化方法，而且各个分类方法存在交叉运用。

（1）酸法液化　采用酸法液化，一般将淀粉料液的pH控制在1.8~2.0，液化温度为135℃，液化时间为10~25min。淀粉分子将在高温和酸催化的作用下，各个分子结构伸展溶胀，而每个分子上的糖苷键开始断裂，产生大量的糊精分子、低聚糖和葡萄糖。酸法液化可适用于一切淀粉原料的液化，而且该种液化方法成本较低。另外，液化后料液的流动性好，有利于后期的工艺操作。但是，该法也存在一些缺点，如液化过程中酸液会与一些糖类化合物产生色度较大的物质，影响糖液质量。酸法液化后，用酶法糖化生产的糖浆含有少量糊精。在酸液和高温的介入液化，势必带来一些酸性污染物，不利于生态环境的可持续发展。因此，该种方法已逐渐被酶法液化所取代。

（2）酸酶液化　使用酸酶液化，一般在短时间内先将淀粉乳通过高温酸法水解（温度120℃、pH为2~2.2，水解时间5min），然后将温度和pH调至液化酶适宜水平，加入液化酶，进行酶法液化。该种方法液化，由于添加了液化酶，可以减少液化过程中出现淀粉老化的情况。同时，酸和淀粉酶结合液化，与酸法液化相比，大大降低了糖液中杂糖和糊精的含量。因此，这种方法既有酸法液化后料液良好的流动性，又兼有酶法液化后料液良好的糖化效果。但是这种酸液和淀粉酶联合液化，也使得液化工艺更加复杂，对于设备要求和运行成本要求较高。

（3）淀粉酶液化　1949年日本开始大规模生产工业化细菌 α-淀粉酶，到1959年日本制糖企业开始使用细菌 α-淀粉酶进行液化。而近几十年来，随着酶工程技术的高速发展，大量高效的酶制剂广泛地应用于淀粉糖工业中来，现今液化工艺中经常使用的液化酶有：耐高温 α-淀粉酶、中温 α-淀粉酶和真菌 α-淀粉酶。大量高效淀粉酶的应用，不断地完善酶法液化工艺，实际生产中主要使用的液化方法如下。

①间歇液化法：间歇液化法是一种简单易行的液化方法，它直接对料液进行加热，而后加入液化酶进行液化，所以该法也叫直接升温液化法。具体的工艺操作为，先将淀粉进行调浆后，调pH，加入适量氯化钙和液化酶，搅拌加热，温度达到85℃后，保温液化15~30min，不断测定料液的还原糖当量（DE）值，以判断是否达到所需的液化程度。该方法虽然简单易行，但淀粉容易在液化过程中出现淀粉老化，因此整个过程需要不断搅拌且快速升温。另外，该种方法液化后的料液的黏度和过滤性较之其他液化方法要稍差。

②半连续液化法：半连续液化法是将料液通过喷头引入有高温蒸汽的保温桶进行液化，故而又称高温液化法或喷淋液化法。具体的液化工艺操作如下。首先，对原料淀粉进行调浆，将料液pH调整液化酶最适宜的酸度水平，同时添加适量的氯化钙和耐高温淀粉酶。其次对保温桶注水，加热形成高温蒸汽（温度保持在90~95℃），把料液通过喷头泵入保温桶内进行液化，液化时间为15~30min，期间测量保温桶内料液的DE值，以判断是否达到所需的液化程度。由于保温桶内形成了大量热蒸汽，温度较高，料液喷入保温桶内而得以迅速升温，达到液化酶最适酶解温度，液化效果和液化后料液流动性均良好。

该种液化方法，在液化效果和料液的流动性、过滤性方面，都要优于直接升温液化法，但也存在一些问题，例如，半连续液化法是通过泵将料液由喷头导入保温桶，而保温桶存在结构缺陷，液化生产中料液温度很高，存在安全隐患。另外，使用保温桶进行淀粉液化过程中，热能损失大，能耗浪费。然而，随后喷射液化器的出现弥补了保温桶液化所存在的不足。

③连续式液化法：连续式液化法是对淀粉乳薄层直接喷射高温蒸汽，可将料液温度短时间内迅速提升至液化酶所需的温度，将淀粉快速充分液化的方法。喷射液化器作为连续式液化法中喷射高温蒸汽的关键设备，它的出现改进了原来的液化设备的不足，开始渐渐取代其他液化技术。根据喷射料液的动力不同，现在常用的喷射液化器主要为低压蒸汽和高压蒸汽两种喷射液化器。使用喷射液化器进行液化，一般使用的液化酶为耐高温 α-淀粉酶。它与中温α-淀粉酶相比，在高温条件下料液不发生淀粉老化，蛋白质也能够很好地絮凝。另外，高温喷射液化还可以减少小分子前体物质的产生，提高糖化后产品的得率。喷射液化结束后，液化液的颜色、流动性和过滤性均为良好。

（4）机械液化 机械液化是一种不需要添加酸液、淀粉酶等其他催化剂的液化方法。具体操作为：将调浆后的淀粉浆液通过喷射器直接喷射入一个可以旋转的蒸汽加热器中，淀粉受热糊化后（加热温度达160℃），在强烈的剪切力作用下，使得物料中的淀粉分子降解为不同分子质量的糊精，而后快速降温冷却。该方法仅有物理作用力（剪切力）参与，使得淀粉大分子变为小分子糊精，过程中糖类化合物产生量很少，有助于提高糖化后糖液的纯度。

（5）液化方法的选择 根据上面所述的各种液化方法，对于不同的原料、不同的生产条件、不同的液化液用途，所选用的液化方法也应该是不同的。因此，在生产高麦芽糖浆时应针对原料特性、生产条件、料液用途选取适宜的液化方法，以获得最佳的液化效果和糖化效果。

①根据原料特性选择液化方法：对于生产高麦芽糖浆所需的淀粉原料，主要有两类。一类以薯类淀粉为原料，如甘薯、木薯、马铃薯等；另一类以谷物淀粉为原料，如玉米、大米、小麦等。

以薯类淀粉为例，其淀粉中蛋白质不足0.1%，低于谷类淀粉。因此，以薯类淀粉为原料生产高麦芽糖浆时，液化选用喷射液化时，仅用一次加酶工艺，即可达到良好的液化效果。而对于谷类淀粉，除了蛋白质含量高，淀粉颗粒小而坚硬，液化选用喷射液化时，就需要考虑是否进行两次加酶液化工艺。但如果谷物淀粉质量较好，进行一次加酶液化也是可行的。因此，液化方法的选择，要根据原料淀粉的实际情况而定，这样才能既满足液化效果，又可以节约生产成本。

②根据生产条件选择液化方法：酸法液化、酸酶液化、淀粉酶液化，这三类液化方法对于生产条件的要求各不相同。如酸法液化对于生产设备和生产条件的要求相对较低，但其淀粉液化效果相对较差，该方法成为小型的淀粉糖企业的首选。大型淀粉糖企业，一般使用喷射液化技术对淀粉进行液化。而喷射液化技术，则需要根据实际的生产条件（蒸汽压力高低及是否稳定）来选择合适的喷射技术。

③根据料液用途选择液化方法：所有的玉米淀粉精深加工都离不开玉米淀粉的液化，这一工艺也是生产玉米淀粉下游产品不可缺失的关键步骤。不同的玉米淀粉下游产品，对于料液的要求是不同的，如生产高麦芽糖浆时，其所需的玉米淀粉料液的最佳DE值范围为5~10，一般需选用酶法液化或酸酶液化，才能达到所需DE值范围。为了保证高麦芽糖浆产品的色泽浅、透明度高，酶法液化工艺还应该选用耐高温 α-淀粉酶进行高压或低压的喷射液化。

3. 糖化工艺及其机理

淀粉液化工艺中使用 α-淀粉酶,是将淀粉大分子降解至不同分子质量的糊精分子、低聚糖和少量还原糖。液化工艺为糖化工艺提供底物,是制备高麦芽糖浆的基础,而糖化工艺将直接决定了高麦芽糖浆品质,因此糖化工艺在整个制备过程中尤为重要。高麦芽糖浆的糖化工艺:将液化后的料液的pH调至4.0~5.0,温度升至50~60℃,而后添加一定量的糖化酶和脱支酶,进行糖化酶解30~48h后,灭酶终止反应。

糖化工艺,实际上就是糖化酶和脱支酶共同作用于底物分子的过程。当糖化酶作用于底物分子时,它从底物分子的非还原性末端开始,依次进攻相隔的 α-1,4糖苷键,切下每两个葡萄糖单位,而不能作用于底物分子支链上的 α-1,6 糖苷键,也不能对底物分子链支点以外进行酶解。但脱支酶将会主要进攻、切割下底物分子中支链部分、直链部分和低聚糖等大分子上的 α-1,6 糖苷键,最终得到的主要产物为麦芽糖。

4. 糖化方法

公元前 4000 年美索不达米亚地区的人们已经开始使用大麦、小麦中自然存在的 β-淀粉酶制备麦汁来酿造啤酒;3000年前我国人民就已经利用谷物中自然存在的糖化酶熬制饴糖。无论制备麦汁,还是熬制饴糖,都是使用天然存在的淀粉酶来水解淀粉的过程,其产物均是一种粗制麦芽糖浆。直到 1833 年,由法国化学家发现淀粉酶,人们随后将淀粉酶引入各类糖浆的生产中。最近几十年来,随着生物技术的快速发展,各种高效的商业用淀粉酶纷纷推出,应用于糖化工艺,提高了糖化效果和产品质量。以下介绍现在常用的各类高麦芽糖浆的糖化技术。

(1)单酶糖化   酿造啤酒的制麦过程和熬制饴糖过程,实际上就是简单的单酶糖化。酿造啤酒时,制麦过程中需要缓慢升高温度,就是为了活化大麦芽中糖化酶,然后对大麦芽中的淀粉进行糖化酶解,最后得到高糖度的麦汁用于酿造啤酒。

随着人们对淀粉酶研究的深入,糖化酶(如 β-淀粉酶)成功从高等植物中提取,而从植物中提取酶的生产成本昂贵,难以适用于淀粉糖企业大规模生产。自20世纪60年代,人们开始利用微生物来制备 β-淀粉酶,所使用的菌种有巨大芽孢杆菌、多黏芽孢杆菌和蜡样芽孢杆菌等。来源于微生物的 β-淀粉酶,其价格大大降低,使得 β-淀粉酶在生产淀粉糖中广泛应用。最近几十年,酶工程技术快速发展,除 β-淀粉酶以外,出现了一些新型的糖化酶,包括麦芽糖生成酶

（maltogenase）、麦芽三糖酶、真菌 α-淀粉酶（fungamyl）。

当单独使用某种糖化酶进行糖化时，无论 β-淀粉酶还是麦芽糖生成酶，它们作用于底物分子的机制是相同的。糖化酶分子只能切割下底物分子的 α-1，4 糖苷键，不能作用于底物分子支链上的 α-1，6 糖苷键，也不能作用于底物分子链支点以外部分。故当糖化酶单酶糖化时，其对于含有支链部分的淀粉不能完全酶解，糖化后糖浆的麦芽糖含量一般不会超过 65%，其他成分为 β-麦芽糊精、麦芽低聚糖、葡萄糖等。由于单酶糖化法的糖化工艺简单，生产成本低廉，所以一般适用于制糖企业生产普通麦芽糖浆。如生产食用类饴糖、酿酒型麦芽糖浆等。

（2）双酶协同糖化　由于单一糖化酶进行糖化很难得到高含量的麦芽糖浆，而脱支酶的出现得以解决这一问题，人们开始将糖化酶和脱支酶并用进行糖化，故称之为双酶协同糖化。一般常见的脱支酶有普鲁兰酶（pullulanase）和异淀粉酶（isoamylase），它们与糖化酶并用时，可以作用于糖化酶无法酶解的部分（支链淀粉、直链淀粉、糖原等大分子分支点的 α-1，6 糖苷键），从而减少 β-麦芽糊精、麦芽低聚糖、葡萄糖的含量，提高糖浆的麦芽糖得率。

采用双酶协同糖化法进行糖化工艺，可以配对组合使用的糖化酶和脱支酶有：β-淀粉酶与普鲁兰酶、麦芽糖生产酶与普鲁兰酶。由于异淀粉酶不能酶解底物分子的直链部分中的 α-1，6 糖苷键，糖化产物中会含有 α-1，6 糖苷键的葡萄糖聚合物，故一般选取普鲁兰酶作脱支酶使用。而对于麦芽糖生产酶与普鲁兰酶的组合，它们协同糖化后产物的麦芽糖含量高于 β-淀粉酶与普鲁兰酶组合，相比麦芽三糖及以上的低聚糖的含量要减少很多，但糖液中葡萄糖含量较高。另外，麦芽糖生产酶的价格高昂，相比之下 β-淀粉酶就要低廉得多。因此，当制备一般食品用高麦芽糖浆时，考虑到糖化酶价格低廉、低含量的葡萄糖易于制糖，应该选用 β-淀粉酶与普鲁兰酶组合进行糖化；对于制备医用高麦芽糖浆或高纯度麦芽糖时，应选用麦芽糖生产酶与普鲁兰酶组合进行协同糖化。

（3）多酶协同糖化　由于市场对高纯度麦芽糖浆的需求，尤其是在医药领域有关麦芽糖针剂对麦芽糖浆的含量和质量有更高要求，在20世纪90年代人们开始利用多酶协同糖化生产液体麦芽糖，得到的糖液中麦芽糖含量可达90%以上。多酶协同糖化中所使用的酶制剂有：β-淀粉酶、麦芽糖生产酶、真菌 α-淀粉酶、耐高温 α-淀粉酶、中温 α-淀粉酶、普鲁兰酶、麦芽三糖酶等。

使用多酶协同糖化法进行糖化时，可以选用的多酶组合方式很多，根据已经发表的文献记录了四种不同的多酶协同糖化组合方式，分别为：

①β-淀粉酶、麦芽三糖酶、中温 α-淀粉酶和普鲁兰酶进行组合糖化，糖化后糖液中麦芽糖含量达 96%。

②β-淀粉酶、真菌 α-淀粉酶和普鲁兰酶组合糖化，糖化后糖液的麦芽糖含量为94%。

③β-淀粉酶、麦芽糖生产酶和普鲁兰酶进行组合糖化，所得糖液中含麦芽糖为 90%~95%。

④麦芽糖生产酶、普鲁兰酶和耐高温 α-淀粉酶进行组合糖化，所得糖液中含麦芽糖为94.5%。

上面的四种多酶组合糖化方式中，以第一组的多酶协同糖化后糖液的纯度最高。

三、制备高麦芽糖浆的相关酶制剂

酶制剂作为现代淀粉深加工工艺生产中关键组成部分之一，起源于法国化学家帕扬和佩索菲研究麦芽时提取到淀粉酶。随后淀粉酶被引入淀粉糖的生产中，并对1911年由德国化学家科奇霍夫科夫开发的淀粉酸解技术进行了创新性的改进，淀粉糖浆的生产工艺得到了明显的进步。1940 年有关酸-酶水解的专利的应用，使得淀粉水解效率提高，淀粉糖产品质量也很大的提高。

随着淀粉酶发展至今，淀粉糖行业相关的酶制剂经常使用的有：α-淀粉酶、β-淀粉酶、麦芽糖生成酶、麦芽三糖酶、普鲁兰酶、异淀粉酶等。

1. α-淀粉酶

α-淀粉酶（α-amylase）在淀粉糖工业中称为液化酶，液化工艺中经常使用的液化酶有耐高温 α-淀粉酶、中温 α-淀粉酶和真菌 α-淀粉酶。它们都会作用于淀粉分子，使其降解成糊精小分子。由于 α-淀粉酶作用于淀粉分子时，会产生光学结构为 α 型的还原糖，故称为 α-淀粉酶。

（1）α-淀粉酶的作用机理   α-淀粉酶作用于淀粉分子时，它会随机地进攻并切断淀粉分子内部的各个 α-1,4 糖苷键，属内切水解酶类，而不会作用于各个 α-1,6 糖苷键，也不会作用紧靠 α-1,6 糖苷键的 α-1,4 糖苷键，水解后产物为分子质量不等的糊精分子和少量的低聚糖、还原糖。液化初期，α-淀粉酶可以快速切断淀粉分子内大量的 α-1, 4 糖苷键，随着底物分子链断裂、变短，其水解速率会随之减慢。淀粉调浆后，由于液化初期淀粉浆会在 α-淀粉酶作用下迅速水解，料液的黏性也会迅速下降，因此这一酶解反应被称为"淀粉液化"。

（2）α-淀粉酶的来源及性质　α-淀粉酶是蛋白质，由许多的氨基酸构成，其广泛存于自然界，很多动植物、微生物中都含有。而淀粉糖工业中液化时所有用的 α-淀粉酶，都是通过发酵工程，由微生物制备而来。由不同种微生物制备得到的 α-淀粉酶，其酶活性、酶解条件和稳定性都是不同的，例如钙离子对于 α-淀粉酶的活性和热稳定性有提高作用，而不同来源的 α-淀粉酶对于酶解环境中钙离子的要求浓度是不一样的。

对于酶法液化，所使用的 α-淀粉酶均来源于微生物，制备 α-淀粉酶的生产菌种一般有枯草杆菌（*Bacillus subtilis*）、地衣芽孢杆菌（*Bacillus iicheniformis*）和吸水链霉菌（*Streptomyces hygroscopisus*），而我国的 α-淀粉酶一般采用前两种菌种制备而来。

2. β-淀粉酶

β-淀粉酶（*β-amylase*）作为淀粉糖工业中一种常见的糖化酶，当直接作用于淀粉大分子时，其酶解速率会较低，料液黏稠，故不宜于直接酶解淀粉制糖，一般需将淀粉分子先经过液化工艺降解。另外，β-淀粉酶属于一种外切淀粉酶，其酶解后产物均为光学结构为 β-型的麦芽糖，故将其称为 β-淀粉酶或 α-1, 4 麦芽糖苷酶。

（1）β-淀粉酶的作用机理　β-淀粉酶作用于底物分子时，它先从底物分子的非还原性末端开始依次进攻相隔的 α-1, 4 糖苷键，切下每两个葡萄糖单位，不能作用于底物分子支链上的 α-1, 6 糖苷键，也不能对底物分子链支点以外进行酶解，故对于含有支链部分的淀粉不能完全酶解，酶解产物以麦芽糖为主，少量 β-麦芽糊精、麦芽低聚糖、葡萄糖。另外，由于 β-淀粉酶作用底物时，由底物分子非还原性末端依次开始酶解，故而一般糖化过程时间很长。当 β-淀粉酶酶解底物为直链淀粉分子时，若直链淀粉分子含有偶数个葡萄糖单位，其酶解产物为麦芽糖；若直链淀粉分子含有奇数个葡萄糖单位，还会产生少量葡萄糖。

（2）β-淀粉酶的来源及性质　β-淀粉酶广泛分布于自然界的高等植物中，如人类最早发现于大麦的麦芽中，并用于啤酒的制麦工艺，但动物体内并不含有β-淀粉酶。除了大麦麦芽以外，小麦、大豆、甘薯、马铃薯等植物中均含有β-淀粉酶。从植物中提取 β-淀粉酶，酶的生产成本昂贵，难以适用于淀粉糖企业大规模生产使用。因此，自20世纪60年代，人们开始以微生物来制备 β-淀粉酶，随后使用巨大芽孢杆菌、多黏芽孢杆菌和蜡样芽孢杆菌生产 β-淀粉酶，大大降低了酶的价格，使得 β-淀粉酶在淀粉糖生产中广泛应用。

对于 β-淀粉酶的性质，它最适pH范围与 α-淀粉酶相似（5.0~6.5），对于温度较为敏感，如果当温度高于70℃时，酶就会失去活性。由 β-淀粉酶的酶结构中活性部分含有还原性基团（—SH）决定其易受到氧化剂、重金属等破坏而失活，因而在使用和贮藏过程中，应该注意保护其活性。

3. 麦芽糖生成酶

随着酶工程技术的发展，麦芽糖生成酶（maltogenase）是由丹麦诺维信公司运用DNA重组技术，开发制得的一种耐热、产麦芽糖的特殊的 α-淀粉酶。

麦芽糖生成酶酶解底物分子过程与 β-淀粉酶的酶解作用方式相似，也是从底物分子的非还原性末端开始，依次进攻相隔的 α-1, 4 糖苷键，切下每两个葡萄糖单位。但是麦芽糖生成酶酶解产物的光学结构为 α型，而非 β型的麦芽糖。另外，酶解产物中的麦芽三糖可以被麦芽糖生成酶水解，最后产物中麦芽三糖含量很低。所以，麦芽糖生成酶作为糖化酶与 β-淀粉酶为糖化酶相比，其糖化后糖液中麦芽三糖及三糖以上的低聚糖含量要少，但葡萄糖含量过高。

与 β-淀粉酶作为淀粉糖工业生产用糖化酶相比，麦芽糖生成酶糖化后，糖液中麦芽糖含量高、麦芽低聚糖含量低，而葡萄糖含量却较高。当糖液中存在高含量葡萄糖，会影响高麦芽糖浆的精制工艺及产品的质量。另外，麦芽糖生成酶较高的市场售价不利于高麦芽糖浆生产成本的控制，故一般的淀粉糖企业不选其作为糖化酶使用。

4. 脱支酶

脱支酶，是一种作用于底物分子中 α-1, 6 糖苷键的酶制剂。淀粉糖工业中常使用的脱支酶有普鲁兰酶（pullulanase）和异淀粉酶（isoamylase）。它们主要与 β-淀粉酶、麦芽糖生成酶、葡萄糖淀粉酶一起协同使用，可促进淀粉的糖化，提高淀粉糖产品的得率和质量。

脱支酶主要进攻和切割的目标是支链淀粉、直链淀粉、糖原等大分子分支点的 α-1, 6 糖苷键。根据各种酶的专一性，不同的脱支酶其酶解底物作用方式也是不同的。

异淀粉酶作为脱支酶的一种，它只能作用于底物分子中支链结构中的 α-1,6 糖苷键，而不能进攻、切割下直链淀粉分子结构中的 α-1,6 糖苷键。因此，当异淀粉酶作为脱支酶参与淀粉糖化，产物中含有 α-1,6 糖苷键的葡萄糖聚合物。

普鲁兰酶不仅可以切割下底物分子直链结构中的 α-1,6 糖苷键，也可以作用于支链结构中的 α-1,6 糖苷键，其对直链淀粉分子水解彻底，酶解后不含有 α-1,6 糖苷键的葡萄糖聚合物。

四、高麦芽糖浆的研究进展

1. 国外研究现状

国外的高麦芽糖浆产品，呈现产品品种多样化，糖浆的产量高且品质优良。对于酶解淀粉部分的液化和糖化工艺，使用高性能酶制剂如枯草杆菌 α-淀粉酶、高温液化酶（termanyl）、脱支酶（promozyme）、麦芽糖生成酶（maltogenase）等酶制剂，进行多酶协同酶解来制备麦芽糖浆。另外，已出现采用固定化酶技术，将液化酶和糖化酶进行固定化的生产工艺，可以提高糖液的生产效率和自动化程度，并且原料利用率高；更为重要的是可以将液化酶和糖化酶重复利用，使得生产成本大大降低，同时固定后的液化酶和糖化的最适温度提高了20℃。另外，还采用了活性炭吸附分离法、离子交换树脂吸附分离法、有机溶剂沉淀法、膜分离法，以及热分离水化系统等方法来精制麦芽糖浆。

2. 国内研究现状

随着酶制剂工业的发展，麦芽糖浆的传统生产工艺发生了巨大的改进，如张力田教授首先成功将枯草杆菌用于淀粉的液化，可提高出糖率 10% 左右，并能缩短糖化时间，降低能耗，便于实现机械化生产。后来又研究出喷淋液化法来代替升温液化法，效果更好，这是麦芽糖浆生产工艺的一大突破。随着新的生物酶制剂的不断应用和新的酶解技术发展，更多性能更好的酶制剂被应用于糖浆的生产中。对于酶解淀粉部分，我国的糖浆生产工艺已由单一的生物酶制剂对淀粉进行酶解，逐渐演变为双酶协同酶解和多酶协同酶解，这些酶解技术出现极大地提高了产品质量。

近年来，虽然在麦芽糖生产工艺中有很多改进，但也有不少地方仍沿用传统工艺生产。因此，提高产品的麦芽糖含量，研制各类麦芽糖浆产品，仍是研究者和企业生产者的共同责任。

参考文献

[1] 姜锡瑞，段钢. 新编酶制剂实用技术手册[M]. 北京：中国轻工业出版社，2002.

[2] 袁勤生. 现代酶学[M]. 上海：华东理工大学出版社，2007.

[3] 郑穗平，郭勇，潘力. 酶学[M]. 北京：科学出版社. 2009.

[4] 杜雪飞，王文君，李雪玉，等. 葡聚糖在酶催化中的应用进展[J]. 食品工业科技，2020，41（12）：348-352.

[5] 冯学珍，覃慧逢，赵丽婷，等. 食用海藻中α-葡萄糖苷酶抑制剂的筛选及抑制动力学[J]. 食品工业，2019，40（6）：195-198.

[6] 崔明月，曲亚男，蒋丽娜，等. 抑制剂对杏多酚氧化酶抑制作用[J]. 食品工业，2019，40（6）：225-229.

[7] 宿娟. 一个酶催化反应系统的局部分岔分析[J]. 高校应用数学学报A辑，2019，34（2）：173-180.

[8] 叶素梅. 芹菜素对黄嘌呤氧化酶活性的抑制机理研究[J]. 食品研究与开发，2018，39（21）：67-71.

[9] 姜丽丽，张中民，陈道玉，等. 白藜芦醇对α-葡萄糖苷酶的抑制动力学及抑制机制[J]. 食品科学，2019，40（11）：70-74.

[10] 熊静，谢静. 纤维素酶催化反应机理的理论研究进展[J]. 广东化工，2018，45（10）：141-142.

[11] 杨正飞，吴坚平，杨立荣. 生物过程酶反应及产品技术研究[J]. 生物产业技术，2018（1）：62-67.

[12] 易梦绪. 影响酶催化作用的相关因素分析[J]. 中国高新区，2018（2）：203.

[13] 聂二旗，张心昱，郑国砥，等. 氮磷添加对杉木林土壤碳氮矿化速率及酶动力学特征的影响[J]. 生态学报，2018，38（2）：615-623.

[14] 彭尚，孙丽霞，熊珍爱，等. 等温滴定量热法测定酶催化反应的热动力学参数[J]. 化工进展，2016，35（11）：3459-3464.

[15] 闫隆飞. 酶的作用机理[M]. 中国植物生理学会全国学术讨论会，1979.

[16] 许根俊. 酶的作用原理[M]. 北京：科学出版社，1983.

[17] 王兰芬. 纤维素酶的作用机理及开发应用[J]. 酿酒科技，1997（6）：16-17.

[18] 邓文生，杨希才，彭毅，等. 锤头型核酶作用机理的研究进展[J]. 生物化学与生物物理进展，1999（5）：422-425.

[19] 王丽. 萝卜过氧化物酶作用机理的初步研究[D]. 新乡：河南师范大学，2007.

[20] 邓永平，辛嘉英，刘晓兰，等. 微生物发酵产脂肪酶的研究进展[J]. 饲料研究，2015（12）：6-10.

[21] 周换景，何腊平，张义明，等. 脂肪酶高选择性催化研究进展[J]. 粮食与油脂，2013，26（5）：1-4.

[22] Long Zhangde, Xu Jianhe, Pan Jiang. Significant improvement of Serratia marcescens lipase fermentation, by optimizing medium, induction, and oxygen supply[J]. Applied Biochemistry and Biotechnology，2007，142（2）：148-157.

[23] JoséM S，Luís A，Armando V，et al. Integrated use of residues from olive mill and winery for lipase production by solid state fermentation with Aspergillus sp. [J]. Applied Biochemistry and Biotechnology，2014，172（4）：1832-1845.

[24] 汪小锋，王俊，杨江科，等. 微生物发酵生产脂肪酶的研究进展[J]. 生物技术通报，2008（4）：47-53.

[25] Ren Peng，Jinping Lin，Dongzhi Wei，et al. Purification and characterization of an organic solventtolerant lipase from Pseudomonas aeruginosa CS-2[J]. Applied Biochemistry and Biotechnology，2010，162（3）：733-743.

[26] 刘光，胡松青，沈兴，等. 脂肪酶菌株筛选、产酶条件优化及粗酶性质研究[J]. 四川大学学报：自然科学版，2013，50（5）：1124-1130.

[27] 黎小军，谢莲萍，刘建宏，等. 产脂肪酶菌株的筛选、鉴定与产酶条件优化[J]. 江西师范大学学报：自然科学版，2014，38（1）：14-18.

[28] 罗小叶，邱树毅，王晓丹. 微生物发酵产酯化酶在浓香型白酒品质提升中研究进展[J]. 中国酿造，2019，38（8）：6-8.

[29] ZHAO J S，ZHENG J，ZHOU R Q，et al. Microbial community structure of pit mud in a Chinese strong aromatic liquor fermentation pit[J]. J Inst Brew，2012，11（4）：356-360.

[30] Stern-Straeter J，Bonaterra GA，Juritz S，et al. Evaluation of the effects of different culture media on the myogenic differentiation potential of adipose tissue or bone marrow-derived human mesenchymal stem cells. Int J Mol Med，2014，33（1）：160-170.

[31] Amit M，Carpenter MK，Inokuma MS，et al. Clonally derived human embryonic stem cell lines maintain pluripotency and proliferative potential for prolonged periods of culture. Dev Biol，2000，227（2）：271–278.

[32] Ramboer E，de Craene B，de Kock J，et al. Strategies for immortalization of primary hepatocytes. J Hepatol，2014，61（4）：925–943.

[33] Edelman PD，Mc Farland DC，Mironov VA，et al. Commentary：in vitro-cultured meat production. Tissue Eng，2005，11（5/6）：659–662.

[34] Lam MT，Sim S，Zhu XY，et al. The effect of continuous wavy micropatterns on silicone substrates on the alignment of skeletal muscle myoblasts and myotubes. Biomaterials，2006，27（24）：4340–4347.

[35] 梁蕊芳，徐龙，岳明强. 细胞破碎技术应用研究进展[J]. 内蒙古农业科技，2013（1）：113-114.

[36] 修志龙，姜炜，苏志国. 细胞破碎技术的研究进展和发展方向[J]. 化工进展，1994（1）：15-21.

[37] 高晶晶. 大豆皮过氧化物酶提取、分离、纯化及其固定化研究[D]. 西安：西北大学，2011.

[38] 施辉阳. 酶法提取生猪皮胶原的研究[D]. 北京：北京化工大学，2004.

[39] 周艳利. 酶的分离纯化过程中的沉淀分离技术[J]. 饮料工业，2007（4）：1-3.

[40] 伍小红，冯学成，周建军. 沉淀分离技术在食品工业中的应用[J]. 饮料工业，2005（5）：9-12.

[41] 田子卿，邓红，韩瑞，等. 沉淀分离技术及其在生化领域中的应用[J]. 农产品加工（学刊），2010（3）：32-34，55.

[42] 张志国. 应用在食品工业中的沉淀分离技术[J]. 食品研究与开发，2004（2）：71-74.

[43] 李杨，江连洲，杨柳. 水酶法制取植物油的国内外发展动态[J]. 大豆科技，2019（S1）：142-146.

[44] 马楠，鹿保鑫，王霞，等. 萌发预处理辅助水酶法提取大豆蛋白及油脂[J]. 食品工业科技，2017，38（4）：202-206，213.

[45] 李鹏飞. 水酶法提取花生油及蛋白质[D]. 无锡：江南大学，2017.

[46] 向娇. 水酶法提取油茶籽油酶解工艺参数优化研究[D]. 长沙：湖南农业大学，2015.

[47] 赵新乾. 挤压膨化预处理水酶法提取米糠油的试验研究[D]. 哈尔滨：东北农

业大学，2014.

[48] 罗明亮. 水酶法提取蓖麻油工艺研究[D]. 长沙：中南林业科技大学，2014.

[49] 胡娟. 低温压榨菜籽饼水酶法提取蛋白油脂工艺及条件优化[D]. 北京：中国农业科学院，2014.

[50] 李杨，张雅娜，齐宝坤，等. 水酶法提油工艺的预处理方法研究进展[J]. 中国食物与营养，2013，19（12）：24-28.

[51] 陈韵，钟先锋，陆丽珠，等. 影响产油酵母菌合成油脂的因素研究现状[J]. 农产品加工，2019（21）：87-90.

[52] 李晓杰，赵梓楠，卢茜，等. 油脂酵母发酵木糖生产微生物油脂[J]. 中国微生态学杂志，2019，31（7）：768-771.

[53] 黄静，刘国华，卢永娟. 生物柴油的研究现状及进展[J]. 广东化工，2018，45（12）：129-130.

[54] 王亚君. 能源微藻湿藻体生物柴油制取工艺研究[D]. 晋中：山西农业大学，2017.

[55] 王垚. 产油微藻高效培养及其酶法制备生物柴油技术研究[D]. 广州：暨南大学，2016.

[56] 邹鸿. 生物柴油制备方法概述[J]. 广东化工，2015，42（8）：18-19.

[57] Lamas D L，Crapiste G H，Constenla D T. Changes in quality and composition of sunflower oil during enzymatic degumming process[J]. LWT‐Food Science and Technology，2014，58（1）：71-76.

[58] Palvannan T，Boopathy R. Phosphatidylinositol‐specifc phospholipase C production from Bacillus thuringiensis serovar. kurstaki using potato‐based media[J]. World Journal of Microbiology & Biotechnology，2005，21：1153-1155.

[59] Piel M S，Peters G H，Brask J. Chemoenzymatic synthesis of fluorogenic phospholipids and evaluation in assays of phospholipases A，C and D[J]. Chemistry & Physics of Lipids，2017，202：49-54.

[60] Dijkstra A J. Enzymatic degumming[J]. European Journal of Lipid Science & Technology，2010，112（11）：1178-1189.

[61] 杨铭铎，孙兆远，侯会绒，等. 几种酶制剂对面粉品质特性影响的研究[J]. 中国粮油学报，2009，24（12）：27-31.

[62] 刘胜强，渠琛玲，王若兰，等. 谷物稳定化技术及稳定化对谷物品质的影响

研究进展[J]. 粮食与油脂, 2016, 29（8）: 1-4.

[63] 董彬, 郑学玲, 王凤成. 酶对面粉烘焙品质影响[J]. 粮食与油脂, 2005（1）: 3-6.

[64] 朱彦, 王显伦, 朱庆芳. 酶对面制食品品质的影响[J]. 中国西部科技, 2008（29）: 34-35, 46.

[65] 朱行. 酶能提高面粉烘焙质量[J]. 粮食与油脂, 2001（7）: 43.

[66] 许洪斌. 酶在焙烤食品中的应用[J]. 农家顾问, 2016（11）: 55-56.

[67] 袁永利. 酶在面包工业中应用[J]. 粮食与油脂, 2006（7）: 20-22.

[68] 孔祥珍, 周惠明, 吴刚. 酶在面粉品质改良中的作用[J]. 粮油食品科技, 2003（2）: 4-6.

[69] 王芬. 酶制剂的安全性及其在面粉改良中的应用[J]. 现代面粉工业, 2014, 28（4）: 21-22.

[70] 周先汉, 魏巍, 张冰慧, 等. 酶制剂对国产面粉烘焙品质的影响[J]. 食品研究与开发, 2009, 30（2）: 179-182.

[71] 袁建国, 高艳华, 王佳, 等. 酶制剂改良面粉品质的应用研究[C]. 中国食品添加剂生产应用工业协会. 第十一届中国国际食品添加剂和配料展览会学术论文集. 中国食品添加剂生产应用工业协会: 中国食品添加剂生产应用工业协会, 2007: 240-243.

[72] 栾金水, 汪莹. 酶制剂在面粉改良中应用[J]. 粮食与油脂, 2003（2）: 42-43.

[73] 王业东, 卞科. 酶制剂在面粉品质改良中的应用及研究进展[J]. 西部粮油科技, 2003（1）: 23-25.

[74] 孙兴旺, 纪建海, 崔志军. 酶制剂在面粉中的应用[J]. 粮食加工, 2010, 35（3）: 27-28.

[75] 张建忠, 赵晓文. 酶制剂在面制品中的应用[J]. 食品科技, 2006（8）: 185-188.

[76] 王学东, 李庆龙, 张声华. 酶制剂在我国面粉工业中的应用及研究进展[J]. 粮食与饲料工业, 2002（1）: 1-4.

[77] 盛月波. 面粉的理化特性与烘焙品质[J]. 粮食与饲料工业, 1992（6）: 5-8.

[78] 陆洋, 陈慧. 面粉改良剂[J]. 粮食与油脂, 2007（5）: 1-4.

[79] 杨其林, 刘钟栋. 面粉改良剂中酶制剂的应用及最新发展趋势[J]. 中国食品添加剂, 2007（4）: 45-53.

[80] 陈海峰, 杨其林, 何唯平. 面粉改良中酶制剂的作用[J]. 粮食加工, 2007（2）:

25-26.

[81] Lutz Popper，王岩. 面粉改良中用到的添加剂——酶制剂[J]. 现代面粉工业，2015，29（6）：34-36.

[82] 姚明刚. 关于紧凑型玉米高产栽培理论与技术研究[J]. 农民致富之友，2018（23）：84.

[83] 吕学高. 不同株型玉米在不同海拔地区籽粒产量、品质差异及其生理机理研究[D]. 重庆：西南大学，2008.

[84] 李云龙. 玉米的两种株型[J]. 农业与技术，2002（3）：85.

[85] 章履孝，陈静. 玉米株型的划分标准及其剖析[J]. 江苏农业科学，1991（5）：30-31.

[86] 赵福成. 甜玉米籽粒品质的基因型差异及其对环境的响应[D]. 扬州：扬州大学，2014.

[87] 邓金阳. 爆裂玉米爆裂性状遗传研究及杂种优势利用[D]. 长春：吉林农业大学，2019.

[88] 来永才，张立薇. 糯质型玉米的概述[J]. 黑龙江农业科学，1991（2）：44-46.

[89] 刘月娥. 玉米对区域光、温、水资源变化的响应研究[D]. 北京：中国农业科学院，2013.

[90] 常春. 玉米在食品工业应用的评述[J]. 粮油食品科技，1998（3）：21-22.

[91] 柯炳繁，谭向勇. 我国玉米加工转化现状及发展对策[J]. 中国农村经济，1998（6）：24-28.

[92] 刘瑶，郭丽华. 玉米加工及产业化发展文献综述[J]. 北方经贸，2019（8）：128-129.

[93] 杨为华. 玉米加工工艺的应用及发展探析[J]. 化学工程与装备，2018（6）：220-221.

[94] 刘兴训，周素梅. 玉米深加工产业陷入困局前景堪忧[J]. 农业工程技术，2015（32）：21.

[95] 马大威，席守丰. 关于玉米的加工转化及利用的探讨[J]. 科技风，2019（20）：259.

[96] 陈立君. 我国玉米深加工现状及发展对策[J]. 吉林蔬菜，2015（11）：67-68.

[97] 马菲. 试论发展玉米加工业的重要性[J]. 科学之友，2013（5）：148-149.

[98] 温凤荣. 山东省玉米产业竞争力研究[D]. 泰安：山东农业大学，2014.

[99] 赵玉斌，吴静，葛建亭，等. 玉米淀粉糖副产物制备嗜酸乳杆菌的研究[J]. 粮

食与饲料工业，2019（7）：51-55.

[100]杜高发.玉米淀粉糖渣的资源化利用研究[D].广州：华南理工大学，2017.

[101]高东宁.玉米淀粉糖渣为原料培养米曲和红曲及酱油酿造[D].无锡：江南大学，2010.

[102]曹磊.玉米淀粉糖渣发酵制备乳酸活菌饲料[D].无锡：江南大学，2010.

[103]沈雅芳，王学珮，周永元.酸化淀粉的制取与应用[J].棉纺织技术，1990（1）：24-26.

[104]卫晓轶，王稼苜，马毅，马俊峰，洪德峰，魏锋.玉米机械化籽粒收获组合鉴定与主成分分析[J].作物杂志，2020（2）：48-53.

[105]王广福.播期和密度对不同玉米品种生长发育及产量和品质的影响[D].咸阳：西北农林科技大学，2019.

[106]马先红，张文露，张铭鉴.玉米淀粉的研究现状[J].粮食与油脂，2019，32（2）：4-6.

[107]鲁琼芬，李清，陈培富，等.石林县不同品种玉米产量测定及营养成分分析[J].中国奶牛，2017（10）：1-8.